教育部哲学社会科学系列发展报告（培育）项目
食品安全风险治理研究院智库研究成果

Introduction to 2018 China
Development Report on Food Safety

中国食品安全
发展报告 2018

尹世久 李 锐 吴林海 陈秀娟 等著

北京大学出版社
PEKING UNIVERSITY PRESS

图书在版编目(CIP)数据

中国食品安全发展报告.2018/尹世久等著.—北京:北京大学出版社,2018.12
ISBN 978-7-301-30148-7

Ⅰ.①中⋯ Ⅱ.①尹⋯ Ⅲ.①食品安全—研究报告—中国—2018 Ⅳ.①TS201.6

中国版本图书馆 CIP 数据核字(2018)第 284940 号

书 名	中国食品安全发展报告 2018	
	ZHONGGUO SHIPIN ANQUAN FAZHAN BAOGAO 2018	
著作责任者	尹世久 李 锐 吴林海 陈秀娟 等著	
责 任 编 辑	胡利国	
标 准 书 号	ISBN 978-7-301-30148-7	
出 版 发 行	北京大学出版社	
地 址	北京市海淀区成府路 205 号 100871	
网 址	http://www.pup.cn	
新 浪 微 博	@北京大学出版社 @未名社科-北大图书	
微信公众号	ss_book	
电 子 信 箱	ss@pup.pku.edu.cn	
电 话	邮购部 010-62752015 发行部 010-62750672 编辑部 010-62753121	
印 刷 者	河北滦县鑫华书刊印刷厂	
经 销 者	新华书店	
	730 毫米×980 毫米 16 开本 23.75 印张 385 千字	
	2018 年 12 月第 1 版 2018 年 12 月第 1 次印刷	
定 价	71.00 元	

目　录

Contents

图 目 录

表 目 录

导　论

　　"中国食品安全发展报告"是教育部 2011 年批准立项的哲学社会科学研究发展报告(培育)项目。《中国食品安全发展报告 2018》(以下简称《报告 2018》)是自 2012 年以来出版的第七个年度报告。根据教育部对哲学社会科学研究发展报告的原则要求,与"中国食品安全发展报告"相关年度报告相比较,继第六个年度报告在功能上进行调整与基本保持连续性的基础上,《报告 2018》继续优化完善,一是工具性的功能更加清晰,比如,食品安全监督抽检的合格率反映了自 2006 年以来到 2017 年的数据;二是全貌性的特征更加彰显,涵盖了农产品种养殖、食品生产加工与流通、进口食品、食品消费等"从田头到餐桌"全程链条;三是科普性的特点逐步显现,不再使用学术性的模型来展开研究,力求用深入浅出的语言来反映近年来食品安全风险治理的成效与存在的问题。总之,通过持之以恒的完善,努力确保《报告 2018》能够系统地描述 2017 年中国食品安全风险的现实状况。虽然"中国食品安全发展报告"的前六个年度报告均对研究所涉及的主要概念、研究主线、研究方法、研究时段等方面作了简要说明,但出于《报告 2018》的完整性,尤其对于第一次接触此年度报告的读者而言,继续保留这一部分内容是必要的,以方便读者轮廓性、全景式地了解整体概况。

一、研究主线与视角

　　食品安全风险是世界各国普遍面临的共同难题[1],全世界范围内的消费者普

---

[1]　M. P. M. M. De Krom, "Understanding Consumer Rationalities: Consumer Involvement in European Food Safety Governance of Avian Influenza", *Sociologia Ruralis*, Vol. 49, No. 1, 2009, pp. 1-19.

遍面临着不同程度的食品安全风险①,全球每年约有 1800 万人因食品和饮用水不卫生导致死亡②,包括发达国家一定数量的居民。由于正处于社会转型时期,我国食品安全风险尤为严峻,食品安全事件高频率地发生,引发全球瞩目。尽管我国的食品安全总体水平稳中有升,趋势向好③,但目前一个不可否认的事实是,食品安全风险与由此引发的安全事件已成为我国最大的社会风险之一④。

作为全球最大的发展中国家,中国的食品安全问题相当复杂。站在公正的角度,从学者专业性视角出发,全面、真实、客观地研究和分析中国食品安全的真实状况,是学者义不容辞的责任,也是《报告 2018》的基本特色。因此,对研究者而言,始终绕不开基于什么立场、从什么角度、沿着什么脉络,也就是研究主线的选择问题。选择不当,将可能影响研究结论的客观性、准确性与科学性。研究主线与视角是一个带有根本性的重要问题,并由此内在地决定了《报告 2018》的研究框架与主要内容。

(一) 研究的主线

基于食品供应链全程体系,食品安全问题在多个环节、多个层面均有可能发生,尤其在以下环节上的不当与失误更容易产生食品安全风险:(1)初级农产品与食品原辅料的生产;(2)食品的生产加工;(3)食品的配送和运输;(4)食品的消费环境与消费者食品安全消费意识;(5)政府相关食品监管部门的监管力度与技术手段;(6)食品生产经营者的社会责任与从业人员的道德、职业素质等不同环节和层面;(7)生产、加工、流通、消费等各个环节技术规范的科学性、合理性、有效性与可操作性等。进一步分析,上述主要环节涉及政府、生产经营者、消费者三个主体;既涉及技术问题,也涉及管理问题;管理问题既涉及企业层次,也涉及政府监管体

① Y. Sarig, "Traceability of Food Products", *Agricultural Engineering International*: the CIGR Journal of Scientific Research and Development, Invited Overview Paper, 2003.

② 魏益民、欧阳韶晖、刘为军等:《食品安全管理与科技研究进展》,《中国农业科技导报》2005 年第 5 期。

③ 《张勇谈当前中国食品安全形势:总体稳定正在向好》,新华网,2011-03-01 [2014-06-06],http://news.xinhuanet.com/food/2011/03/01/c_121133467.htm,检索日期:2017 年 11 月 5 日。

④ 《英国 RSA 保险集团发布全球风险调查报告:中国人最担忧地震风险》,《国际金融报》2010 年 10 月 19 日第 5 版。

系,还涉及消费者自身问题;风险的发生既可能是自然因素,又可能是人源性因素,等等。上述错综复杂的问题,实际上贯穿于整个食品供应链体系。

食品供应链(Food Supply Chain),是指从食品的初级生产经营者到消费者各环节的经济利益主体(包括其前端的生产资料供应者和后端的作为规制者的政府)所组成的整体。① 虽然食品供应链体系的概念在实践中不断丰富与发展,但最基本的问题已为上述界定所揭示,并且这一界定已为世界各国以及社会各界所普遍接受。按照上述定义,我国食品供应链体系中的生产经营主体主要包括农业生产者(分散农户、规模农户、合作社、农业企业、畜牧业生产者等)以及食品生产、加工、包装、物流配送、经销(批发与零售)等环节的生产经营厂商,并共同构成了食品生产经营风险防范与风险承担的主体。② 食品供应链体系中的农业生产者与食品生产加工、物流配送、经销等厂商相关主体均有可能由于技术限制、管理不善等,在每个主体生产加工经营等环节都存在着可能危及食品安全的因素。这些环节在食品供应链中环环相扣,相互影响,确保食品安全并非简单取决于某个单一厂商,而是供应链上所有主体、节点企业的共同使命。食品安全与食品供应链体系之间的关系研究就成为新的历史时期人类社会发展的重要议题。因此,《报告2018》对我国食品安全风险等相关问题的分析与研究的主线是基于食品供应链全程体系,分析食用农产品与食品的生产加工、流通消费、进口等主要环节的食品质量安全,介绍食品安全相应的支撑体系建设的进展情况,为关心食品安全的人们提供轮廓性的概况。

(二) 研究的视角

国内外学者已分别在宏观与微观、技术与制度、政府与市场,生产经营主体以及消费者等多个角度、多个层面上对食品安全与食品供应链体系间的相关性进行

---

① M. Den Ouden, A. A. Dijkhuizen, R.Huirne, et al., "Vertical Cooperation in Agricultural Production-Marketing Chains, with Special Reference to Product Differentiation in Pork", *Agribusiness*, Vol. 12, No. 3, 1996, pp. 277-290.

② 《报告2018》中将食品供应链体系中的农业生产者与食品生产加工、物流配送、经销等厂商统称为食品生产经营者或生产经营主体,以有效区别食品供应链体系中的消费者、政府等行为主体。

了大量的先驱性研究。[①] 从我国食品安全风险的主要特征与发生的重大食品安全事件的基本性质及成因来考察,现有的食品科学技术水平并非是制约、影响食品安全保障水平的主要瓶颈。虽然技术不足、环境污染等方面的原因对食品安全产生一定影响,比如牛奶的光氧化问题[②]、光氧化或生鲜蔬菜的"亚硝峰"在不同层面影响到食品品质[③],但基于食品供应链全程体系,我国的食品安全问题更多的是生产经营主体不当行为、不执行或不严格执行已有的食品技术规范与标准体系等人源性因素造成的。这是"中国食品安全发展报告"研究团队经过长期研究得出的鲜明观点。因此,在现阶段有效防范我国食品安全风险,切实保障食品安全,必须有效集成技术、标准、规范、制度、政策等手段综合治理,并且更应该注重通过深化监管体制改革,强化管理,规范食品生产经营者的行为。这既是我国食品安全监管的难点,也是今后监管的重点。2013 年 3 月国务院对我国的食品安全监管体制进行了改革,在制度层面上为防范食品安全分段监管带来的风险奠定了基础,2018 年 3月中央又进一步深化了食品安全监督体制的改革。但如果不解决食品生产经营者的人源性因素所导致的食品安全风险问题,中国的食品安全仍然难以走出风险防不胜防的困境。基于上述思考,《报告 2018》的研究角度设定在管理层面上展开系统而深入的分析。

归纳起来,《报告 2018》主要着眼于食品供应链的完整体系,基于管理学的角度,重点关注食品生产经营者、消费者与政府等主体,以食用农产品生产为起点,综合运用各种统计数据,结合实地调查,研究我国生产、流通、消费等关键环节食品安全性(包括进出口食品的安全性)的演变轨迹,由此深刻揭示影响我国食品安全的主要矛盾;与此同时,有选择、有重点地分析保障我国食品安全主要支撑体系建设的进展与存在的主要问题。总之,基于上述研究主线与角度,《报告 2018》试图全面反映、准确描述近年来我国食品安全性的总体变化情况,尽最大的可能为食品生产经营者、消费者与政府提供充分的食品安全信息。

---

① 刘俊威:《基于信号传递博弈模型的我国食品安全问题探析》,《特区经济》2012 年第 1 期。

② B. Kerkaert, F. Mestdagh, T. Cucu, et al., "The Impact of Photo-Induced Molecular Changes of Dairy Proteins on Their ACE-Inhibitory Peptides and Activity", *Amino Acids*, Vol. 43, No. 2, 2012, pp. 951-962.

③ 燕平梅、薛文通、张慧等:《不同贮藏蔬菜中亚硝酸盐变化的研究》,《食品科学》2006 年第 6 期。

二、主要概念界定

食品与农产品、食品安全与食品安全风险等是《报告2018》中最重要、最基本的概念。《报告2018》在借鉴相关研究①的基础上，进一步作出科学的界定，以确保研究的科学性。

（一）食品、农产品及其相互关系

简单来说，食品是人类食用的物品。准确、科学地定义食品并对其分类并不是一件简单的事情，需要综合各种观点与中国实际，并结合《报告2018》展开的背景进行全面考量。

1. 食品的定义与分类

食品，包括天然食品和加工食品。天然食品是指在大自然中生长的、未经加工制作、可供人类直接食用的物品，如水果、蔬菜、谷物等；加工食品是指经过一定的工艺进行加工生产形成的、以供人们食用或者饮用的制成品，如大米、小麦粉、果汁饮料等，但食品一般不包括以治疗为目的的药品。

1995年10月30日起施行的《中华人民共和国食品卫生法》（在《报告2018》中简称《食品卫生法》）在第九章《附则》的第54条对食品的定义是："食品是指各种供人食用或者饮用的成品和原料以及按照传统既是食品又是药品的物品，但是不包括以治疗为目的的物品"。1994年12月1日实施的国家标准GB/T15091-1994《食品工业基本术语》在第2.1条中将"一般食品"定义为"可供人类食用或饮用的物质，包括加工食品、半成品和未加工食品，不包括烟草或只作药品用的物质。"2009年6月1日起施行的《中华人民共和国食品安全法》[《报告2018》将此简称为《食品安全法》（2009年版）]。在第十章《附则》的第99条对食品的界定②，与国家标准GB/T15091-1994《食品工业基本术语》完全一致。2015年10月1日施行

---

① 吴林海、徐立青：《食品国际贸易》，中国轻工业出版社2009年版。

② 2009年6月1日起施行的《食品安全法》是我国实施的第一部《食品安全法》。现行的《食品安全法》于2015年10月1日起正式施行。

的《中华人民共和国食品安全法》（以下简称现行《食品安全法》或2015年版《食品安全法》）将食品的定义修改为"食品,指各种供人食用或者饮用的成品和原料以及按照传统既是食品又是中药材的物品,但是不包括以治疗为目的的物品",将原来定义中的"药品"调整为"中药材",但就其本质内容而言并没有发生根本性的变化。国际食品法典委员会（CAC）CODEXSTAN1-1985年《预包装食品标签通用标准》对"一般食品"的定义是:"指供人类食用的,不论是加工的、半加工的或未加工的任何物质,包括饮料、胶姆糖,以及在食品制造、调制或处理过程中使用的任何物质;但不包括化妆品、烟草或只作药物用的物质。"

食品的种类繁多,按照不同的分类标准或判别依据,可以有不同的食品分类方法。《GB/T7635.1-2002全国主要产品分类和代码》将食品分为农林（牧）渔业产品,加工食品、饮料和烟草两大类。[①] 其中农林（牧）渔业产品分为种植业产品、活的动物和动物产品、鱼和其他渔业产品三大类;加工食品、饮料和烟草分为肉、水产品、水果、蔬菜、油脂等类加工品;乳制品;谷物碾磨加工品、淀粉和淀粉制品,豆制品,其他食品和食品添加剂,加工饲料和饲料添加剂;饮料;烟草制品共五大类。

《GB2760-2011食品安全国家标准食品添加剂使用标准》食品分类系统中对食品的分类[②],也可以认为是食品分类的一种方法。据此形成乳与乳制品,脂肪、油和乳化脂肪制品,冷冻饮品,水果、蔬菜（包括块根类）、豆类、食用菌、藻类、坚果以及籽类等,可可制品、巧克力和巧克力制品（包括类巧克力和代巧克力）以及糖果,粮食和粮食制品,焙烤食品,肉及肉制品,水产品及其制品,蛋及蛋制品,甜味料,调味品,特殊膳食用食品,饮料类,酒类,其他类共十六大类食品。

食品概念的专业性很强,并不是《报告2018》的研究重点。如无特别说明,《报告2018》对食品的理解主要依据现行《食品安全法》。

2. 农产品与食用农产品

农产品与食用农产品也是《报告2018》中非常重要的概念。2006年4月29日

---

① 中华人民共和国国家质量监督检验检疫总局:《GB/T7635.1-2002全国主要产品分类和代码》,中国标准出版社2002年版。

② 中华人民共和国卫生部:《GB2760-2011食品安全国家标准食品添加剂使用标准》,中国标准出版社2011年版。

第十届全国人民代表大会常务委员会第二十一次会议通过的《中华人民共和国农产品质量安全法》(以下简称《农产品质量安全法》)将农产品定义为"来源于农业的初级产品,即在农业活动中获得的植物、动物、微生物及其产品",主要强调的是农业的初级产品,即在农业中获得的植物、动物、微生物及其产品。实际上,农产品亦有广义与狭义之分。广义的农产品是指农业部门所生产出的产品,包括农、林、牧、副、渔等所生产的产品;而狭义的农产品仅指粮食。广义的农产品概念与《农产品质量安全法》中的农产品概念基本一致。

不同的体系对农产品分类方法是不同的,不同的国际组织与不同的国家对农产品的分类标准不同,甚至有很大的差异。农业部相关部门将农产品分为粮油、蔬菜、水果、水产和畜牧五大类。以农产品为对象,根据其组织特性、化学成分和理化性质,采用不同的加工技术和方法,制成各种粗、精加工的成品与半成品的过程称为农产品加工。根据联合国国际工业分类标准,农产品加工业划分为以下5类:食品、饮料和烟草加工;纺织、服装和皮革工业;木材和木材产品,包括家具加工制造;纸张和纸产品加工、印刷和出版;橡胶产品加工。根据国家统计局分类,农产品加工业包括12个行业:食品加工业(含粮食及饲料加工业);食品制造业(含糕点糖果制造业、乳品制造业、罐头食品制造业、发酵制品业、调味品制造业及其他食品制造业);饮料制造业(含酒精及饮料酒、软饮料制造业、制茶业等);烟草加工业;纺织业、服装及其他纤维制品制造业;皮革毛皮羽绒及其制品业;木材加工及竹藤棕草制造业;家具制造业;造纸及其纸制品业;印刷业;记录媒介的复制和橡胶制品业。

由于农产品是食品的主要来源,也是工业原料的重要来源,因此可将农产品分为食用农产品和非食用农产品。商务部、财政部、国家税务总局于2005年4月发布的《关于开展农产品连锁经营试点的通知》(商建发〔2005〕1号)对食用农产品做了详细的注解,食用农产品包括可供食用的各种植物、畜牧、渔业产品及其初级加工产品。同样,农产品、食用农产品概念的专业性很强,也并不是《报告2018》的研究重点。如无特别说明,《报告2018》对农产品、食用农产品的理解主要依据《农产品质量安全法》与商务部、财政部、国家税务总局的相关界定。

3. 农产品与食品间的关系

农产品与食品间的关系似乎非常简单,实际上并非如此。事实上,在有些国家农产品包括食品,而有些国家则是食品包括农产品,如乌拉圭回合农产品协议对农产品范围的界定就包括了食品,《加拿大农产品法》中的"农产品"也包括了"食品"。在一些国家虽将农产品包含在食品之中,但同时强调了食品"加工和制作"这一过程。不管如何定义与分类,在法律意义上,农产品与食品两者间的法律关系是清楚的。《农产品质量安全法》、现行的《食品安全法》分别对食品、农产品作出了较为明确的界定,法律关系较为清晰。

农产品和食品既有必然联系,也有一定的区别。农产品是源于农业的初级产品,包括直接食用农产品、食品原料和非食用农产品等,而大部分农产品需要再加工后变成食品。因此,食品是农产品这一农业初级产品的延伸与发展。这就是农产品与食品的天然联系。两者的联系还体现在质量安全上。农产品质量安全问题主要产生于农业生产过程中,比如,农药、化肥的使用往往降低农产品质量安全水平。食品的质量安全水平首先取决于农产品的安全状况。进一步分析,农产品是直接来源于农业生产活动的产品,属于第一产业的范畴;食品尤其是加工食品主要是经过工业化的加工过程所产生的食物产品,属于第二产业的范畴。加工食品是以农产品为原料,通过工业化的加工过程形成,具有典型的工业品特征,生产周期短,批量生产,包装精致,保质期得到延长,运输、贮藏、销售过程中损耗浪费少等。这就是农产品与食品的主要区别。图 0-1 简单反映了食品与农产品之间的相互关系。

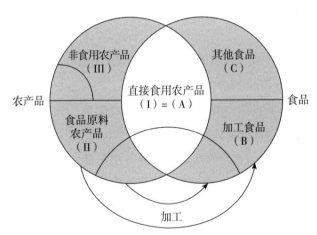

图 0-1 食品与农产品间关系示意图

目前政界、学界在讨论食品安全的一般问题时并没有将农产品、食用农产品、食品作出非常严格的区分，而是相互交叉，往往将农产品、食用农产品包含于食品之中。在《报告2018》中除第二章、第四章等分别研究食用农产品安全，生产与加工、流通、餐饮环节的食品质量安全，除特别说明外，对食用农产品、食品也不作非常严格的区别。

（二）食品安全的内涵

食品安全问题贯穿于人类社会发展的全过程，是一个国家经济发展、社会稳定的物质基础和必要保证。因此，包括发达国家在内的世界各国政府大都将食品安全问题提升到国家安全的战略高度，给予高度的关注与重视。

1. 食品量的安全与食品质的安全

食品安全内涵包括食品量的安全和食品质的安全两个方面。食品量的安全强调的是食品数量安全，亦称食品安全保障，从数量上反映居民食品消费需求的能力。食品数量安全问题在任何时候都是各国特别是发展中国家首先需要解决的问题。目前，除非洲等地区的少数国家外，世界各国的食品数量安全问题在总体上已基本得以解决，食品供给已不再是主要矛盾。食品质的安全关注的是食品质量安全。食品质的安全状态就是一个国家或地区的食品中各种危害物对消费者健康的影响程度，以确保食品卫生、营养结构合理为基本特征。因此，食品质的安全强调的是确保食品消费对人类健康没有直接或潜在的不良影响。

食品量的安全和食品质的安全是食品安全概念内涵中两个相互联系的基本方面。在我国，现在对食品安全内涵的理解中，更关注食品质的安全，而相对弱化食品量的安全。

2. 食品安全内涵的理解

在我国，对食品安全概念的理解上大体形成了如下的共识。

（1）食品安全具有动态性。2009年版《食品安全法》在第99条与现行《食品安全法》在第150条对此的界定完全一致："食品安全，指食品无毒、无害，符合应当有的营养要求，对人体健康不造成任何急性、亚急性或者慢性危害。"纵观我国食品安全管理的历史轨迹，可以发现，上述界定中的无毒、无害，营养要求，急性、亚急性或者慢性危害在不同的年代衡量标准不尽一致。不同标准对应着不同的食品安全水平。因此,食品安全首先是一个动态概念。

(2)食品安全具有法律标准。进入 20 世纪 80 年代以来,一些国家以及有关国际组织从社会系统工程建设的角度出发,逐步以食品安全的综合立法替代卫生、质量、营养等要素立法。1990 年英国颁布了《食品安全法》,2000 年欧盟发表了具有指导意义的《食品安全白皮书》,2003 年日本制定了《食品安全基本法》。部分发展中国家也制定了"食品安全法"。以综合型的"食品安全法"逐步替代要素型的"食品卫生法""食品质量法""食品营养法"等,反映了时代发展的要求。同时,也说明了在一个国家范畴内食品安全有其法律标准的内在要求,食品安全的法律标准也是不断变化发展的。

(3)食品安全具有社会治理的特征。与卫生学、营养学、质量学等学科概念不同,食品安全是个社会治理概念。不同国家在不同的历史时期,食品安全所面临的突出问题和治理要求有所不同。在发达国家,食品安全所关注的主要是因科学技术发展所引发的问题,如转基因食品对人类健康的影响;而在发展中国家,现阶段食品安全所侧重的则是市场经济发育不成熟所引发的问题,如假冒伪劣、有毒有害食品等非法生产经营。在我国,食品安全问题则基本包括上述全部内容。

(4)食品安全具有政治性。无论是发达国家还是发展中国家,确保食品安全是企业和政府对社会最基本的责任和必须做出的承诺。食品安全与生存权紧密相连,具有唯一性和强制性,属于政府保障或者政府强制的范畴。而食品安全等往往与发展权有关,具有层次性和选择性,属于商业选择或者政府倡导的范畴。近年来,国际社会逐步以食品安全的概念替代食品卫生、食品质量的概念,更加突显了食品安全的政治责任。

基于以上认识,完整意义上的食品安全的概念可以表述为:食品(食物或农产品)的种植、养殖、加工、包装、贮藏、运输、销售、消费等活动符合国家强制标准和要求,不存在可能损害或威胁人体健康的有毒有害物质以导致消费者病亡或者危及消费者及其后代的隐患。食品安全概念表明,食品安全既包括生产安全,也包括经营安全;既包括结果安全,也包括过程安全;既包括现实安全,也包括未来安全。《报告 2018》的研究主要依据现行的《食品安全法》对食品安全所作出的原则界定,且关注与研究的主题是食品质的安全。在此基础上,基于现有的国家标准,分析研究我国食品质量安全的总体水平等。需要指出的是,为简单起见,如无特别的说明,在《报告 2018》中,食品质的安全、食品质量安全与食品安全三者的含义完全一致。

(三) 食品安全、食品卫生与粮食安全

与食品安全相关的主要概念有食品卫生、粮食安全。对此,《报告 2018》作出如下的说明。

1. 食品安全与食品卫生

我国的国家标准《GB/T15091-1994 食品工业基本术语》将"食品卫生"定义为"为防止食品在生产、收获、加工、运输、贮藏、销售等各个环节被有害物质污染,使食品有益于人体健康所采取的各项措施"。食品卫生具有食品安全的基本特征,包括结果安全(无毒无害、符合应有的营养等)和过程安全,即保障结果安全的条件、环境等安全。食品安全和食品卫生的区别在于:一是范围不同。食品安全包括食品(食物)的种植、养殖、加工、包装、贮藏、运输、销售、消费等环节的安全,而食品卫生通常并不包含种植养殖环节的安全。二是侧重点不同。食品安全是结果安全和过程安全的完整统一,食品卫生虽然也包含上述两项内容,但更侧重于过程安全。

2. 食品安全与粮食安全

粮食安全,是指保证任何人在任何时候都能得到为了生存与健康所需要的足够食品。食品安全是指品质要求上的安全,而粮食安全则是数量供给或者供需保障上的安全。食品安全与粮食安全的主要区别:一是粮食与食品的内涵不同。粮食是指稻谷、小麦、玉米、高粱、谷子及其他杂粮,还包括薯类和豆类,而食品的内涵要比粮食更为广泛。二是粮食与食品的产业范围不同。粮食的生产主要是种植业,而食品的生产包括种植业、养殖业、林业等。三是评价指标不同。粮食安全主要是供需平衡,评价指标主要有产量水平、库存水平、贫困人口温饱水平等,而食品安全主要是无毒无害、健康营养,评价指标主要是理化指标、生物指标、营养指标等。

3. 食品安全与食品卫生间的相互关系

由此可见,食品安全与食品卫生不是相互平行,也不是相互交叉的关系。食品

安全包括食品卫生。以食品安全的概念涵盖食品卫生的概念,并不是否定或者取消食品卫生的概念,而是在更加科学的体系下,以更加宏观的视角来看待食品卫生。例如,以食品安全来统筹食品标准,就可以避免目前食品卫生标准、食品质量标准、食品营养标准之间的交叉与重复。

(四) 食品安全风险与食品安全事件(事故)

1. 食品安全风险

风险(Risk)为风险事件发生的概率与事件发生后果的乘积。① 联合国化学品安全项目将风险定义为暴露某种特定因子后在特定条件下对组织、系统或人群(或亚人群)产生有害作用的概率。② 由于风险特性不同,没有一个完全适合所有风险问题的定义,应依据研究对象和性质的不同而采用具有针对性的定义。对于食品安全风险,联合国粮农组织(Food and Agriculture Organization, FAO)与世界卫生组织(World Health Organization, WHO)于 1995—1999 年先后召开了三次国际专家咨询会。③ 国际法典委员会(Codex Alimentarius Commission, CAC)认为,食品安全风险是指将对人体健康或环境产生不良效果的可能性和严重性,这种不良效果是由食品中的一种危害所引起的。④ 食品安全风险主要是指潜在损坏或威胁食品安全和质量的因子或因素,这些因素包括生物性、化学性和物理性。⑤ 生物性危害主要指细菌、病毒、真菌等能产生毒素微生物组织,化学性危害主要指农药、兽药残留、生长促进剂和污染物,违规或违法添加的添加剂;物理性危害主要指金属、碎屑等各种各样的外来杂质。相对于生物性和化学性危害,物理性危害相对影响较小。⑥ 由于技术、经济发展水平差距,不同国家面临的食品安全风险不同。因此需要建立

---

① L. B. Gratt, *Uncertainty in Risk Assessment, Risk Management and Decision Making*, New York: Plenum Press, 1987.

② 石阶平:《食品安全风险评估》,中国农业大学出版社 2010 年版。

③ FAO, "*Risk Management and Food Safety*", food and nutrition paper, Rome, 1997.

④ FAO/WHO, *Codex Procedures Manual*, 10th edition, 1997.

⑤ International Life Sciences Institute(ILSI), *A Simple Guide to Understanding and Applying the Hazard Analysis Critical Control Point Concept*, 2nd edition, Europe, Brussels, 1997, p. 13.

⑥ N. I. Valeeva, M. P. M. Meuwissen, R. B. M. Huirne, "Economics of Food Safety in Chains: A Review of General Principles", *Wageningen Journal of Life Sciences*, Vol. 51, No. 4, 2004, pp. 369-390.

新的识别食品安全风险的方法,集中资源解决关键风险,以防止潜在风险演变为实际风险并导致食品安全事件。① 而对食品风险评估,FAO 作出了内涵性界定,主要指对食品、食品添加剂中生物性、化学性和物理性危害对人体健康可能造成的不良影响所进行的科学评估,包括危害识别、危害特征描述、暴露评估、风险特征描述等。目前,FAO 对食品风险评估的界定已为世界各国所普遍接受。在《报告 2018》的分析研究中将食品安全风险界定为对人体健康或环境产生不良效果的可能性和严重性。

2. 食品安全事件(事故)

在现行《食品安全法》中没有"食品安全事件"这个概念,但对"食品安全事故"作出了界定。2009 年版《食品安全法》在第十章《附则》的第 99 条界定了食品安全事故的概念,而现行《食品安全法》作了微调,由原来的"食品安全事故,指食物中毒、食源性疾病、食品污染等源于食品,对人体健康有危害或者可能有危害的事故",修改为"食品安全事故,指食源性疾病、食品污染等源于食品,对人体健康有危害或者可能有危害的事故"。也就是现行《食品安全法》删除了 2009 年版条款中的"食物中毒"这四个字,而将"食品中毒"增加到了食源性疾病的概念中。现行《食品安全法》的"食源性疾病",指食品中致病因素进入人体引起的感染性、中毒性等疾病,包括食物中毒。

目前,我国主流媒体对食品安全出现的各种问题均使用"食品安全事件"这个术语。"食品安全事故"与"食品安全事件"一字之差,可以认为两者之间具有一致性。但深入分析现阶段国内各种媒体所报道的"食品安全事件",严格意义上与2009 年版或现行《食品安全法》中的"食品安全事故"不同,而且区别很大。基于客观现实状况,《报告 2018》采用"食品安全事件"这个概念,并在第七章中就此做了严格的界定。《报告 2018》主要从狭义、广义两个层次上来界定食品安全事件。狭义的食品安全事件是指食源性疾病、食品污染等源于食品、对人体健康存在危害或者可能存在危害的事件,与现行《食品安全法》所指的"食品安全事故"完全一致;而广义的食品安全事件既包含狭义的食品安全事件,同时也包含社会舆情报道的

---

① G. A. Kleter, H. J. P. Marvin, "Indicators of Emerging Hazards and Risks to Food Safety", *Food and Chemical Toxicology*, Vol. 47, No. 5, 2009, pp. 1022-1039.

且对消费者食品安全消费心理产生负面影响的事件。除特别说明外,《报告 2018》研究中所述的食品安全事件均使用广义的概念。

《报告 2018》的研究与分析还涉及诸如食品添加剂、化学农药、农药残留等其他一些重要的概念与术语,由于篇幅的限制,在此不再一一列出。

三、研究时段与研究方法

(一) 研究时段

《报告 2018》主要侧重于反映 2016 年和 2017 年中国食品安全的状况。与前五个“中国食品安全发展报告”相类似,考虑到食品安全具有动态演化的特征,为了较为系统、全面、深入地描述中国食品安全状况变化发展的轨迹,《报告 2018》的研究主要以 2006 年为起点,从主要食用农产品的生产与市场供应、食用农产品安全质量状况与监管体系建设、食品工业生产与市场供应、国家食品质量监督抽查合格率、流通餐饮环节的食品质量安全、进口与出口食品的安全性等六个不同的维度,描述 2006—2017 年间我国食品质量安全的发展变化状况并进行比较分析。需要说明的是,由于数据收集的局限,在具体章节的研究中有关时间跨度或时间起点略有不同。因此,《报告 2018》较为系统地描述与反映了最近十年来我国食品安全的基本状况,而且数据较为翔实、全面,基本具备了工具性的特征,为国内外学者研究中国食品安全问题提供了较为完整的资料。

(二) 研究方法

《报告 2018》在研究过程中努力采用多学科组合的研究方法,并不断采用最先进的研究工具展开研究,主要采用调查研究、比较分析和大数据工具等三种主要的研究方法。

1. 调查研究

《报告 2018》继续就公众满意度问题展开调查,并为此投入了很大的力量,而且在研究经费紧张的状况下,安排了充足的研究经费,力求体现《报告 2018》的实践特色。公众满意度的调查延续了前六个年度报告的风格,调查了福建、河南、湖北、贵州、吉林、江苏、江西、山东、陕西、四川等 10 个省的 68 个地区,共采集了 4122 个样本(城市、农村样本分别为 2057 个、2065 个),并动态地分析近年来我国城乡居民对食品安全满意度等方面的变化。基于现实的调查研究保证了《报告 2018》具有鲜明的实践特色,能够更好地反映社会的关切与民意,还延续了"中国食品安全发展报告"的一贯风格。

2. 比较分析

考虑到食品安全具有动态演化的特征,《报告 2018》采用比较分析的方法考察了我国食品安全在不同发展阶段的发展态势。比如,在第二章中主要是基于例行监测和专项数据对 2006—2016 年间我国蔬菜与水果、畜产品、水产品、茶叶与食用菌等最常用的食用农产品质量安全水平进行了比较;在第四章中主要是基于国家食品质量抽查合格率的相关数据,在描述主要食品种类质量状况的基础上,以 2014—2016 年为时间段,选取传统大宗消费的食品品种,多角度地研究监督抽查中反映出来的食品质量安全状况与变化态势,并努力挖掘可能存在较大安全风险的食品品种;在第六、七章中则分别对最近七八年间我国进口与出口食品的安全性进行了全景式的比较分析。

3. 大数据工具

自 2015 年版《中国食品安全发展报告》使用大数据工具以来,《报告 2018》则采用优化完善后大数据研究工具来展开研究,主要以 2017 年为重点,分析了 2008—2017 年间我国发生的食品安全事件,科学地回答了社会关切,为食品安全风险社会共治奠定了科学基础。这也是"中国食品安全发展报告"研究团队第四次发布《主流媒体报道的中国发生的食品安全事件研究报告》。

(三)数据来源

为了全景式、大范围、尽可能详细地刻画最近十年来我国食品安全的基本状况与发展趋势,《报告 2018》运用了大量的不同年份的数据,除调查分析的数据来源于实际调查外,诸多数据来源于国家层面上的统计数据,或直接由国家层面上的政府食品安全监管部门提供;但有些数据来源于政府网站上公开的报告或出版物,有些数据则引用于已有的研究文献,也有极少数的数据来源于普通网站,属于事实上的二手资料。在实际研究过程中,虽然可以保证《报告 2018》关键数据和主要研究结论的可靠性,但难以保证全部数据的权威性与精确性,研究结论的严谨性不可避免地依赖于所引用的数据可信性,尤其是一些二手资料数据的真实性。为更加清晰地反映这一问题,便于读者做出客观判断,《报告 2018》对引用的所有数据均尽可能地给出出处。

(四) 研究局限

实事求是地讲,与前四本年度报告相类似,《报告 2018》也不可避免地存在一些不足。对此,"中国食品安全发展报告"研究团队有足够的认识。就《报告 2018》而言,研究的局限性突出地表现在数据的缺失或数据的连续性不足。因此,《报告 2018》某些问题的研究并不是动态的,深度也不够,尤其是由于缺乏可靠的、全面的数据资料,导致某些研究结论仍有待于进一步验证,深化研究亟须相关政府部门与公共治理机构完整地公开应该公开的食品安全信息。另外,有些问题在研究中凝练不够,限于人员的不足与调查经费尤其是庞大的劳务费支出在现行财务制度下难以处理,导致基于实际的调查还是深入不够。当然,《报告 2018》的缺失还表现在其他方面。这些问题的产生客观上与"中国食品安全发展报告"研究团队的研究水平有关,也与食品安全这个研究对象的极端复杂性密切相关。在未来的研究过程中,"中国食品安全发展报告"研究团队将努力克服上述困难,以期未来的年度报告更精彩,更能够回答社会关切的热点与重点问题。

第一章 主要食用农产品的数量安全与市场供应

食品安全首先是数量安全。保障食用农产品尤其是粮食的有效供给,适应不断升级的消费需求是新时代背景下农业生产的一项既紧迫又重要的任务。本章延续历年《中国食品安全发展报告》的研究特色,将对我国主要食用农产品的生产、数量安全与市场供应等问题的考察作为的第一章。考虑到我国食用农产品品种繁多,延续研究惯例,本章的讨论主要以粮食、蔬菜、水果、畜产品和水产品等城乡居民基本消费的食用农产品为研究重点。

一、主要食用农产品的生产与市场供应

2017 年中央一号文件《中共中央、国务院关于深入推进农业供给侧结构性改革加快培育农业发展新动能的若干意见》明确指出,当前我国农业的主要矛盾已由总量不足转变为结构性矛盾,突出表现为阶段性供过于求和供给不足并存,矛盾的主要方面在供给侧。一号文件指出,必须顺应新时代新要求,坚持问题导向,调整工作重心,深入推进农业供给侧结构性改革。2017 年,全国各地区按照中央的要求,从各自的实际出发,推进农业的供给侧改革,在保持粮食生产总体稳定、口粮绝对安全的前提下,食用农产品结构不断调优,有效供给不断扩大,市场供应基本稳定。

(一)粮食

1. 粮食产量持续丰收

图 1-1 显示,2017 年,我国粮食产量 61791 万吨,比上年增产 166 万吨,增幅为

0.3%,属历史上第二个高产年①。除 2016 年有所减产外,五年来全国粮食产量总体上保持上升趋势,且自 2013 年以来已连续 5 年超过 60000 万吨,国家粮食安全的能力显著提高,物质基础更加雄厚。这是在错综复杂的国内外经济形势、自然灾害多发频发、推进供给侧结构性改革的大环境下,取得的巨大成就,来之不易。

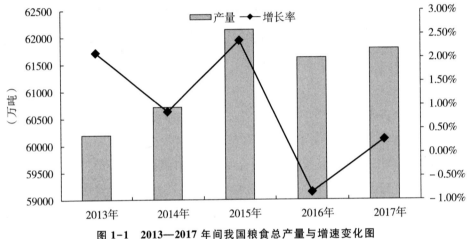

图 1-1 2013—2017 年间我国粮食总产量与增速变化图

数据来源:国家统计局:《中华人民共和国 2013—2017 年国民经济和社会发展统计公报》。

2. 主要粮食品种产量各有增减

2017 年,谷物产量 56455 万吨②,比上年减产 0.1%。其中,稻谷和小麦的产量分别为 20856 万吨、12977 万吨,均比 2016 年同比增产 0.7%;玉米产量 21589 万吨,比 2016 年减产 1.7%。在季节性的粮食作物中,除了早稻有所减产外,夏粮和秋粮产量均有所增加。其中,早稻产量为 3174 万吨,减产 3.2%;夏粮和秋粮的产量分别为 14031 万吨、44585 万吨,较 2016 年分别增产 0.8%、0.4%③。

---

① 国家统计局:《中华人民共和国 2017 年国民经济与社会发展公报》,http://www.stats.gov.cn/tjsj/zxfb/201802/t20180228_1585631.html。

② 谷物主要包括玉米、稻谷、小麦、大麦、高粱、荞麦、燕麦等。

③ 国家统计局:《中华人民共和国 2017 年国民经济与社会发展公报》,http://www.stats.gov.cn/tjsj/zxfb/201802/t20180228_1585631.html。

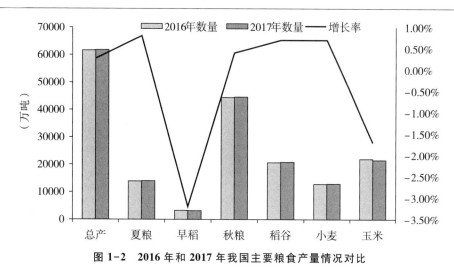

图1-2　2016年和2017年我国主要粮食产量情况对比

数据来源:国家统计局:《中华人民共和国2016—2017年国民经济和社会发展统计公报》。

3. 粮食种植面积持续调减

2017年,全国粮食播种面积112220千公顷(168330万亩),比2016年减少815千公顷(1222万亩),下降0.7%。其中,小麦种植面积2399万公顷,减少20万公顷;稻谷种植面积3018万公顷,减少0.2万公顷;玉米种植面积3545万公顷,减少132万公顷;棉花种植面积323万公顷,减少12万公顷;油料种植面积1420万公顷,增加7万公顷;糖料种植面积168万公顷,减少1万公顷。粮食播种面积减少的主要原因是各地主动调整农业种植结构,加快优化区域布局,在主要口粮作物稻谷、小麦播种面积保持基本稳定的基础上,调减库存较多的玉米种植面积,特别是在玉米非优势产区"镰刀弯"地区大幅度调减玉米播种面积,实行"粮改饲""粮改豆",增加杂粮和豆类的播种面积,通过进一步扩大花生、中草药材等非粮作物面积,农业种植结构更加优化①。

4. 粮食单产略有增加

十多年来,伴随农业科技的不断进步和良种良法大规模推广应用,我国粮食单产持续丰收,粮食生产效率稳步提高。2017年,全国粮食作物平均单位面积产量

---

① 国家统计局:《国家统计局农村司首席统计师侯锐解读粮食生产情况》,http://www.stats.gov.cn/tjsj/sjjd/201712/t20171208_1561538.html。

达到 5506 公斤/公顷（367 公斤/亩），每公顷比 2016 年增产 54 公斤（3.6 公斤/亩），增长 1%。其中，谷物单位面积产量 6075 公斤/公顷（405 公斤/亩），比 2016 年增加 85 公斤/公顷（5.7 公斤/亩），增长 1.4%①。粮食单产增加是多种因素综合作用的结果。在加快种植业结构调整的同时，2017 年各地积极推进统一供种、统一耕种、统一田间管理和统一病虫害防治的增产模式，强化田间管理和技术指导服务，开展测土配方施肥，实现小麦"一喷三防"全覆盖，大力推广水稻智能催芽、大棚育秧、深松整地、侧深施肥等增产技术措施，为粮食稳产增产奠定良好基础②。

5. 粮食生产区域布局不断优化

近年来，粮食生产区域的布局不断优化，主产区稳产增产的作用日益显现。2017 年，全国粮食种植总面积 11222 万公顷（约 17 亿亩），比 2016 年减少 81 万公顷，减少 0.7%。从播种面积来看，全国粮食主产区的播种面积达到 12.2 亿亩③，比 2012 年增长 4.8%，占粮食播种面积的比重为 72.3%，比 2012 年提高了 0.7 个百分点④。从产量来看，2017 年十三个粮食主产区的粮食产量合计达到 9415 亿斤，比上年增加 59 亿斤，增长 0.6%，占全国粮食总产量的比重为 78%；非主产区粮食产量为 2943 亿斤，比上年减产 26 亿斤，下降 0.9%⑤。

6. 粮食生产气候条件适宜

2017 年，农业气候较为有利。秋粮生长前期，全国大部分农区光热充足，降水充沛，有利于秋收作物的生长发育和产量形成。北方农区春播以后，气温回升快，除局部地区一段时间发生旱情外，多数地区降水次数多，降水量接近常年同期，土壤墒情适宜，有利于一季稻、玉米和大豆的生长发育。南方大部分农区降水较多，

---

① 《国家统计局关于 2017 年粮食产量的公告》，http://www.stats.gov.cn/tjsj/zxfb/201712/t20171208_1561546.html2017-12-08［2017-12-08］。

② 《国家统计局农村司首席统计师侯锐解读粮食生产情况》，http://www.stats.gov.cn/tjsj/sjjd/201712/t20171208_1561538.html。

③ 粮食主产区包括河北、内蒙古、辽宁、吉林、黑龙江、江苏、安徽、江西、山东、河南、湖北、湖南、四川等 13 个省份。

④ 《国家统计局关于 2017 年粮食产量的公告》，http://www.stats.gov.cn/tjsj/zxfb/201712/t20171208_1561546.html2017-12-08［2017-12-08］。

⑤ 国家统计局：《黄秉信：粮食再获丰收 农业供给侧结构性改革取得新进展》，http://www.stats.gov.cn/tjsj/sjjd/201801/20180119_1575467.html。

库塘蓄水比较充足,对保障稻田用水和旱粮作物健康成熟有利。9 月期间,全国大部分农区气温偏高,光温适宜,有利于秋收粮食作物的灌浆成熟和收晒。整体来看,气候因素有利于秋粮单产提高。此外,2017 年全国自然灾害也较轻,粮食生产条件优于 2016 年。春末夏初,虽然东北部分地区出现旱情,南方部分地区发生洪涝,但各地区最大程度减轻了灾害损失。据国家减灾委统计,2017 年 1—9 月份,全国农作物受灾面积 2.7 亿亩,比上年同期减少 1.1 亿亩,下降 29%;绝收面积 3125 万亩,比上年同期减少 2976 万亩,下降 49%[①]。

7. 粮食综合生产能力明显提高

近年来,粮食连年丰收,粮食生产水平稳步跃上新台阶。2013 年粮食产量历史上首次突破 12000 亿斤,此后五年粮食年产量均在 12000 亿斤以上,标志着我国粮食生产水平已稳步跨上 12000 亿斤新台阶,粮食综合生产能力实现质的飞跃,国家粮食安全得到有效保障[②]。近年来,国家持续加大投入支持力度,改革完善强农惠农政策体系,夯实了农业发展基础,显著提高了粮食综合生产能力。稻谷、小麦、玉米等主要粮食作物的自给率均超过了 98%,依靠国内生产确保国家粮食安全的能力显著增强,实现了谷物基本自给、口粮绝对安全的目标[③]。

8. 粮食生产的政策环境持续趋好

党的十八大以来,面对错综复杂的国内外经济形势和自然灾害多发频发的不利影响,全国上下在以习近平同志为核心的党中央坚强领导下,围绕着"三农"问题作为全党工作的重中之重,不断深化农村改革特别是农业供给侧结构性改革,完善强农惠农富农政策体系,加快培育新型经营主体新产业新动能,农业农村发展再上新台阶。2017 年中央一号文件明确指出,要深化农业供给侧结构性改革,激活农业农村发展新动能,在确保国家粮食安全的基础上,不断调优产品结构、调整生产方式、调顺产业体系。党的十九大报告强调,农业农村农民问题是关系国计民生

---

① 国家统计局:《国家统计局农村司首席统计师侯锐解读粮食生产情况》,http://www.stats.gov.cn/tjsj/sjjd/201712/t20171208_1561538.html。

② 国家统计局:《宁吉喆:"三农"发展举世瞩目　乡村振兴任重道远》,http://www.stats.gov.cn/tjsj/sjjd/201712/t20171214_1562736.html。

③ 国家统计局:《农村改革迈出新步伐　农业发展再上新台阶——党的十八大以来经济社会发展成就系列之七》,http://www.stats.gov.cn/ztjc/ztfx/18fzcj/201802/t20180212_1583216.html。

的根本性问题,必须始终把解决好"三农"问题作为全党工作的重中之重,要确保国家粮食安全,把中国人的饭碗牢牢端在自己手中。这一系列持续完善的粮食生产政策为我国粮食安全奠定了坚实的基础,提供了强大的政策支持。

政策

农业部关于推进农业供给侧结构性改革的实施意见

2017年1月4日,农业部在《关于推进农业供给侧结构性改革的实施意见》(农发〔2017〕1号)中指出,推进农业供给侧结构性改革,是当前的紧迫任务,是农业农村经济工作的主线,要围绕这一主线稳定粮食生产、推进结构调整、推进绿色发展、推进创新驱动、推进农村改革。要把增加绿色优质农产品供给放在突出位置,把提高农业供给体系质量和效率作为主攻方向,把促进农民增收作为核心目标,从生产端、供给侧入手,创新体制机制,调整优化农业的要素、产品、技术、产业、区域、主体等方面结构,优化农业产业体系、生产体系、经营体系,突出绿色发展,聚力质量兴农,使农业供需关系在更高水平上实现新的平衡。通过努力,使农产品的品种、品质结构更加优化,玉米等库存量较大的农产品供需矛盾进一步缓解,绿色优质安全和特色农产品供给进一步增加。绿色发展迈出新步伐,化肥农药使用量进一步减少,畜禽粪污、秸秆、农膜综合利用水平进一步提高。农业资源要素配置更加合理,农业转方式调结构的政策体系加快形成,农业发展的质量效益和竞争力有新提升。

(二)蔬菜与水果

1. 蔬菜产量稳步增长,市场供应基本稳定

2017年,全国蔬菜及食用菌(含菜用瓜)产量比上年增长3%,播种面积增长2.1%,单产增长1%①,总产量超出当年粮食总产量2亿多吨,再次取代粮食成为我国第一大食用农产品。根据表1-1对各省份《2017年国民经济与社会发展公报》

---

① 国家统计局:《黄秉信:粮食再获丰收 农业供给侧结构性改革取得新进展》,http://www.stats.gov.cn/tjsj/sjjd/201801/20180119_1575467.html。

蔬菜产量的统计,除浙江、江苏、北京、贵州、云南、新疆等省、自治区、直辖市蔬菜产量数据缺失外,其他省份 2017 年蔬菜产量合计达到 6.81 亿吨。湖南、山东、河北、广东、湖北、四川、河南、广西等省区是我国蔬菜生产的主要省份,年产量均超过 3000 万吨,其中山东蔬菜产量最高,达 10618 万吨。除上海、天津、内蒙古、辽宁、海南等省、自治区、直辖市蔬菜产量有所下降外,其余省份均有所增长。其中,甘肃省增长幅度最大,增长率达到 7.9%。

表 1-1　2017 年各省份蔬菜水果产量情况

省份	蔬菜		水果		省份	蔬菜		水果	
	产量（万吨）	增长率（%）	产量（万吨）	增长率（%）		产量（万吨）	增长率（%）	产量（万吨）	增长率（%）
浙江	—	—	—	—	黑龙江	959.20	2.40	195.20	-5.60
湖南	4400.30	4.90	—	—	河南	8331.72	6.70	1846.65	-5.20
山东	10618.30	2.80	3295.80	1.20	吉林	869.36	2.00	—	—
上海	310.76	-3.20	—	—	云南	—	—	—	—
江苏	—	—	940.30	5.30	宁夏	610.80	3.00	199.10	-4.30
北京	—	—	—	—	辽宁	2048.00	-9.28	809.20	0.86
河北	8259.80	0.80	1571.00	3.00	安徽	2892.10	4.20	1077.90	3.30
山西	1339.80	3.50	891.00	6.00	海南	579.37	-0.10	410.14	3.70
广东	3737.42	4.70	1669.45	5.60	甘肃	2106.47	7.90	557.02	10.00
福建	1879.81	2.50	914.41	7.10	江西	1490.10	4.90	455.20	12.30
天津	367.87	-18.90	—	—	西藏	72.73	2.90	—	—
贵州	—	—	—	—	新疆	—	—	1040.20	2.90
湖北	4133.92	3.30	593.51	-8.70	广西	3086.85	5.40	1701.30	11.60
四川	4523.00	3.10	895.00	5.20	陕西	1974.75	4.10	1801.02	5.10
内蒙古	1364.60	-9.20	340.80	7.70	青海	170.01	0.00	3.81	-5.3
重庆	1947.18	3.80	445.94	9.10	总计	68074.22		21653.95	

＊辽宁省 2017 年蔬菜增长率和水果增长率由 2016 年产量和 2017 年产量计算得出。

资料来源:根据各省份 2017 年国民经济与社会发展公报统计得出,"—"表示数据缺失。

2. 水果供应稳步增加,基本满足市场需求

2017 年,除湖北、黑龙江、河南、宁夏、青海等 5 个省、自治区水果产量有所减少外,大部分省、自治区、直辖市的水果产量都有不同程度的增加,其中增幅最大的是江西省,增长率高达 12.3%(表 1-1)。目前,我国水果生产主要集中在山东、河北、广东、河南、安徽、新疆、广西、陕西等 8 个省、自治区,水果年产量皆超过 1000 万吨。山东是水果产量遥遥领先的省份,2017 年产量达到 3295.8 万吨,较上年增长 1.2%,且比产量第二的河南高出 1000 万多吨。水果产量的持续增加,也充分体现居民消费结构的转型升级。

(三) 畜产品

1. 主要畜产品基本满足市场需求

图 1-3 显示,2017 年,全国猪牛羊禽肉产量 8431 万吨,比上年增长 0.8%。其中,猪肉产量 5340 万吨,增长 0.8%;牛肉产量 726 万吨,增长 1.3%;羊肉产量 468 万吨,增长 1.8%;禽肉产量 1897 万吨,增长 0.5%;禽蛋产量 3070 万吨,下降 0.8%;牛奶产量 3545 万吨,下降 1.6%。不同品种的畜产品较上年有增有减,以增为主,基本满足国内不断增长的市场需求。

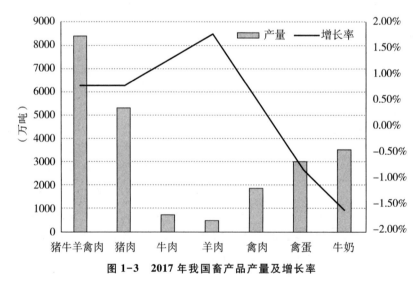

图 1-3　2017 年我国畜产品产量及增长率

资料来源:国家统计局:《中华人民共和国 2017 年国民经济和社会发展统计公报》。

2. 肉类产量有所下降

图 1-4 显示了 2017 年我国主要省份肉类总产量及其增长率。从图 1-4 中可以看出,肉类生产在各省份间呈现相对集中、不均衡分布的特征。一是肉类生产主要集中在部分省区。如,湖南、山东、河北、广东、河南、辽宁、广西等省区,肉类总产量都达到 400 万吨以上,是我国主要的肉类生产省区。其中,山东省肉类产量最高,达到 772.4 万吨。二是肉类产量不均衡。如山东省肉类总产量达 772.4 万吨,而山西、天津、贵州、宁夏、海南、西藏、青海等省区的产量只有几十万吨,尚不足山东省的九分之一。三是各省份的肉类总产量有增有减,总体呈下降趋势。其中,湖南、山东、福建、贵州、内蒙古、河南、宁夏、海南、甘肃、西藏、新疆、青海等省区产量增幅较大,分别为 3.3%、2.7%、3.1%、5%、3.4%、3.4%、4.3%、4.5%、3.3%、3.2%、2.1%、6.4%;浙江、江苏、山西、天津四个省市降幅较大,降幅分别为11.6%、3%、3.9%、17.9%。由于人口数量、消费文化、地理环境与其他要素禀赋的差异,特别是随着结构性调整,未来肉类生产在不同省份之间相对集中和不均衡分布的状态将会长期持续。

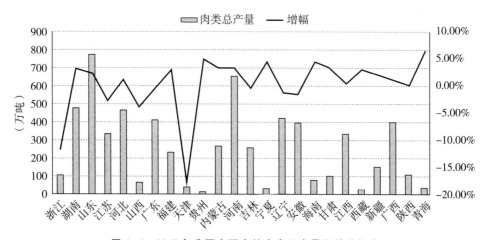

图 1-4 2017 年我国主要省份肉类总产量及其增长率

* 吉林省、辽宁省 2017 年肉类增幅由 2016 年产量和 2017 年产量计算得出。

资料来源:根据各省份《2017 年国民经济与社会发展公报》整理统计得出,部分省份数据缺失。

3. 禽蛋与牛奶产量略有下降

伴随居民生活水平的提高,禽蛋、牛奶在我国居民食品消费结构中的比重不断上升,日益成为消费者日常生活中重要的食品种类。2017 年,我国禽蛋产量 3070 万吨,较 2016 年略有下降,降幅 0.8%;牛奶产量为 3545 万吨,较上年下降 1.6%。从总产量角度看,与肉类生产相似,禽蛋与牛奶的生产在各省份间也呈现不均衡分布的状态。湖南、山东、江苏、河北、黑龙江、河南、吉林、辽宁、安徽九个省份是禽蛋的主要生产省区,产量均超过 100 万吨,其中山东省产量最高,达 449.3 万吨;山东、河北、内蒙古、黑龙江、河南、宁夏、辽宁、新疆和陕西九个省区是牛奶的主要生产省区,产量均超过 100 万吨,其中内蒙古产量最高,高达 693 万吨。而天津、贵州、宁夏、海南、青海五个省份的禽蛋产量较少,产量不足 20 万吨,不足产量最高的山东省的二十分之一。湖南、福建、贵州、江西、广西等省区的牛奶产量较少,均不足 20 万吨。

表 1-2　2017 年全国各省份禽蛋、牛奶和水产品产量

	禽蛋		牛奶		水产品	
	产量(万吨)	增长率(%)	产量(万吨)	增长率(%)	产量(万吨)	增长率(%)
浙江	—	—	—	—	642.90	1.90
湖南	103.20	-1.40	9.60	-0.50	272.00	0.10
山东	449.30	1.90	266.20	-0.80	881.40	-1.76
上海	—	—	21.30	-18.20	25.74	-1.30
江苏	186.10	-6.30	59.90	1.60	520.10	-0.60
北京	—	—	—	—		
河北	376.90	-3.00	458.10	4.00	127.50	-3.60
山西	79.90	-10.30	93.60	-1.60	5.30	1.50
广东	—	—	—	—	886.82	1.50
福建			15.65	1.30	802.55	4.50
天津	19.94	-3.40	56.51	-16.90	37.50	-4.90
贵州	18.69	2.10	6.56	2.70	29.96	3.40
湖北	—	—	—	—	465.42	-1.20

（续表）

	禽蛋		牛奶		水产品	
	产量（万吨）	增长率（%）	产量（万吨）	增长率（%）	产量（万吨）	增长率（%）
四川	—	−2.40	—	1.50	154.40	6.20
内蒙古	53.20	−8.30	693.00	−5.60	15.60	−1.30
重庆	47.74	0.70	—	—	53.39	5.00
黑龙江	103.20	−2.90	539.50	−1.20	—	—
河南	422.80	0.10	310.50	−5.00	—	—
吉林	120.98	5.70	49.84	−5.70	22.04	9.80
云南	—	—	—	—	—	—
宁夏	10.60	9.70	153.30	9.90	18.10	3.60
辽宁	289.90	0.80	140.10	−2.10	520.90	−0.10
安徽	146.20	4.80	31.90	−2.30	240.00	1.80
海南	4.75	−1.70	—	—	197.65	−7.90
甘肃	—	—	64.48	0.60	1.54	0.70
江西	51.00	−1.40	12.80	−5.00	281.40	3.60
西藏	—	—	—	—	—	—
新疆	37.37	3.40	160.36	2.70	—	—
广西	22.70	−1.60	10.00	3.90	379.08	4.90
陕西	60.10	1.30	134.80	−3.80	16.30	2.50
青海	2.46	2.90	33.80	2.40	1.61	33.50

　　*山东省2017年水产品增长率由2016年产量和2017年产量算出，辽宁省2017年禽蛋增长率与牛奶增长率由2016年产量和2017年产量算出。

　　资料来源：根据各省份《2017年国民经济与社会发展公报》整理统计得出，"—"表示数据缺失。

（四）水产品

　　2017年，全国水产品产量6938万吨，比上年增长0.5%。图1-5显示，2017年，养殖水产品产量5281万吨，同比增长2.7%；捕捞水产品产量1656万吨，同比下降 5.8%；养殖产品与捕捞产品的产量比例为 76.1∶23.9，与 2016 年相比，养殖水产品的比例略有上升，增幅为 1.6%。由此可见，我国水产品生产仍以人工养殖为主，比重超过 75%。养殖比重不断提高的原因主要在于，不断增长的水产品消费需求给生态环境和渔业可持续发展带来巨大威胁，世界各国都在加强对渔业资源的保护，纷纷通过人工养殖方式提高水产品产量以缓解日益严峻的过度捕捞问题。

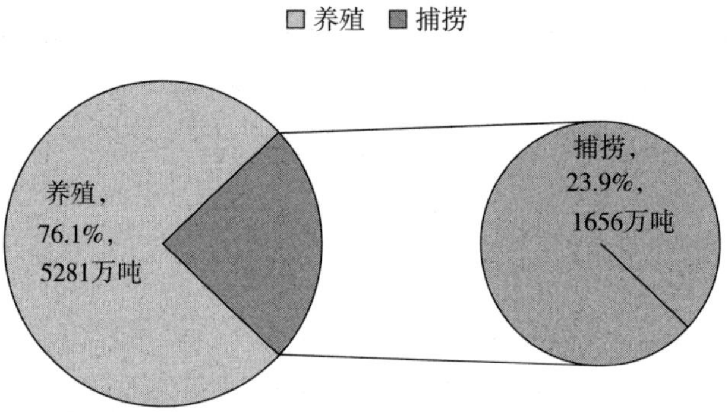

图 1-5　2017 年全国水产养殖产量

＊养殖水产品与捕捞水产品比例由养殖水产品产量与捕捞水产品产量计算得出。

资料来源：国家统计局：《中华人民共和国 2017 年国民经济和社会发展统计公报》。

解　读

国家粮食安全战略

党的十八大以来，以习近平同志为核心的党中央始终把粮食安全作为治国理政的头等大事，提出了新时期国家粮食安全的新战略：以我为主、立足国内、确保产能、适度进口、科技支撑。具体而言，以我为主是前提。就是自力更生、独立自主解决中国粮食问题，始终注重牢牢掌握粮食问题的主动权。立足国内是基础。就是从自己的国情粮情出发，保护耕地、改良生态、提高农业科技水平、大力发展现代粮食流通产业，着眼于从全产业链来提高粮食产量。确保产能是重点。作为一个 13 亿多人口的大国，随着人口的增长与经济社会的发展，粮食的消费从数量与质量上都会有新的刚性要求，必须从长远上对我国粮食产能作好规划，保证我国粮食持续增产的物质基础与制度设计。适度进口是手段。就是要在保障谷物基本自给、口粮绝对安全的前提下，合理利用国际市场。科技支撑是关键。就是要依靠科技进步与创新,保障粮食产量的持续增长。科技的支撑与引领是实施整个战略的关键环节。以我为主、立足国内、确保产能、适度进口、科技支撑的国家粮食战略内涵丰富、各有侧重、互为补充,构成一个完整的体系。

二、粮食与主要农产品生产与消费的态势

2017 年,中国农业供给侧结构性改革取得成效,农产品生产基本稳定,城乡居民消费需求提升,主要农产品进口呈下降趋势。中国海关统计数据显示,2017 年,我国谷物及谷物粉进口总量为 2559 万吨,与 2016 年同期相比下降 16.4%。其中,玉米进口量为 283 万吨,较上年大幅下降 10.7%;大豆进口总量高达 9553 万吨,同比增加 13.8%。由于缺乏全面、权威的数据,难以对我国目前粮食与主要食用农产品的数量保障现状作出真实的评价。本节主要依据农业部国际合作司的《2011—2017 年 1—12 月我国农产品进出口数据》,结合 2018 年 4 月中国社会科学院发布的《中国农业农村经济形势分析与预测(2017—2018)》,并综合其他相关资料,就我国粮食与主要农产品生产与消费的态势作出分析。

(一)稻麦供需基本平衡,进口保持稳定

2011—2017 年间,国内对进口大米、小麦的需求不断增加,进口数量逐年增加,但进口速度不断放缓。大米进口数量由 2011 年的 59.8 万吨增加到 2017 年的 402.6 万吨,增长了 6.7 倍;小麦进口数量由 2011 年的 125.8 万吨增加到 2017 年的 442.2 万吨,增长了 3.51 倍(图 1-6)。大米、小麦进口数量持续增加的原因一方面在于中国对高端大米和优质小麦的确存在需求;另一方面,更深层次的原因在于国内稻谷、小麦生产成本不断提升,为保护农民利益和确保口粮安全,国家实施稻谷、小麦最低收购价政策,国内稻谷、小麦价格不断上升,国内外价格倒挂愈加严重。

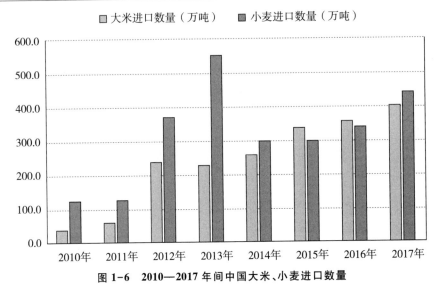

图1-6 2010—2017年间中国大米、小麦进口数量

资料来源:农业部:《2010—2017年1—12月我国农产品进出口数据》。

(二)玉米进口需求锐减,种植面积逐步调减

"十二五"期间,我国玉米进口数量由2011年的175.4万吨攀升至2015年的473万吨。2016年则回落到316.8万吨,2017年再次回落到282.7万吨,同比下降10.8%(图1-7)。随着农业供给侧结构性改革的不断深化,玉米结构调减持续推进,"镰刀弯"非优势产区玉米种植面积持续调减,玉米去库存取得阶段性成效。2017年,各地实施玉米调减计划,玉米种植面积36544.5万公顷,同比减少1132.3万公顷,同比减少3.6%;玉米产量为21589万吨,比2016年减少1.7%。"十三五"期间,玉米种植面积将大幅调减,预计到2020年玉米面积将减至3441万公顷,产量将减至20567万吨;同期玉米工业消费和饲用消费将保持较快增长,预计年均增长3%,到"十三五"末期的2020年玉米消费总量将增加到22192万吨,库存压力缓解,玉米价格回归市场。

(三)油料产量恢复性增长,大豆进口显著放缓

2017年,我国油料种植面积1420万公顷,相比2016年增加7万公顷,油料产量达3732万吨,同比增长2.8%。然而,由于油料作物种植面积扩大缓慢、产量提升有限,国内油料生产能力薄弱,导致产需缺口不断扩大,进口不断增加。2017

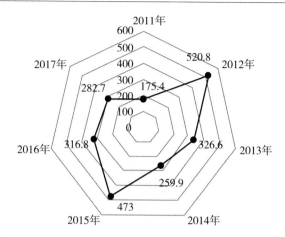

图 1-7 2011—2017 年间中国玉米进口数量(单位:万吨)

资料来源:农业部:《2011—2016 年 1—12 月我国农产品进出口数据》。

年,我国油料进口量 1 亿吨,同比增长 13.9%。其中,油菜籽进口 474.8 万吨,同比增长 33.2%。油菜籽进口增长,主要是由于国际油菜籽面积和产量均下降,同时国内油菜籽压榨工厂持续亏损,市场需求减弱。其次,2017 年豆类播种面积增加到 1035.2 万公顷,产量增加到 1916.9 万吨,分别比上年增长 6.7% 和 10.9%。2011—2017 年间,我国大豆进口数量由 5264 万吨持续增加到 9553 万吨,同比增长 13.8%。2017 年增幅相较 2016 年明显上升,比上年上升了 11.1 个百分点(图 1-8)。大豆进口增加主要受国际大宗商品价格普遍下跌及国内需求的影响。

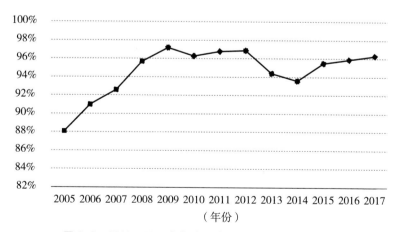

图 1-8 2011—2017 年间中国大豆进口数量(单位:%)

资料来源:农业部:《2011—2017 年 1—12 月我国农产品进出口数据》。

（四）菜、果、鱼产量稳步增长，国际贸易保持活跃

伴随居民收入水平逐步提升和消费结构的不断升级，国内消费者对国外水果、蔬菜、水产品等农产品的需求稳步增加。2017 年，蔬菜进口 5.5 亿美元，同比增长 4.3%；水果进口 62.6 亿美元，同比增长 7.6%；水产品进口 113.5 亿美元，同比增长 21.0%。从产量上看，2017 年国内蔬菜、水果、水产品产量分别同比增长 3%、2.4%、0.5%，蔬菜、水果、水产品的产量增速明显放缓（图 1-9）。未来我国蔬菜、水果等农产品供给质量和效益将明显提升，国际竞争力将不断加强。国际贸易方面，蔬菜、水果、水产品将继续保持传统优势农产品出口地位，预计到 2020 年蔬菜、水果和水产品的出口量将分别达到 1125 万吨、560 万吨、395.25 万吨。

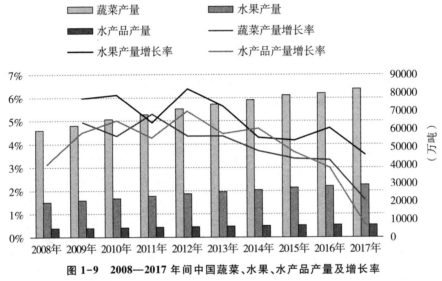

图 1-9　2008—2017 年间中国蔬菜、水果、水产品产量及增长率

资料来源：中国经济与社会发展统计数据库。

（五）肉类产量略有下降，进口急剧增加

根据国家统计局公布的数据，2017 年我国肉类（猪肉、牛肉、羊肉和禽肉）总产量 8431 万吨，与上年相比增长 0.9%，猪肉、牛肉、羊肉、禽肉产量呈不同程度的增长态势。同时，2017 年猪肉产量比上年增加超过 40 万吨，而其他肉类产量比上年增加不到 10 万吨。在进口数量上，我国肉类（猪牛羊禽）进口迅猛增加，数量高达

344.3 万吨,较 2016 年增长 14.3%(图 1-10)。受国内需求拉动以及国内外肉类差价的影响,肉类进口量将继续保持高位。其中,猪肉进口数量趋降,禽肉进口数量基本稳定,牛肉进口数量趋增,羊肉进口数量趋稳。受生产成本增加和需求拉动影响,未来肉类价格总体趋涨。在既定的经济政策、生产和消费环境等条件下,疾病、畜牧业生产技术、消费习惯、国际市场贸易政策和形势等是影响未来中国肉类产量、结构、消费、市场价格、贸易等的主要因素。

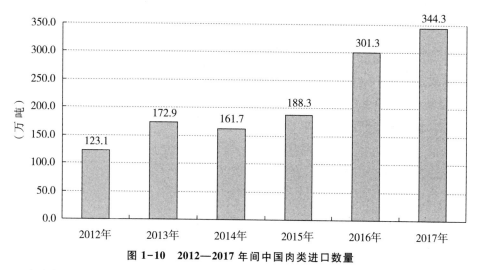

图 1-10　2012—2017 年间中国肉类进口数量

资料来源:根据农业部市场与经济信息司监测统计处的相关数据整理形成。

第二章 2017 年主要食用农产品质量安全状况与风险治理

本章主要在第一章的基础上,重点考察我国主要食用农产品质量安全状况。考虑到农产品品种多而复杂,本章的研究主要以蔬菜与水果、畜产品和水产品等我国城乡居民消费最基本的农产品为对象,基于农业部发布的例行监测数据,考察 2017 年食用农产品质量安全状况与监管体系建设的新进展,客观分析我国食用农产品质量安全中存在的主要问题。

一、基于例行监测数据的主要食用农产品质量安全状况

2017 年,农业部在全国 31 个省(自治区、直辖市)的 155 个大中城市,按季度组织开展了 4 次农产品质量安全例行监测,共监测 5 大类产品 109 个品种 94 项指标,抽检样品 42728 个,总体抽检合格率为 97.8%,比 2016 年上升 0.3 个百分点。其中,蔬菜、水果、水产品和茶叶抽检合格率分别为 97%、98%、96.3% 和 98.9%,分别比上年上升 0.2、1.8、0.4 和下降 0.5 个百分点[①];畜禽产品抽检合格率为 99.5%,其中"瘦肉精"抽检合格率为 99.8%,均与上年基本持平。全国食用农产品例行监测总体合格率自 2012 年首次公布该项统计数据以来已连续 6 年在 96% 以上的高位波动,质量安全总体水平继续呈现并保持波动上升的基本态势,但是不同品种农产品的质量安全水平有所差异[②]。

---

① 《农业部发布 2017 年农产品质量安全例行监测信息》,http://www.moa.gov.cn/xw/zwdt/201801/t20180118_6135311.htm.

② 可参见北京大学出版社历年出版的《中国食品安全发展报告 2012—2017》。

（一）蔬菜

　　农业部蔬菜质量主要监测各地生产和消费的大宗蔬菜品种。对蔬菜中甲胺磷、乐果等农药残留例行监测结果显示,2017 年蔬菜的检测合格率为 97%,较 2016 年上升 0.2 个百分点。图 2-1 显示,自 2005 年以来我国蔬菜的检测合格率虽有局部的波动,但总体上处于上升态势,农药残留超标情况实现了明显好转。并且自 2008 年以来,全国蔬菜产品抽检合格率连续 10 年保持在 96% 以上的高位波动,其中 2012 年检测合格率达到历史峰值,2013 年、2014 年、2015 年略有下降,2016 年、2017 年又稳步上升,这表明我国蔬菜产品质量总体上呈现稳定向好的基本态势。未来随着农产品监管部门对农药施用监管力度的持续强化,以及农药残留监测标准的严格实施,蔬菜产品质量安全水平将得到进一步提升。

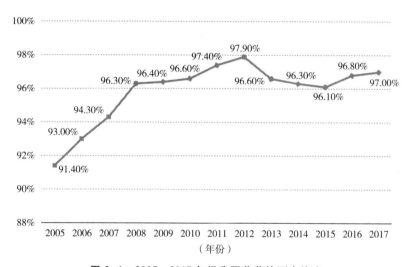

图 2-1　2005—2017 年间我国蔬菜检测合格率

资料来源:原农业部历年例行监测信息。

（二）畜产品

　　农业部对畜禽产品主要的监测针对猪肝、猪肉、牛肉、羊肉、禽肉和禽蛋等。对畜禽产品中的例行监测结果显示,2017 年畜禽产品的监测合格率为 99.5%,虽然较 2016 年仅提高 0.1 个百分点,但较 2005 年提高了 2.8 个百分点,且畜禽产品监测合格率自 2009 年起已连续 9 年保持在 99% 以上的高水平（图 2-2），这表明我国畜禽产品的总体质量稳中向好。对备受关注的"瘦肉精"的监测结果表明，2017 年生猪"瘦肉精"抽检合格率为 99.8%，虽然与上年相比下降了 0.1 个百分点，但较 2005 年提高了 1.9 个百分点，呈现稳中有升趋势。这预示着我国"瘦肉精"问题得到明显改善，城乡居民不必再谈猪色变。

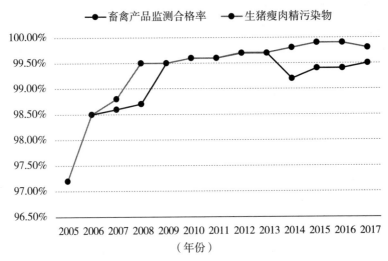

图 2-2　2005—2017 年间我国畜禽产品、"瘦肉精"污染物例行监测合格率

资料来源：原农业部历年例行监测信息。

（三）水产品

农业部对水产品的监测主要针对虾、罗非鱼、大黄鱼等 10 多种大宗水产品。对水产品中的孔雀石绿、硝基呋喃类代谢物等开展的例行监测结果显示，2017 年，水产品检测合格率为 96.3%，较 2016 年提高了 0.4 个百分点，在五大类农产品中合格率最低，但相比前几年改善明显（图 2-3）。水产品合格率自 2006 年开始上升，到 2009 年达到高峰 97.2%，虽在一定程度上受到监测范围扩大、参数增加等因素影响，但水产品合格率自 2012 年开始回落，2014 年降到低谷 93.6%。虽然近几年合格率有所上升，但暴露出我国水产品质量安全水平稳定性不足，处于低水平稳定的问题。因此，稳定并逐步提高水产品质量安全应受到水产品从业者以及水产品监管部门的高度重视。

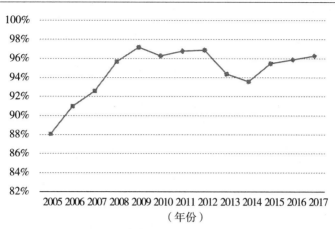

图 2-3　2005—2017 年间我国水产品质量安全总体合格率

资料来源:农业部历年例行监测信息。

（四）水果

农业部对水果中的甲胺磷、氧乐果等农药残留开展的例行监测结果显示,2017 年水果的合格率为 98%,较 2016 年上升 1.8 个百分点,在五大类农产品监测合格率中涨幅最大。自 2008 年以来,水果的监测合格率虽然略有波动,但总体处在 96% 以上的高位水平,2017 年较 2012 年顶峰水平 97.9% 增加了 0.1 个百分点,达到了新的波峰。图 2-4 描述了 2005 年以来我国水果监测合格率趋势图,可以看出我国水果质量安全水平平稳向好,但近年来仍有一些问题需要解决。

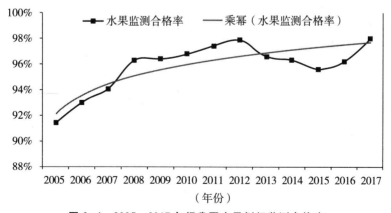

图 2-4　2005—2017 年间我国水果例行监测合格率

资料来源:农业部历年例行监测信息。

（五）茶叶

对茶叶中的氟氯氰菊酯、杀螟硫磷等农药残留开展的例行监测结果显示,2017年茶叶的监测合格率为98.9%,较2016年降低0.5个百分点,是五大类农产品中唯一的一个合格率降低的品类。但从年际变化来分析,图2-5显示,茶叶的合格率在2006—2013年间一直处于高位水平,且表现出向好趋势。但自2014年起合格率的波动幅度远大于其他大类产品。这也预示着我国茶叶质量安全水平仍不稳定,质量安全存在一定的隐患,具有较大高位维稳空间,需要相关部门引起重视。

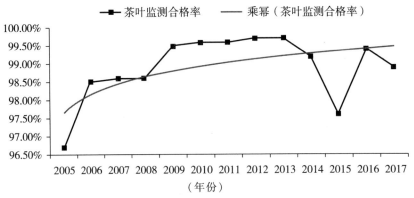

图 2-5　2005—2017 年间我国茶叶例行监测合格率

资料来源:农业部历年例行监测信息。

解　读

"十三五"全国农产品质量安全提升规划

农业部 2017 年 3 月 8 日发布《"十三五"全国农产品质量安全提升规划》(农质发〔2017〕2 号)。该《规划》提出,力争通过 5 年努力,实现全面提升农产品质量安全源头控制能力、标准化生产能力、风险防控能力、追溯管理能力和执法监管能力。到 2020 年,农产品质量安全水平稳步提升,主要农产品例行监测合格率稳定在 97% 以上;系统性、区域性的问题隐患得到有效解决,违法违规行为明显遏制,确保不发生重大农产品质量安全事件;兽药残留限量标准总数达到 1 万项,覆盖所有批准使用的农兽药品种和相应农产品;全国"菜篮子"主产县规模以上生产主体基本实现标准化生产;"三品一标"年均增长 6% 以上;全国农产品质量安全追溯体系基本建立,农业产业化国家和省级重点龙头企业、有条件的"菜篮子"产品及"三品一标"规模生产主体率先实现可追溯,品牌影响力逐步扩大,生产经营主体的质量安全意识明显增强;国家农产品质量安全县创建基本覆盖"菜篮子"大县,探索形成因地制宜、产管并举、全程控制的县域监管模式。

二、食用农产品质量安全风险治理体系与治理能力建设

食用农产品质量安全风险治理体系是一个国家食品安全管理水平的重要标志。我国食用农产品质量安全风险治理体系建设起步较晚,始于 20 世纪 80 年代。经过 30 余年的努力,特别是党的十八大以来,全国农业部门努力衔接并协调保持《农产品质量安全法》和《食品安全法》两法并行,深化完善以农产品质量安全监管横向到边、纵向到底的完整监管体系为核心的风险治理体系,已初步建成了相对完备的风险治理体系,风险治理能力明显提升。

(一)监管机构与执法监管体系较为完备

农产品质量安全关系公众身体健康和农业产业发展,是农业现代化建设的重要内容。为此,农业部门努力健全农产品质量安全监管机构体系,截止到 2017 年年底,全国所有省、自治区、直辖市 88% 的地市、75% 的县(区、市)、97% 的乡镇建立了农产品质量安全监管机构,落实监管人员 11.7 万人。与此同时,伴随依法治国战略的深入实施,为适应现代农业发展对法治保障的迫切需求,我国农业执法监管的外部条件不断改善,内在支撑不断强化,保障农产品质量安全风险治理的能力不断增强。截止到 2015 年年底,浙江、江苏、福建、湖北、贵州、重庆、甘肃、广东等 8个省(市)建立了省级农业执法总队(农业执法局)、市执法支队、县执法大队三级的农业执法机构体系,全国 276 个市(地、州)、2332 个县(市、区)相应成立了执法支队和执法大队,开展农业执法工作。同时,农机安全监理、草原监理、渔业执法、

农产品质量安全体系建设稳步推进。其中,农机监理和草原监理形成了部、省、市、县(市)四级执法体系,全国农机安全监理机构达到 2867 个,全国草原监理机构达到 914 个。渔业行政执法机构体系由农业部渔政执法机构和地方各级渔政机构组成,全国渔业行政机构近 3000 个。全国已经初步建立了以县市为重点,职责明确、层级清楚的农业执法监管体系。

(二)检测体系基本形成

国家累计投资 130 亿元,建设了部、省、市、县(市)四级农产品质量安全检测机构 3332 个,其他质检机构 1821 个(图 2-6),落实检测人员 3.5 万人,每年承担政府委托检测样品量 1260 万个,基本实现了部、省、市、县(市)的全覆盖,检测能力迅速提升。与此同时,国家强化农业质检机构证后监管,组织开展检测技术能力验证,加大部级质检机构飞行检查力度,进一步全面提高了全国农产品质检机构检测能力和水平。

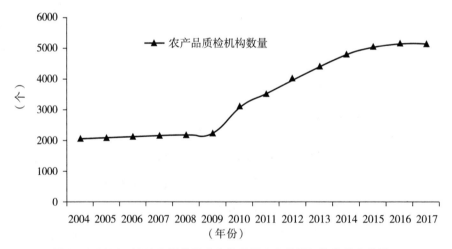

图 2-6 2004—2017 年间我国农产品质量安全检测机构数量变化情况

数据来源:农业部农产品质量安全监管局。

通过十余年的发展,我国农产品质量安全检测技术的自主创新能力得到大幅提升,农产品质量安全的监测能力有了明显的提高。以快速、经济、高通量为导向,我国研发了 500 余项以农兽药残留为主的残留确证检测技术,开发了以兽药、生物毒素为主的近 600 余种快速检测产品,国产快速检测产品的市场占有率从"十五"

末期的不到 10% 上升至目前的 80% 以上。特别是在生物毒素高灵敏检测技术及动物源性农产品药物快速检测方面取得了重大突破。其中,"动物性食品中药物残留及化学污染物检测关键技术与试剂盒产业化"成果获得 2006 年国家科技进步二等奖;"农产品黄曲霉毒素靶向抗体创制与高灵敏检测技术"与"基于高性能生物识别材料的动物性产品中小分子化合物快速检测技术"分别获得 2015 年国家技术发明二等奖;"动物源食品中主要兽药残留物高效检测关键技术"获得 2016 年国家技术发明二等奖。

(三)风险评估体系初步形成

截止到 2017 年年底,全国已建有 1 个国家农产品质量安全风险评估机构、105 家专业性或区域性风险评估实验室、148 家主产区风险评估实验站和 1 万多个风险评估实验监测点,形成了以国家农产品质量安全风险评估机构为龙头、以农业部专业性和区域性风险评估实验室为主体、以各主产区风险评估实验站和农产品生产基地风险评估国家观测点为基础的国家农产品质量安全风险评估体系。国家重点围绕"菜篮子""果盘子""米袋子"等农产品,从田间到餐桌的每个环节进行跟踪调查,发现可能存在的问题,同时针对隐患大、问题多的环节进行质量安全风险评估。评估对象有蔬菜、果品、茶叶、食用菌、粮油产品、畜禽产品、生鲜奶、水产品等,通过对农产品生产过程中的病虫害发生状况及农药、植物生长调节剂等化学品使用种类、次数、浓度等进行详细调查与样品采集,对农药残留及其他植物调节剂进行检测分析。今年的过程包括对主要农产品的收、贮、运等各个环节。

2017 年度国家农产品质量安全风险评估财政专项,共设 15 个评估专项,37 个评估项目,组织开展了四次例行监测,涵盖 31 个省、自治区、直辖市的 155 个大中城市、110 种农产品,监测农兽药残留和非法添加物参数 94 项,基本覆盖主要农产品产销区、老百姓日常消费的大宗农产品和主要风险指标。通过监测,农业部及时发现并督促整改了一大批不合格产品的问题。通过对蔬菜、粮油、畜禽、奶产品等重点食用农产品进行风险评估,可以基本摸清风险隐患、分布范围及产生原因,完善农产品质量安全突发事件应急预案,初步建立起快速反应、协同应对的应急机制。

表 2-1　2012—2017 年间我国农产品质量安全风险评估体系发展概况

发展情况	2012 年	2013 年	2014 年	2015 年	2016 年	2017 年
重要事件	建立国家农产品质量安全风险评估制度	编制全国农产品质量安全风险评估体系能力建设规划	认定首批主产区风险评估实验站；全面推进风险评估的项目实施	设立农产品质量安全风险评估财政专项	将"菜篮子"和大宗粮油产品全部纳入风险评估范围	增加了农药和兽用抗生素等影响农产品安全水平的监测指标，更加突出问题导向，聚焦重点环节和因子
风险评估实验室与实验站数	65 个（专业性 36 个，区域性 29 个）	88 个（专业性 57 个，区域性 31 个）	98 个（专业性 65 个，区域性 33 个）	100 个（专业性 67 个，区域性 33）	107 个（专业性 72 个，区域性 35）	105 家风险评估实验室和 148 家风险评估实验站
风险评估项目实施	对 21 个专项进行风险评估	对 9 大类食用农产品中的十大风险隐患进行专项风险评估	对 12 大类农产品进行专项评估、应急评估、验证评估和跟踪评估	对 14 个评估总项目，34 个评估项目进行专项风险评估	15 个评估专项，37 个评估项目	15 个评估专项，37 个评估项目

资料来源：根据中央一号文件、原农业部相关资料整理形成。

（四）可追溯体系能力建设取得突破性进展

近年来，农业部以及部分省、市在种植、畜牧、水产和农垦等行业纷纷开展农产品质量安全追溯试点，但试点相对分散、信息不能共享，难以发挥应有的作用。2014 年，经国家发改委批准，我国农产品质量安全可追溯体系建设正式纳入《全国农产品质量安全检验检测体系建设规划（2011—2015）》，总投资 4985 万元。农业部据此在内设机构上已增设追溯管理部门，并开始建设国家级农产品质量安全追溯管理信息平台和农产品质量安全追溯管理信息系统。2016 年 1 月，国家农产品质量安全追溯管理信息平台建设项目正式由国家发展和改革委员会以发改农经〔2015〕625 号批准建设，并进行国内公开招标。2016 年 3 月 1 日，农业部对项目进行批复：项目概算总投资 4381 万元，其中工程建设费用 3865.14 万元，工程建设的

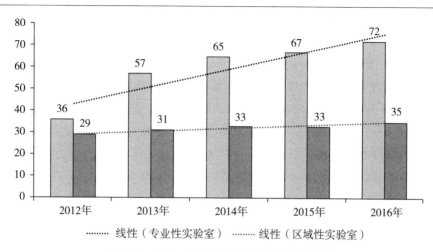

图 2-7 2012—2016 年风险评估实验室数量

资料来源：根据农业部相关资料整理形成。

其他费用 430.33 万元,预备费为 85.53 万元,资金来源为中央预算内投资。

　　2017 年,国家农产品质量安全追溯管理信息平台上线运行,标志着农产品向实现全程可追溯迈出了重要一步。农业部已印发追溯体系建设指导意见,出台了追溯管理办法,制定技术标准,建成国家追溯平台和配套的指挥调度中心,同时也开发了移动专用 APP,开通监管追溯门户网站和国家追溯平台官方微信公众号。与此同时,农业部按照"部省联动推进、县域整建制运行、规模企业带动、重点品种示范、协作机制驱动"的思路,在四川、山东、广东三个省开展试运行工作。试运行地区将精心组织部署,为下一步在全国范围开展追溯管理试点奠定基础。四川投入 3790 万元支持追溯体系建设,将 2128 家生产经营主体纳入平台管理,使用追溯码超过 2 亿张。山东利用大数据绘制"放心韭菜地图",覆盖全省韭菜种植面积 0.5 亩以上的所有生产经营主体。上海推行农产品生产档案电子化管理,对 202 家蔬菜园艺场、321 个合作社、559 个水产养殖场实行动态监管。

三、风险源头治理：综合执法与专项行动

　　食品安全涉的环节和因素很多,但源头在农产品,基础在农业。农产品生产是第一车间,源头安全了,才能保证后面环节安全。通过农业综合执法与专项治理

行动以确保农产品质量安全,是多年来全国农业部门食用农产品风险源头治理的重要工作。

(一)农产品质量安全执法与专项治理的总体概况

1. 农产品质量安全执法概况

多年来,尤其是党的十八大以来,全国农业部门持之以恒地开展农产品质量安全综合执法,努力推进禁限用农药、兽用抗菌药、"三鱼两药"(三鱼:大菱鲆、乌鳢、鳜鱼;两药:孔雀石绿、硝基呋喃)、生猪屠宰、"瘦肉精"、生鲜乳、农资打假等专项治理行动,在源头治理食用农产品安全风险,取得十分显著的效果。

表 2-2　2012—2017 年间农产品质量安全执法情况

执法项目	2012 年	2013 年	2014 年	2015 年	2016 年	2017 年
出动执法人员(人次)	432	310	418	413	454	482
检查生产经营企业(万家次)	317	274	233.3	257	235	267
查处问题(万起)	5.1	5.1	4.6	4.9	3.4	2.9
挽回损失(亿元)	11.7	5.68	7.7	6.22	5.5	5.8

数据来源:农业部。

2. 公布农产品质量安全执法监管典型案例

与此同时,农业部每年向社会公布农产品质量安全执法监管典型案例,供各地农业部门学习借鉴,推动加大农产品质量安全执法监管力度。2017 年农业部向社会公布 9 个典型案例,表 2-3 是 2017 年审结的 4 例典型案例。

表 2-3　全国农产品质量安全执法监管典型案例

序号	案例名称	案例的主要内容
1	江西省高安市畜牧水产局查处艾某违法使用"瘦肉精"饲养肉牛案	2017 年 1 月,江西省高安市畜牧水产局对该市某肉类食品有限公司屠宰车间进行日常执法检查时,通过快速检测发现待宰栏中的一头肉牛尿液"瘦肉精"盐酸克伦特罗呈阳性。根据有关规定,高安市畜牧水产局将案件移送公安机关查处。经查,该牛为艾某饲养,喂养饲料中掺入"瘦肉精"。2017 年 5 月,艾某以生产、销售有毒、有害食品罪被判处有期徒刑六个月,并处罚金 6000 元。

（续表）

序号	案例名称	案例的主要内容
2	山东省利津县畜牧局查处王某违法使用"瘦肉精"饲养肉牛案	2015年1月,山东省利津县畜牧局汀罗防控所接到王某电话报检,执法人员在其养殖场内对33头肉牛进行现场检疫和违禁物质的抽样检测,发现"瘦肉精"盐酸克伦特罗呈阳性。利津县畜牧局随即对牛场进行查封,并依法将案件移送公安机关查处。2017年2月,王某以生产、销售有毒、有害食品罪被判处有期徒刑一年六个月,并处罚金2万元。
3	天津市武清区畜牧兽医部门查处李某某使用盐酸克伦特罗养殖生猪案	2017年2月6日晚,天津市武清区动物卫生监督所驻康华肉制品有限公司检疫员,对当地运猪户朱某某运到屠宰场屠宰的15头猪进行快速抽检,发现2份尿样盐酸克伦特罗呈阳性。经查,该批次15头生猪有10头来自武清区黄花店二街个体养殖户李某某。经进一步调查,李某某于2015年10月从流动药贩手中购买了500片含有"瘦肉精"成分的药品,用于治疗生猪咳喘。2月8日,武清区动物卫生监督所对不合格的猪肉产品及养殖户李某某饲养的盐酸克伦特罗超标的23头生猪进行了无害化处理。武清区畜牧兽医主管部门将案件移送公安机关查处。2017年11月,被告人李某某犯生产、销售有毒、有害食品罪,一审被判处有期徒刑二年,并处罚金人民币5万元;禁止其自刑罚执行完毕之日或假释之日起三年内从事畜产品养殖、销售。
4	四川省成都市统筹城乡和农业委员会查处高某某未经定点从事生猪屠宰案	2017年12月6日,四川省成都市统筹城乡和农业委员会接群众电话举报,反映郫都区安德镇安宁村4组有人私自屠宰生猪。2017年12月7日凌晨1时,成都市农业综合执法总队执法人员会同郫都区农业和林业局执法人员对群众举报地点进行突击检查,发现当事人高某某正在从事生猪屠宰活动,现场不能提供《生猪定点屠宰证》,涉嫌未经定点从事生猪屠宰活动。执法人员现场对涉案生猪、生猪产品及屠宰工具等物品实施了扣押措施。经物价部门认定,该批生猪货值20余万元。另查明,当事人当日已销售屠宰的5片生猪胴体和生猪产品共计190公斤,违法所得3490元,当事人非法屠宰生猪的货值金额共计21万余元。2017年12月,案件移送公安机关查处,涉案当事人被刑事拘留,公安机关已侦查终结,并移送检察院。

数据来源:农业部。

农业执法

农业执法是农业综合行政执法的简称,它是伴随着提高行政效率、改善行政作风,实现农村法制建设的重要价值目标而提出的重要改革,是政府部门行使行政权力的一种具体形式。《中华人民共和国行政处罚法》《中华人民共和国农业法》等对此都有明确规定。具体运作包括以下方面:成立执法机构,统一执法人员,统一执法证件、执法文件、执法标志等,严格依据《中华人民共和国行政处罚法》等法律规定,统一执法程序,以强化和完善执法行为的制度性和规范性。农业行政执法的主要内容是:种子执法、农药执法、肥料执法、植物检疫执法、动物防疫执法、种畜禽管理执法、兽药执法、饲料执法、渔业执法、草原执法、农机品监理执法、农产品质量安全执法等。

2016 年 12 月,农业部发布了《全国农业执法监管能力建设规划(2016—2020年)》(农计发〔2016〕100 号),作为《全国农业现代化规划(2016—2020)年》的配套规划之一,旨在有序推进"十三五"全国农业执法监管能力建设。农业执法体系的建设目标是,到 2020 年建成一批装备完善、反应快速、运转高效、保障有力的部、省、市、县农业综合执法机构;沿海沿江沿湖和主要流域渔业行政执法机构达到标准化、规范化水平;渔业资源调查船需求满足率有效提高;农产品质量安全监管信息化水平显著提高,农产品质量追溯能力明显提升,基本实现向规模化生产经营主体的全覆盖。

(二) 农业生产资料打假专项治理

农业生产资料(简称农资)是指用于农产品(农作物)生产和保证农产品生产过程顺利进行的物质材料及其他物品,包括化肥、农药、种子、种畜禽、兽药、饲料、草种、热作物种子和种苗、农机、农膜、渔业生产资料、农村能源等。农资是重要的农业投入品,是发展现代农业与确保农产品安全的重要物质基础。党的十八大以来,农业部门把确保农资质量作为提升农产品安全、转变农业发展方式、加快现代农业建设的关键环节,在全国范围内持续开展了农资打假联合专项治理行动,取得了显著的成就。

1. 农资打假专项治理力度保持稳定

从新世纪初开始,农业部门在农业生产重点时节每年均组织开展农资打假专项治理行动。党的十八大以来,以习近平总书记"四个最严"为遵循,农业部门更加突出问题导向,更加主动出击,始终保持高压态势,持之以恒地展开农业生产资料打假专项治理。2017 年是连续展开农资打假专项治理的第 17 个年头,全国各级农业部门深入开展打击制售假劣农资坑农害农行为,共出动执法人员 152 万人次,检查农资企业 89 万家,整顿市场 20 万个,查处案件 1.65 万件,捣毁制假窝点 219 个,为农民挽回经济损失 4.6 亿元。与此同时,农业部公布 2017 年农资打假十大典型案件,其中种子案 3 件,肥料案 3 件,农药案 1 件,饲料案 1 件,兽药案 2 件,有力地震慑了犯罪分子。据统计,2013—2017 年间全国各级农业、工商和市场监管部门累计立案查处假劣农资案件 26.4 万件,检查企业 590 万次、市场 102 万次,为农民挽回直接经济损失 34 亿元。

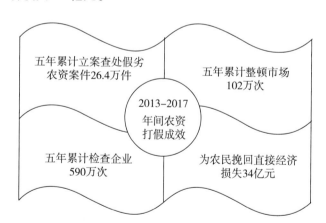

图 2-8 2013—2017 年间全国农业生产资料打假专项治理取得的主要成效

数据来源:根据农业部的相关数据整理形成。

2. 农资市场秩序稳中向好

2017 年,全国"两杂"种子(杂交玉米和杂交水稻)、兽药、饲料产品抽检合格率分别达到 98%、97% 和 97.4%,比 2013 年分别提高 0.5%、3.8% 和 1.4%。国家质量

监督检验检疫总局发布的《2017 年国家监督抽查产品质量状况的公告》显示,2017
年,全国抽查了 13 种 1459 家企业生产的 1463 批次产品的农业生产资料,抽查合
格率为 94.8%,分别比 2012 年、2016 年提高了 1.7、4.1 个百分点。经过持续的农资
打假专项治理行动,目前全国农资质量明显好转,农资市场秩序稳中向好,有效地
维护了农民合法权益,有力保障了农产品安全。

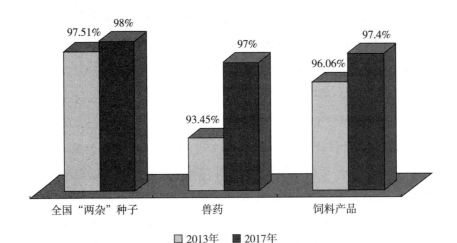

图 2—9　2013 年、2017 年全国"两杂"种子、兽药、饲料产品合格率

数据来源:根据农业部的相关数据整理形成。

图 2—10　2012—2017 年间农业生产资料检查合格率

数据来源:国家质量监督检验检疫总局:《质检总局关于公布 2017 年国家监督抽查产品质
量状况的公告》。

四、源头治理：农药使用量零增长行动

长期以来，高强度地使用农药已对我国农业生态环境与农产品质量安全带来了极其严重的后果，农产品中的农药残留超标也使农药由过去的农作物"保量增产的工具"转变为现阶段影响农产品与食品安全、生态环境安全与人们身体健康的"罪魁祸首"之一。为了全面贯彻习近平总书记提出的"把住生产环境安全关，就要治地治水，净化农产品产地环境"的要求，2015年2月，农业部在全国范围内全面实施《到2020年农药使用量零增长行动方案》，提出到2020年，初步建立资源节约型、环境友好型病虫害可持续治理技术体系，使科学用药水平得到明显提升，单位防治面积农药使用量控制在近三年平均水平以下，力争实现农药使用总量零增长。国务院办公厅于2015年7月30日印发《关于加快转变农业发展方式的意见》（国办发〔2015〕59号），重申必须实行农药的减量控害。经过全国农业部门的共同努力，到2017年年底，农药零增长的目标已实现。

1. 农药零增长行动目标提前三年实现

2012年，我国农药使用量为180.61万吨，2013年农药使用量略有下降，下降到180.19万吨；2014年稍有回升，上升到180.69万吨。2015年农药使用量又开始下降，下降为178.3万吨，2016年、2017年则进一步分别下降到174.1万吨、171.1万吨，农药使用量连续3年实现负增长。在十三届全国人大一次会议第二场"部长通道"上，农业部部长韩长赋在《中国报道》杂志社记者采访时指出，我国已提前三年实现了"十三五"农药使用量零增长的目标，不仅农药使用量实现了零增长，而且农药利用率持续提升。2017年，全国农药利用率达到38.8%，比2015年提高了2.2个百分点，相当于减少了3万吨农药的使用量（实物量）。

2. 农药品种结构与使用方式转型成效显著

在推进农药使用量零增长行动的同时，农业部门还致力于推进农药使用方式的转型。一是加大高毒农药禁用力度，加快高毒农药淘汰进程。目前，高毒农药比重已由过去的60%下降到目前的3%左右，农药结构更趋合理，产品低毒化效果显著，中毒死亡问题得到有效缓解。二是推广使用生物农药。国家加大对生物农药

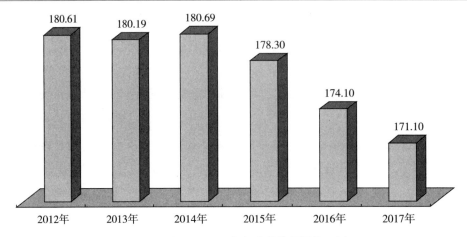

图 2-11　2012—2017 年间农药使用量（万吨）

资料来源：根据国家统计局年度数据和《中国农村统计年鉴》(2012—2017 年) 整理形成。

的补贴力度,重点扶持果菜茶优势产区的新型经营主体、品牌基地大范围地推广使用生物农药。同时鼓励地方政府在国家补贴的基础上,进一步加大对生物农药的补贴力度,创建一批生物农药使用的示范基地,建设一批绿色优质的农产品生产基地。目前,我国生物农药年产量已达到近 30 万吨(包括原药和制剂)。三是加强农药管理、示范带动、科技支撑、机制创新,努力实现病虫害综合防治及农药减量增效。各地呈现出一大批农药减量技术协同增效、生物防治促减量等农药使用新模式。农药品种结构与使用方式的转型为有效降低农产品中的农药残留奠定了最重要的基础。

声 音

政府的引导对于农户使用行为具有重要作用

王建华(江南大学商学院教授):多年来的实践证明,政府的引导对于农户使用行为具有重要作用。党的十八大以来,政府农药减量控害政策的陆续出台,农户减量使用农药、规范使用农药逐步成为常态,农药使用量总体趋势下降,蔬菜、水果、茶叶等农产品的农药残留超标情况有了一定程度的改观,质量安全保障水平明显提升。更为重要的是,政府加大高毒农药禁用与推广生物农药力度,优化农药使用结构对保障农产品质量安全更具有长远性的作用。

3. 完善法规严格管理农药使用

修订后的《农药管理条例》(国务院第677号令)于2017年6月1日起施行。新修订的《农药管理条例》强化了农药登记、生产、经营、使用各个环节安全风险的防范,要求将涉及农产品安全的各项具体要求落到实处,而且惩处力度堪称史上最严,以确保老百姓"舌尖上的安全"。新的《农药管理条例》颁布实施后,生产销售假劣农药将面临更严厉的惩处,违法成本大大提高。同时,该《条例》要求农药标签必须标注二维码,一瓶农药一个二维码,也就是每瓶农药均拥有一个"身份证",并规定于2018年1月1日以后生产的农药,如果农药标签上没有二维码,就可以直接判定为假农药。农药二维码制度的实行,将有力地打击假冒伪劣农药产品及假冒证件生产、添加隐性成分等行为。可以预见的是,由提高罚款额度、没收违法所得、吊销相关许可证、列入"黑名单"等一系列组合措施组成的农药管理新政将对违法违规的农药生产经营行为形成强有力的震慑。

案　例

吉林实施航空植保+生物防治促减量的农药使用技术示范

2017年,吉林投入7240万元专项资金,用于扶持农作物病虫害航化作业,开展水稻、玉米、大豆病虫害航化作业362万亩;投入专项资金8868万元,开展赤眼蜂和白僵菌防治玉米螟3300万亩,释放混合赤眼蜂防治水稻二化螟示范面积40万亩,性诱剂防治水稻二化螟技术示范面积18万亩。仅植保无人机航化作业施药每亩节约成本7.5元,极大地提高了农作物病虫害防控能力和科学防病治虫水平,有效地推进了农药减量控害。释放混合赤眼蜂和性诱剂防治水稻二化螟应用技术的示范推广,通过改变水稻田间二化螟雌雄性比,实现了无害化控制水稻二化螟,显著减少了农药使用量。

同时,吉林省积极开展控药控水示范。2017年在前郭、辉南等6个县(市)开展了控药控水试点项目,落实面积1800亩,设立了化学农药减量试验示范区、生物农药试验示范区、物理防治试验示范区、高效植保机械试验示范区、水稻全程解决方案试验示范区,开展农药降残增效助剂、植物诱导剂等试验示范,集成多项控药、控水技术,落实从种子到作物收获全程低量化植保措施,重点解决一病(虫)一打药、单次用药量过高、滥用药、乱打药等问题。如长春市九台区项目区化学农药使用量减少28%以上,化学农药使用次数下降3次,实现节水23%,亩节水160吨。

五、源头治理:化肥使用量零增长行动

化肥的应用为保障我国农产品安全尤其是粮食安全作出了巨大贡献,但也带来了一系列的问题,如氮肥的过量施用导致土壤酸化,对耕地产出能力和农产品安全均造成不同程度的威胁,成为农业面源污染的重要来源。2015年2月,农业部制定了《到2020年化肥使用量零增长行动方案》,提出在2015—2019年间逐步将我国化肥使用量年增长率控制在1%以内;力争到2020年,主要农作物化肥使用量实现零增长。经过努力,我国已在2016年实现了化肥零增长的目标。

1. 化肥使用量首次实现有史以来的零增长

2012年,全国化肥使用量为5838.85万吨。2013—2015年间全国化肥使用量继续持续上升,到2015年化肥使用量达到6022.6万吨。2016年,全国农用化肥使用量开始下降,为5984.1万吨,比2015年减少38.5万吨,减幅为0.64%。这是我国有化肥使用数据统计以来历史上首次实现使用量的减少,化肥零增长行动取得了重大突破。2017年,我国化肥使用量继续保持稳中有降,尿素表观消费量同比下降10.69%,农用氮肥、磷肥、钾肥使用量分别下降2.16%、1.55%、0.84%。

2. 多数省、自治区、直辖市施肥总量下降

与2015年相比较,2016年各省、自治区、直辖市化肥施用总量增减量均在12万吨以内,21个省份化肥使用总量减少,福建、贵州2省化肥用量没有变化,但有8个省份化肥施用量则增加。减量最大的是安徽省,减少11.7万吨;其后依次是江苏省减7.5万吨、山东省减7万吨、湖北省减5.9万吨、甘肃省减4.5万吨、辽宁省减4万吨。减幅超过2%的省份有:青海省减12.9%、北京市减7.6%、上海市减7.1%、甘肃省减4.6%、安徽省减3.6%、浙江省减3.4%、辽宁省减2.6%、江苏省减2.3%。

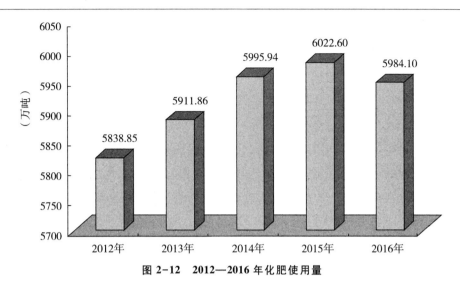

图 2-12　2012—2016 年化肥使用量

资料来源：根据国家统计局年度数据和《中国农村统计年鉴》整理形成。

案 例

江西省多管齐下实施化肥减量控害

2016 年，江西省化肥使用总量（折纯）142 万吨左右，比 2015 年化肥使用总量减少约 1%，超额完成了年度化肥使用量零增长的工作目标，主要做法是政策推动给力。江西省政府将化肥使用量零增长行动列入了推进绿色生态农业十大行动之一，纳入了各级政府绩效考核，化肥使用情况是考核生态文明示范县的评价指标之一，加大了科学施肥和农田节水技术的推广力度。坚决制止过度开发农业资源、过量使用化肥等行为，行动推进有力。集成推广测土配方施肥、酸化土壤改良、绿肥种植等技术，各级农业部门把化肥减量增效工作全面展开，技术推广得力。大力推广耕地质量提升技术，做好"加法"提质减肥。大力推广增施商品有机肥技术，做好"减法"替代减肥。大力推广综合集成技术，做好"乘法"增效减肥。

3. 化肥使用率实现新提升

2016 年，全国耕地面积为 134921 千公顷，化肥施肥强度平均为 443.5 千克/公顷，比 2015 年下降 2.6 千克/公顷，有 19 个省、自治区、直辖市化肥使用强度下降。

施肥强度降低较为明显的是:青海省降24.1千克/公顷,天津市降18.2千克/公顷,甘肃省降11.9千克/公顷,安徽省降10.7千克/公顷,浙江省降10.5千克/公顷,西藏自治区降8.6千克/公顷,内蒙古自治区降7千克/公顷。施肥强度上升明显的是:北京市升36.2千克/公顷,上海市升21.2千克/公顷,海南省升10.1千克/公顷,云南省升6.1千克/公顷,吉林省升4.4千克/公顷。2017年我国水稻、玉米、小麦三大粮食作物化肥利用率为37.8%,比2015年提高2.6个百分点。近年来,我国化肥使用量的下降与使用率的提升,大力推广测土配方施肥、使用有机肥替代部分化肥,以及化肥使用结构的调整功不可没。2016年,全国测土配方施肥技术推广应用面积近16亿亩,有机肥施用面积3.8亿亩次,绿肥种植面积约4800万亩,有效地促进化肥结构的转变。安徽省通过土壤改良、地力培肥、治理修复和化肥减量增效技术模式,实现了化肥施用总量和施肥强度"双降"。初步测算,2017年安徽全省化肥使用量约320万吨,较2016年降低7万吨,降幅2.1%,连续3年保持下降态势;亩均化肥使用量23.23公斤,降低0.88公斤,降幅3.6%;全省推广测土配方施肥面积1.1亿亩次,覆盖率达82.4%,提升2个百分点;主要农作物化肥利用率37.6%,提升1.4个百分点;使有机肥施用面积2360万亩次,增加12.38%。

六、源头治理:兽药的综合治理

党的十八大以来,农业部门更有效地扭住兽用抗生素这个影响动物源性食品安全的"牛鼻子",组织各级兽医部门围绕"防风险、保安全、促发展"工作目标,坚持"产管"结合、标本兼治,拿出监管硬措施、打好整治组合拳,深入推进兽用抗生素综合治理,打好"产好药""少用药""用好药"三张牌,有效防范兽药残留超标,有效遏制动物源细菌耐药,并取得一系列成效。

1.兽药产品质量安全水平总体向好

为切实加强兽药质量安全监管和风险监测工作,提高兽药产品质量安全水平,有效保障养殖业生产安全和动物产品质量安全,农业部每年都开展兽药质量监督抽检。党的十八大以来,我国兽药产品质量安全水平总体向好,兽药抽检合格率呈不断上升的趋势,由2012年的92.5%逐步提高至2017年的97.5%(见图2-13),兽药产品质量安全水平有较大幅度的提高。由于兽药抽检结果具有一定的季节性的差异,但从整体趋势来看,兽药抽检季度合格率由 2012 年第一季度的 92.6% 提高到 2017 年第四季度的 97.2%。以每年的第四季度为例来分析,兽药抽检第四季度的合格率由 2012 年的 91.4%,依次提高至 2013 年的 93.1%、2014 年的 94.9%、2015 年的 96.2%、2016 年的 96.1%、2017 年的 97.2%(见图 2-14)。

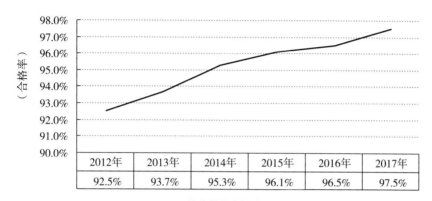

	2012年	2013年	2014年	2015年	2016年	2017年
	92.5%	93.7%	95.3%	96.1%	96.5%	97.5%

—— 兽药抽检合格率

图 2-13　2012—2017 年间兽药质量监督抽检状况

资料来源:根据原农业部的相关资料整理形成。

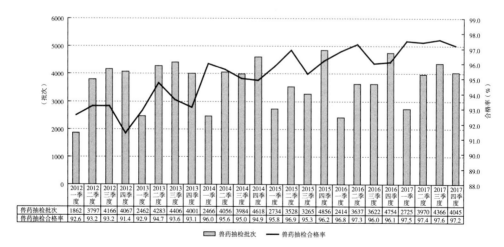

	2012 一季度	2012 二季度	2012 三季度	2012 四季度	2013 一季度	2013 二季度	2013 三季度	2013 四季度	2014 一季度	2014 二季度	2014 三季度	2014 四季度	2015 一季度	2015 二季度	2015 三季度	2015 四季度	2016 一季度	2016 二季度	2016 三季度	2016 四季度	2017 一季度	2017 二季度	2017 三季度	2017 四季度
兽药抽检批次	1862	3797	4166	4067	2462	4283	4406	4001	2466	4056	3984	4618	2722	3528	3265	4856	2414	3637	3622	4754	2725	3970	4366	4045
兽药抽检合格率	92.6	93.2	93.2	91.4	92.9	94.7	93.6	93.1	96.0	95.6	95.0	94.9	95.8	96.9	95.3	96.2	96.8	97.3	96.0	96.1	97.5	97.4	97.6	97.2

▨ 兽药抽检批次　—— 兽药抽检合格率

图 2-14　2012—2017 年间各季度兽药质量监督抽检总体状况

资料来源:根据农业部的相关资料整理形成。

　　农业部还具体从兽药环节和兽药产品类别开展兽药质量监督抽检。从兽药抽检的环节分析,2012 年以来,兽药生产环节的抽检合格率较为平稳,一直维持在

98%左右的水平,兽药经营环节和使用环节的抽检合格率呈季节波动稳步上升的趋势,兽药经营环节抽检合格率由 2012 年第一季度的 90.7%上升至 2017 年第四季度的 96.6%,而兽药使用环节的抽检合格率由 2012 年第一季度的 91.4%上升至 2017 年第四季度的 97.6%。(见图 2-15)

从兽药抽检产品的类别分析,2012 年以来,兽药化学类产品、抗生素类产品、中药类产品的抽检合格率都呈现季节波动稳步上升的趋势,其中兽药化学类产品和抗生素类产品的抽检合格率及其变化特征都较为一致,分别由 2012 年第一季度的 93.8%、93.3%上升至 2017 年第四季度的 97.8%、98.2%。相比较而言,中药类产品的抽检合格率相对较低,但也由 2012 年第一季度的 89%上升至 2017 年第四季度的 94.3%。

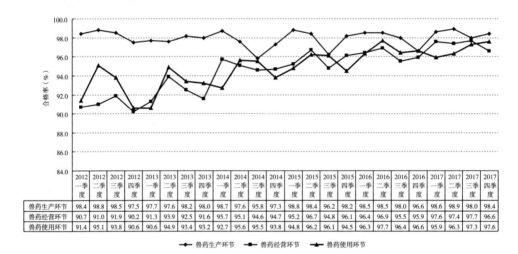

	2012一季度	2012二季度	2012三季度	2012四季度	2013一季度	2013二季度	2013三季度	2013四季度	2014一季度	2014二季度	2014三季度	2014四季度	2015一季度	2015二季度	2015三季度	2015四季度	2016一季度	2016二季度	2016三季度	2016四季度	2017一季度	2017二季度	2017三季度	2017四季度
兽药生产环节	98.4	98.8	98.5	97.5	97.7	97.6	98.2	98.0	98.7	97.6	95.8	97.3	98.8	98.4	96.2	98.2	98.5	98.5	98.6	98.4	98.6	98.9	98.0	98.4
兽药经营环节	90.7	91.0	91.9	90.2	91.3	93.9	92.5	91.6	95.7	95.1	94.6	94.7	95.2	96.7	94.8	96.1	96.4	96.9	95.5	95.9	97.6	97.4	97.7	96.6
兽药使用环节	91.4	95.1	93.8	90.6	90.6	94.9	93.4	93.2	92.7	95.6	95.5	93.8	94.8	96.2	96.1	94.5	96.3	97.7	96.4	96.6	95.9	96.3	97.3	97.6

—■— 兽药生产环节 —■— 兽药经营环节 —▲— 兽药使用环节

图 2-15　2012—2017 年间各季度兽药分环节质量监督抽检状况

资料来源:根据农业部的相关资料整理形成。

2. 兽药综合治理多措并举

农业部门多措并举推进兽药综合治理,以有效防范兽药残留超标,最大程度地保障动物性农产品与食品安全。

一是扩大禁用药的限定范围。进一步推进兽用抗生素耐药性控制工作,制定实施《全国遏制动物源细菌耐药行动计划(2017—2020 年)》,创新兽用抗生素治理制度措施,重点推动促生长用兽用抗生素退出、完善兽用抗生素应用及细菌耐药性监测网络、兽用抗生素使用减量化示范创建等工作,已禁止洛美沙星、培氟沙星、氧氟沙星、诺氟沙星等 4 种人兽共用抗生素用于食品动物,禁止硫酸黏菌素预混剂用于动物促生长。2018 年年初,农业部再禁用 3 种兽药用于食品动物,3 年间已有 8 种抗菌药退出养殖业。目前,养殖业仅有 11 种抗菌药允许添加到商品饲料中长期使用。

二是兽药监测与违法行为惩治力度不断加大。农业部自 20 世纪 80 年代开始施行农产品质量安全监测。近年来,农业部加大了监测和监督抽查力度,连续开展专项整治,实施检打联动,严格管控兽药产品质量,兽药产品的抽检合格率达到 97% 以上;监测生猪、家禽、奶牛等动物饲养场 5 种主要细菌对 16 种兽用抗生素的耐药状况,建立了耐药性数据库。深入开展"兽用抗菌药综合治理"五年行动。2017 年,各地兽医部门共出动执法人员 32 万余人次,查处违法案件 4200 余件,吊销兽药生产许可证 8 个,吊销兽药经营许可证 160 个,取缔无证经营单位 182 个,移送公安机关案件 10 个,罚没款 2116 余万元。推动网络兽药打假,依法查处多起利用淘宝网等网络平台违法经营兽药案件,抓获犯罪嫌疑人 7 人,涉案金额 1176 余万元。

三是严格兽药源头控制与推进全程追溯。农业部积极落实国务院简政放权、放管结合、优化服务的改革要求,持续推动兽药行政审批制度改革创新,把好兽用抗生素准入关。确立"四不批一鼓励"准入原则,即不批准人用重要抗生素、用于促生长的抗生素、易蓄积残留超标的抗生素和易产生交叉耐药性的抗生素作为兽药生产使用,鼓励研制新型动物专用抗生素。(见图 2-16)

七、源头治理:质量兴农

标准是质量的核心。食用农产品标准化生产既是保障和提升农产品质量安全,推进食品安全风险源头治理的治本之策,也是转变农业发展方式和建设现代农业的重要抓手。质量兴农首先要标准先行,经过多年来持之以恒的努力,质量兴农取得了重大进展。

1. 农药残留标准体系基本形成

农药是农业的基本生产资料,但农药残留所固有的化学毒性既会对食用农产

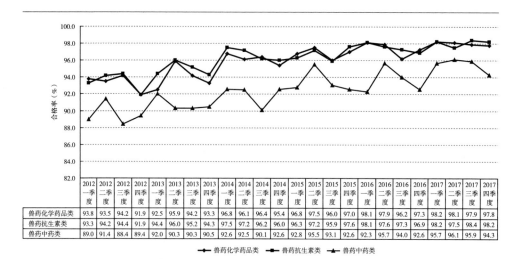

	2012 一季 度	2012 二季 度	2012 三季 度	2012 四季 度	2013 一季 度	2013 二季 度	2013 三季 度	2013 四季 度	2014 一季 度	2014 二季 度	2014 三季 度	2014 四季 度	2015 一季 度	2015 二季 度	2015 三季 度	2015 四季 度	2016 一季 度	2016 二季 度	2016 三季 度	2016 四季 度	2017 一季 度	2017 二季 度	2017 三季 度	2017 四季 度
兽药化学药品类	93.8	93.5	94.2	91.9	92.5	95.9	94.2	93.3	96.8	96.1	96.4	95.4	96.8	97.5	96.0	97.0	98.1	97.9	96.2	97.3	98.2	98.1	97.9	97.8
兽药抗生素类	93.3	94.2	94.4	91.9	94.4	96.0	95.2	94.3	97.5	97.2	96.2	96.0	96.3	97.2	95.9	97.6	98.1	97.6	97.3	96.9	98.2	97.5	98.4	98.2
兽药中药类	89.0	91.4	88.4	89.4	92.0	90.3	90.3	90.5	92.6	92.5	90.1	92.6	92.8	95.5	93.1	92.6	92.3	95.7	94.0	92.6	95.7	96.1	95.9	94.3

━■━ 兽药化学药品类　━■━ 兽药抗生素类　━▲━ 兽药中药类

图 2-16　2012—2017 年间各季度兽药分类别质量监督抽检状况

资料来源:根据农业部的相关资料整理形成。

品安全产生隐患,又会对农业生态环境造成破坏。因此,农药最大残留限量标准既是保证食品安全的基础,也是促进生产者遵守良好农业规范,控制不必要的农药使用,保护生态环境的基础。2005 年,我国时隔 24 年后首次修订食品农药残留监管的唯一强制性国家标准《食品中农药最大残留限量(GB2763-2005)》,GB2763-2005代替并废止了 GB 2763-1981 等 34 个食品中农药残留限量标准,在原有基础上扩大了标准覆盖面积;2012 年,我国对 GB2763-2005 展开修订,形成的新标准涵盖了322 种农药在 10 大类食品中的 2293 个残留限量,较原标准增加了 1400 余个,改善了之前许多农残标准交叉、混乱、老化等问题;2014 年,国家卫计委、农业部联合发布了涵盖 387 种农药在 284 种(类)食品中 3650 项限量标准的 GB2763-2014,其中1999 项指标国际食物法典已制定限量标准,我国有 1811 项等同于或严于国际食物法典标准。"十二五"期间,我国在农产品在标准制修订上,共制定了农药残留限量标准 4140 项、兽药残留限量标准 1584 项、农业国家标准行业标准 1800 余项,清理了 413 项农残检测方法标准。与此同时,各地因地制宜制定了 1.8 万项农业生产技术规范和操作规程,加大农业标准化宣传培训和应用指导,农业生产经营主体安全意识和质量控制能力明显提高。2016 年,农兽药残留标准制修订步伐进一步加快,新制定农兽药残留限量标准 1310 项、农业国家行业标准 307 项,标准化生产水平稳步提升。农业部还组织制定了《加快完善我国农药残留标准体系工作方案

（2015—2020）》，力争到2020年我国农药残留限量标准数量将达到1万项，形成基本覆盖主要农产品的完善配套的农药残留标准体系，实现"生产有标可依、产品有标可检、执法有标可判"的目标（可进一步参见本书第十二章的相关内容）。

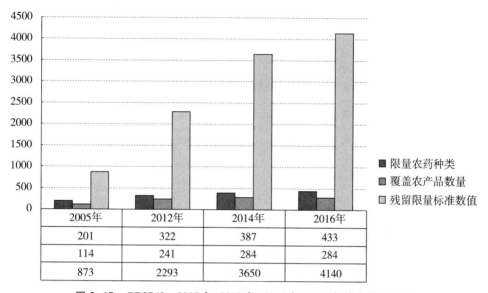

	2005年	2012年	2014年	2016年
限量农药种类	201	322	387	433
覆盖农产品数量	114	241	284	284
残留限量标准数值	873	2293	3650	4140

图2-17　GB2763—2005年、2012年、2014年、2016年基本情况对比

2. 农业生产标准化示范活动扎实推进

党的十八大以来，农业生产标准化体系建设明显提速，标准化科学管理水平持续提升，生产标准化在农业生产、农产品质量安全的基础性、引领性、战略性作用愈发凸显。持续创建"三园两场一县"（标准化果园、菜园、茶园，标准化畜禽养殖场、水产健康养殖场和农业标准化示范县）和"三品一标"（无公害农产品、绿色食品、有机农产品和农产品地理标志）。2013年，创建"三园两场"2401个，新认证无公害农产品3040个，绿色食品1951个，有机食品319个。截至2013年年底，全国范围内已有5500多个"三园两场"，10.1万个"三品一标"农产品。2014年，创建"三园两场"1700个、标准化示范县46个，新认证无公害农产品11912个，绿色食品7335个，有机食品3316个，"三品一标"农产品总数达到10.7万个，无公害农产品、绿色食品产品、有机食品抽检总体合格率分别达到99.2%、99.5%、98.4%，均明显高于农业部农产品质量安全例行监测的总体合格率。2016年，全国建设800个果菜茶标准园，6851个畜禽水产养殖示范场，新认证2万个"三品一标"农产品，"三

品一标"抽检合格率为 98.8%。截止到 2017 年年底,全国范围内已经创建蔬菜水果茶叶标准园、热作标准化生产示范园、畜禽标准化示范场和水产健康养殖场示范场 11280 个,创建标准化示范县 185 个,"三品一标"总数达 12.1 万个,跟踪抽检合格率达到 98% 以上,"菜篮子"大县龙头企业、合作社和家庭农场基本实现按标准生产。

解读

无公害农产品、绿色食品、有机农产品和农产品地理标志

无公害农产品、绿色食品、有机农产品和农产品地理标志(简称"三品一标")是我国重要的安全优质农产品公共品牌。经过多年发展,"三品一标"工作取得了明显成效,为提升农产品质量安全水平、促进农业提质增效和农民增收等发挥了重要作用。为进一步推进"三品一标"持续健康发展,2016 年 5 月农业部颁布实施

《关于推进"三品一标"持续健康发展的意见》(农质发〔2016〕6 号),提出力争通过 5 年左右的推进,使"三品一标"生产规模进一步扩大,产品质量安全稳定在较高水平。"三品一标"获证产品数量年增幅保持在 6% 以上,产地环境监测面积达到占食用农产品生产总面积的 40%,获证产品抽检合格率保持在 98% 以上,率先实现了"三品一标"产品可追溯。

八、源头治理:农产品质量安全县创建活动

县域是农产品生产与质量安全监管的前沿,是实施农资打假、农药化肥零增长、兽药综合治理、土壤污染治理等一系列源头治理活动与转变农业发展方式、加快现代农业建设的最有效的行政区域。2014 年 11 月,农业部全面启动了国家农产品质量安全县(市)创建活动,2016 年农业部命名了首批 107 个国家农产品质量安全县(市)。2017 年又启动了第二批创建工作,遴选推荐了 204 个质量安全县(市)

和11个质量安全市。相比于第一批国家农产品质量安全县(市)创建数量,第二批创建单位数量有了较大的增长,进一步扩大了创建范围。国家农产品质量安全县(市)创建活动的价值就在于,以县(市)为单位整建制推进,以点带面,以推动建立责任明晰、监管有力、执法严格、运转高效的农产品生产与质量安全体系。

1. 国家农产品质量安全县(市)创建推进模式

综合各地的创建实践,到目前为止,国家农产品质量安全县(市)创建主要形成了整建制推进、信息化监管、品牌化引领和社会化服务等四个典型的创建推进模式。

一是整建制推进模式。主要借助政府的行政力量主导,多部门协力推进,贯彻从农田到餐桌全程监管理念,在机构设置、经费支持、人员配置、技术支撑等全方位提供保障条件,全面落实国家农产品质量安全县(市)创建八大任务,立体式、整体性、全覆盖地推进创建工作。

二是信息化监管模式。基于"互联网+"的大背景下应运而生,充分利用了"大数据""物联网"等现代信息技术的优势,借助发达的信息化和智能化手段,通过构建农产品质量安全监管信息化系统,完成日常监测、监管和执法等常规性业务,进而促进和提升了监管效率。

三是品牌化引领模式。主要是聚焦本地区主导产业、优势产品和重点乡镇,大力扶持农民专业合作社、农业企业和生产大户,积极发展设施种养业,推行农业标准化生产,鼓励"三品一标"认证,培育县域品牌,形成具有县域管理特色的引领模式。

四是农业社会化服务模式。主要是借助社会外部力量,包括涉农企业以及农业院校、科研院所等,将农产品质量安全管理的各个环节紧密联结起来,依托第三方力量推进落实农产品质量安全县(市)创建的任务,实现多方共赢。

案 例

上海全市创建国家农产品质量安全示范市

在总结推广上海浦东新区、金山区成功创建"国家农产品质量安全县"经验的基础上,经农业部同意,上海于2017年1月在全国率先"整建制"创建国家农产质量安全示范市。创建国家农产品质量安全示范市将在上海所有涉农的行政区展开,并重点在体系建设、执法监管、农业标准化等方面全面推进农产品质量安全管控。

上海将全覆盖地落实农产品生产销售企业、农民专业合作经济组织、畜禽屠宰企业、收购储运企业、经纪人和农产品批发、零售市场等生产经营主体监管名录制度,并且建立生产经营主体"黑名单"制度,依法公开生产经营主体违法信息。在过程控制中,落实生产记录制度,严格执行禁用、限用农药和兽药的管理规定和农药、兽药休药期和安全间隔期的规定。全覆盖地落实高毒农药定点经营、实名购买制度。实施连锁、统购、配送等营销模式的农业投入品占当地农业投入品总量比例达到七成以上。

截止到 2016 年年底,上海的市、区、乡镇、村四级农产品质量安全监管体系已经形成,全市共有乡镇级农产品质量安全监管员 723 人,村级农产品质量安全协管员 1534 人。全市通过无公害农产品、绿色食品、有机农产品认证的农产品产量已达 442.12 万吨,占上海本地产农产品上市量的 72.8%。崇明白山羊等 13 个农产品地理标志获得农业部颁发的农产品地理标志登记证书。

2. 国家农产品质量安全县(市)创建成效

到目前为止,国家农产品质量安全县(市)100%建立监管名录,100%落实高毒农药定点经营、实名购买制度,100%实施农业综合执法,100%建立举报奖励制度,标准化生产基地面积平均占比由创建前的 45%提高到 65%,农产品质量安全检测、监管、执法能力全面提升。2016 年,首批 107 个创建试点县(市)农产品质量安全监测合格率达到 99.3%、群众满意度达到 90%,比创建前分别提高 2 个和 20 个百分点,并率先实现了网格化监管体系全建立、规模基地标准化生产全覆盖、从田头到市场到餐桌链条体系的全监管、主要农产品质量全程可追溯、生产经营主体诚信档案全建立,有效发挥了示范带动作用,达到了创建的预期效果。

九、食用农产品质量安全中存在的主要问题

党的十八大以来,虽然我国主要食用农产品质量安全形势稳中向好,呈现总体平稳、持续向好的发展态势。然而受农业生产经营主体小而分散、生产方式落后,种植业、养殖业产地环境污染严重等问题制约,当前农产品质量安全问题隐患仍然存在。食用农产品质量安全事件频发的态势并没有得到有效遏制。随着居民生活水平的不断提高,食物消费结构的升级和变化,人们的食品安全意识也在逐渐增强,越来越多的人不仅要求吃饱,而且要吃得好、吃得健康,农产品质量安全问题仍是人们广泛关注的社会焦点问题。

（一）食用农产品质量安全事件仍然频发

2017 年我国发生了一系列农产品质量安全事件,暴露出食用农产品在重金属污染、农兽药残留、添加剂滥用、违法生产加工等方面的安全隐患,典型事件见表 2-4。产生这些隐患的成因非常复杂,主要是小规模、分散化的食用农产品生产经营主体影响了农产品质量安全水平的提升,农产品产地环境的立体交叉污染较为严重且难以在短时期内有效解决,农业生产经营主体自律意识有待于进一步提升。

表 2-4　2017 年发生的典型的食用农产品质量安全热点事件

序号	问题种类	事件名称	事件简述
1	重金属(面源)污染	内蒙古腐竹铅超标事件	2017 年 12 月,内蒙古自治区食品药品监督管理局抽检豆制品 33 批次,呼和浩特市内蒙古清泓食品有限公司生产的腐竹,铅检出值为 0.87mg/kg,而标准规定为 ≤0.5mg/kg。
		安徽茶叶铅超标事件	2017 年 12 月,安徽省食品药品监督管理局组织了茶叶及蔬菜制品 2 类食品的监督抽检,铜官区吉玛特购物中心经销的安徽省天旭茶业有限公司生产的绿茶(生产日期/批号:2017/4/2),铅检出值为 71.1mg/kg,而标准规定为 ≤5mg/kg。
2	农药残留	辣椒使用禁限用农药事件	2017 年 3 月,大连市农委组织开展农产品质量安全监督抽查执法行动,在瓦房店金丰果菜专业合作社种植的辣椒中检出国家禁限用农药"克百威"成分。经调查,该合作社社员在辣椒生长坐果阶段使用了国家禁限用农药。

（续表）

序号	问题种类	事件名称	事件简述
3	违规使用兽药或兽药超标	重庆鸡蛋添加违禁兽药事件	2017 年 12 月，重庆市食品药品监督管理局组织抽检食用农产品 1006 批次样品。綦江区凤溢食品超市销售的鸡蛋氟苯尼考检出值 62.6μg/kg，而标准规定为不得检出。
		云南鲈鱼恩诺沙星超标事件	云南省食品药品监督管理局在昆明家乐福超市有限公司正大店抽取样品标称为贵阳恒昌生态农业有限公司 2017 年 8 月 28 日生产的冰鲜鲈鱼，检出恩诺沙星（以恩诺沙星与环丙沙星之和计）值为 2062μg/kg，而标准规定 ≤100μg/kg。
4	违法加工	违法加工病变猪肉事件	2017 年 7 月，四川省梓潼县农业执法人员在监督检查中发现，康某屠宰、加工、贮藏病变猪肉，其居住院子中的冻库内存放有病变症状的猪肉和猪头 250 余千克。
		死因不明肉鸡加工事件	根据群众举报线索，大连普兰店区农发局会同区公安局食药侦大队，依法对位于普兰店区城子坦镇老古村的日月冷库进行检查，现场发现该冷库 2 号库内堆放大批死因不明脱毛肉鸡，总计 17918 千克，同时在冷库内发现一台脱毛机和一口铁锅。经调查，该冷库收购死因不明肉鸡 17918 千克，加工、贮藏后以饲料销售给貂、狐狸养殖场。
		西安违法伪造食品标签事件	2017 年 9 月，西安长安区食药监局与公安部门联合查处一起伪造食品标签、篡改食品生产日期违法案件。经区局执法人员检查核实，发现 1000 余箱预包装食品橄榄油，一部分无生产日期与无保质期，另一部分橄榄油食品标识标注已超出保质期。经查该公司涉嫌违法从事伪造食品标签；篡改、擅自加盖食品生产日期等相关违法行为。
5	食品添加剂超滥用	肉牛饲养掺入"瘦肉精"事件	2017 年 1 月，江西省高安市畜牧水产局对该市某肉类食品有限公司屠宰车间进行日常执法检查时，通过快速检测发现待宰栏中的一头肉牛尿液"瘦肉精"盐酸克伦特罗呈阳性。经查该牛为艾某饲养，喂养饲料中掺入"瘦肉精"。
		牛肉添加"瘦肉精"事件	2017 年 12 月，北京市食药监局组织抽检蔬菜制品、肉制品、食用农产品、餐饮食品、速冻食品等 5 类食品 350 批次样品。北京五龙天餐饮有限公司生产经营的酱牛肉，不合格项目为盐酸克伦特罗，经检测实测值为 175.0μg/kg，而标准值规定为不得检出。

数据来源：根据人民网、新华网、央视网等媒体报道整理形成。

（二）食用农产品质量安全风险源头治理难度大

从供应链的角度来分析,我国食用农产品质量安全风险贯穿于农产品生产环节、加工环节、流通环节和消费环节等的供应链全过程,治理难度大。考虑到本节的篇幅,在此以产地环境治理为例简单说明。农村生活污水已逐步发展成为农村主要面临的面源污染之一,存在面广量大,治理难度大的问题。我国农村生活污水每年超过 80 亿吨,但污水处理率不到 10%①。农村环境污染问题产生的来源主要是农药以及化肥等使用不当、农村垃圾处理不合理、生活污水排放不当、养殖污染等问题,绝大多数污水直接排放至农田、河流中。其中,养殖污染已成为农业面源污染的最大来源。据统计,全国有 24 个省份的畜禽养殖场和养殖专业户化学需氧量排放量,占到本地农业面源排放总量的 90% 以上。近年来,我国畜禽养殖总量不断上升,每年产生 38 亿吨畜禽粪便,有效处理率却不到 50%②。这些畜禽粪便和土壤中的残留化肥、农药通过大气沉降和雨水冲刷的形式进入环境和农产品中,极易造成农业产地环境污染。农业生产中化学品施用量虽然逐步控制,但施用量仍然很大。

（三）食用农产品质量安全标准仍不健全

以农药兽药残留标准为例。2016 年通过的《食品安全国家标准食品中农药最大残留限量(GB 2763-2016)》中规定了 433 种农药在 13 大类农产品中 4140 个残留限量标准③,但涉及的农药种类与残留指标等与发达国家仍然存在着巨大差异。农产品加工标准体系建设是农业标准体系的重要组成部分,也是促进农产品质量安全的一项重要工作。据农业部印发的《2014—2018 年农产品加工(农业行业)标准体系建设规划》,拟通过梳理现有的国家标准和行业标准,根据农业行业标准的

---

① 《拿什么拯救农村环境污染》,人民网,2016-03-21,http://paper.people.com.cn/rmzk/html/2016-04/15/content_1670928.htm。

② 《我国畜禽养殖每年产生 38 亿吨畜禽粪便,有效处理率不到 50%》,中国经济网,2016-08-16,http://www.ce.cn/xwzx/gnsz/gdxw/201608/16/t20160816_14898072.shtml。

③ 《农药残留限量标准增至 4140 个覆盖率实现较大突破》,新华网,2016-12-09,http://news.xinhuanet.com/test/2016-12/29/c_1120208753.htm。

特点,重点制修订农业行业标准 122 项①。尽管如此,在 5000 项农业行业标准中,农产品加工标准仅有 701 项,占总数的 14%。目前,我国食用农产品质量安全加工标准体系建设仍较为落后,较为严重地存在农产品加工相关标准缺失与滞后的问题。

(四) 全程监管面临困境与技术能力相对不足

农产品供应链包括从生产—加工—包装—冷藏—运输—检测—仓储—销售等各个环节,该链条上的每一环节都有可能成为诱发安全问题的关键节点。诱发食品安全的危害因素随着流通在食品供应链中传递,像蝴蝶效应一样不断集聚和放大,极容易产生食用农产品质量安全事件或食物中毒卫生事件的发生。我国的食品安全监管体制经历了一系列的发展历程,最终形成了目前的相对一体化监管模式,初步解决了分段监管体制中存在的多头管理、分工交叉、职责不清等突出问题,但仍面临着能否真正实现无缝对接的挑战。与此同时,食用农产品风险治理的技术水平有限,与国际水平存在很大差距。基层食用农产品安全检测检验机构设备落后,仪器陈旧,功能不全②。

---

① 农业部:《农业部办公厅关于印发〈2014—2018 年农产品加工(农业行业)标准体系建设规划〉的通知》,农业部网站,2013-06-27,http://www.moa.gov.cn/zwllm/ghjh/201306/t20130627_3505314.htm。

② 张少刚:《食品质量安全问题诱因分析及对策研究》,《现代营销》2018 年第 1 期,第 218 页。

第三章 2017 年水产品及制品 质量安全状况

在上一章的研究中,我们指出 2017 年全国水产品例行监测合格率为 96.3%,虽然较 2016 年提高了 0.4 个百分点,但在五大类农产品中合格率最低。由于水产品及制品在城乡居民的食品消费中具有重要地位,故本章专门研究近年来我国水产品及制品质量安全状况,在简单介绍水产品市场供应概况的基础上,重点考察我国水产品及制品的质量安全状况,并提出治理水产品及制品质量安全风险的建议。

一、水产品生产市场供应概况

渔业是我国农业和国民经济的重要产业,我国也是水产品生产、贸易和消费大国。截至 2017 年年底,我国水产品产量已连续 27 年世界第一,占全球水产品总产量的三分之一以上,为我国平均每人提供约 49 千克的水产品,高于世界平均水平的 20—25 千克,为城乡居民膳食营养提供了四分之一的优质动物蛋白。① 我国渔业的发展为保障国家粮食安全、促进农渔民增收、建设海洋强国、生态文明建设、实施"一带一路"战略等做出了突出贡献。

(一) 水产品的总体规模

图 3-1 显示了 2008—2017 年间我国水产品总产量的变化。2008 年我国水产品总产量为 4895.6 万吨,2009 年则首次突破 5000 万吨,达到 5116.4 万吨。之后,

---

① 吕煜昕、吴林海、池海波、尹世久:《中国水产品质量安全研究报告》,人民出版社 2018 年版。

水产品总产量稳步增长,2010—2012 年分别增长到 5373 万吨、5603.21 万吨和 5907.68 万吨,并于 2013 年突破 6000 万吨大关,为 6172 万吨。2014—2016 年间, 水产品总产量继续走高,分别达到 6461.52 万吨、6699.65 万吨和 6901.25 万吨。 2008—2016 年间,我国水产品总产量累计增长了 40.97%,年均增长率为4.39%。 2017 年,我国水产品总产量在高基数上继续实现新增长,总产量实现 6938 万吨的 历史新高,较 2016 年增长了 0.53%,增速较前几年明显放缓。随着国家对水产品 产量的调控,预计未来几年水产品产量将会保持稳定甚至出现一定幅度的下跌,但 总体而言,近年来我国水产品总产量呈现出平稳增长的特征。

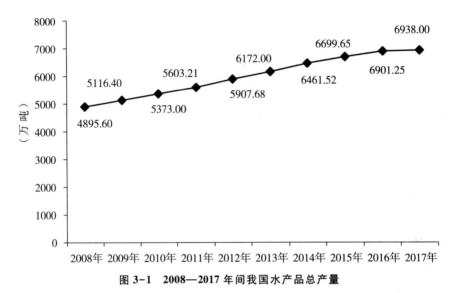

图 3-1　2008—2017 年间我国水产品总产量

资料来源:农业部渔业渔政管理局:《中国渔业统计年鉴》(2008—2017),国家统计局:《中华 人民共和国 2017 年国民经济和社会发展统计公报》。

(二)养殖水产品的规模

养殖水产品是我国水产品的重要组成部分。近年来,国家大力鼓励发展水产 健康养殖、绿色养殖,推动了养殖水产品产量持续走高。图 3-2 显示,2008 年,我 国养殖水产品产量为 3412.82 万吨;2011 年突破 4000 万吨,达到 4023.25 万吨; 2016 年又突破 5000 万吨,达到 5142.39 万吨。2017 年,我国养殖水产品产量较 2016 年增长 2.7%,达到 5281 万吨,创历史新高。2008—2017 年间,我国养殖水产品产量累计增长 70.56%,年均增长 6.11%,养殖水产品产量的增长速度显著高于水产品总产量的增长速度。

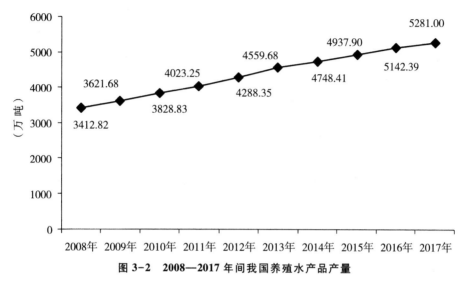

图 3-2　2008—2017 年间我国养殖水产品产量

资料来源:农业部渔业渔政管理局:《中国渔业统计年鉴》(2008—2017)、国家统计局:《中华人民共和国 2017 年国民经济和社会发展统计公报》。

(三)捕捞水产品的规模

江海河湖被称为人类最后的狩猎场。长期以来,由于水体污染严重和过度捕捞,我国捕捞水产品的产量已经逐步达到极限,发展空间不断收窄。因此,近年来我国开始逐渐控制捕捞水产品的产量,以保持渔业资源的可持续发展。图 3-3 显示,2008 年,我国捕捞水产品产量为 1482.78 万吨,之后一直保持较快增长,到 2015 年已经增长到 1761.75 万吨,八年间累计增长 18.81%,年均增长 2.49%。2016 年,我国捕捞水产品产量首次实现下降,为 1758.86 万吨,但与 2015 年差距不大。2017 年,捕捞水产品产量继续下降为 1656 万吨,较 2016 年下降 5.85%,降幅进一步扩大,显示我国降低水产品捕捞、保障渔业资源的政策效果开始显现。

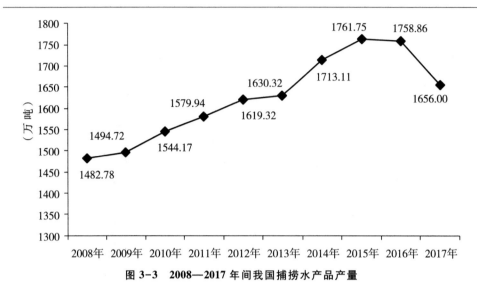

图 3-3　2008—2017 年间我国捕捞水产品产量

资料来源：农业部渔业渔政管理局：《中国渔业统计年鉴》(2008—2017)，国家统计局：《中华人民共和国 2017 年国民经济和社会发展统计公报》。

（四）水产品的结构组成

伴随着养殖水产品产量的稳定增长和捕捞水产品产量的由增转降，我国水产品结构组成逐渐发生变化。2016 年，我国养殖水产品产量与捕捞水产品产量的比例为 74.51∶25.49，2017 年的这一比例进一步调整为 76.12∶23.88，养殖水产品产量占比首次超过四分之三，显示出我国水产品结构日趋合理（见图 3-4）。

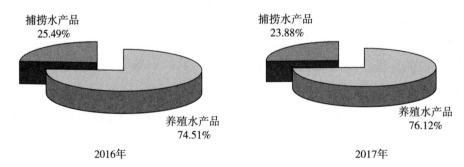

图 3-4　2016—2017 年间我国水产品总产量结构组成

资料来源：农业部渔业渔政管理局：《中国渔业统计年鉴(2017)》，国家统计局：《中华人民共和国 2017 年国民经济和社会发展统计公报》。

二、基于不同视角的水产品及制品质量安全状况分析

为了综合考察我国水产品及制品的质量安全状况,本章借鉴了近年来农业部开展的农产品质量安全例行监测数据,以及国家食品药品监督管理总局开展的食品监督抽检数据,从不同视角来科学研判我国水产品及制品质量安全状况。

(一)水产品例行监测状况

从农产品角度看,近年来我国水产品例行监测合格率不断上升,但仍低于农产品例行监测总体合格率且位列五大类农产品的末位,水产品质量安全水平还有较大的上升空间。

1. 水产品质量安全状况发展趋势

第二章的图 2-3 反映了 2005—2017 年间我国水产品例行监测合格率。目前的基本走势是水产品例行监测合格率呈上升趋势,自 2009 年以来的例行监测合格率出现多次起伏,虽然受近年来水产品的监测范围不断扩大、参数不断增加等因素的影响,但我国水产品质量安全水平稳定性不足是客观的。

2. 水产品与农产品质量安全总体状况的比较

此处主要比较 2013—2017 年间我国水产品与农产品例行监测总体合格率情况。如图 3-5 所示,2013—2017 年间的农产品例行监测总体合格率均明显高于水产品例行监测合格率,除 2014 年以外,农产品例行监测总体合格率均高于 97%。与之相对应,水产品例行监测合格率不仅一直低于 97%,而且只有 2017 年高于96%。由此可知,水产品例行监测合格率与农产品例行监测总体合格率还有较大的差距。

3. 水产品与主要农产品质量安全状况的比较

如图 3-6 所示,2017 年我国主要农产品例行监测合格率由高到低依次为畜禽产品、茶叶、水果、蔬菜和水产品,例行监测合格率分别为 99.5%、98.9%、98%、97% 和96.3%。可见,水产品在以上五大类农产品中的例行监测合格率最低,其他四类农产品的合格率均不低于 97%,其中畜禽产品的例行监测合格率更是高达 99.5%,这

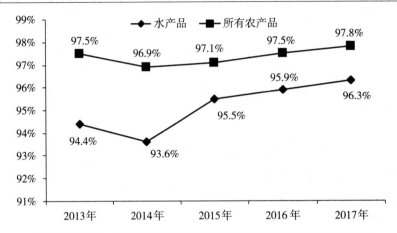

图 3-5　2013—2017 年间我国水产品与农产品例行监测总体合格率

资料来源:农业部历年例行监测信息。

再次显示我国水产品质量安全水平相对偏低。2016 年 10 月 17 日,国务院发布的《全国农业现代化规划(2016—2020 年)》显示,到 2020 年,农产品例行监测总体合格率要大于 97%。目前来看,水产品是实现这一目标的最大挑战。

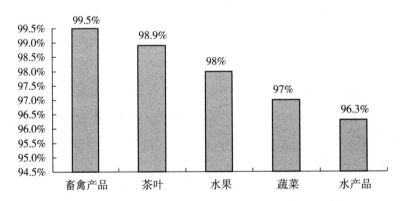

图 3-6　2017 年我国主要农产品质量安全例行监测合格率

资料来源:农业部 2017 年例行监测信息。

(二) 水产制品监督抽检状况

从食品角度看,近年来我国水产制品监督抽检合格率迅速提高,目前已高于食品监督抽检总体合格率,成为质量安全水平提升最快的食品种类之一。

1. 水产制品质量安全状况发展趋势

2013 年以前,我国食品安全监督抽检结果主要由国家质量监督检验检疫总局发布,2013 年食品监督管理体制改革后,国家食品安全监督抽检结果由国家食品药品监督管理总局发布,本节主要采用国家食品药品监督管理总局发布的数据来展开简要的分析①。图 3-7 显示了 2014—2017 年间我国水产制品监督抽检合格率。2014 年,我国水产制品的监督抽检合格率仅为 92.2%,2015 年和 2016 年分别提升为 93.7% 和 95.7%,分别同比提高 1.5 个百分点和 3.5 个百分点,提高幅度明显。2017 年,我国水产制品监督抽检合格率进一步提高到 98.1%,较 2016 年提高 2.4 个百分点,合格率和提高幅度均创历史新高。可见,水产制品的监督抽查合格率呈上扬态势,质量安全状况不断向好。

2. 水产制品与食品安全总体状况的比较

图 3-7 显示,随着水产制品监督抽检合格率的不断提高,水产制品与食品监督抽检合格率的差距也在不断缩小。2014 年,水产制品与食品监督抽检合格率的差距为 3.5 个百分点,2015 年和 2016 年分别降到 3.1 个百分点和 1.1 个百分点。2017 年,水产制品监督抽检合格率首次超越食品监督抽检合格率,且高于食品监督抽检合格率 0.5 个百分点,水产制品质量安全状况取得了质的提升。

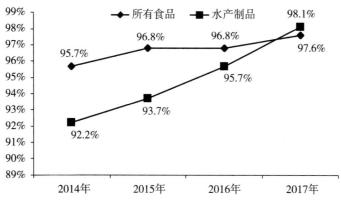

图 3-7　2014—2017 年间我国水产制品与食品安全总体合格率

资料来源:根据国家食品药品监督管理总局官方网站食品抽检信息整理所得。

---

① 虽然 2018 年 3 月国务院再次进行了结构改革,撤销国家食品药品监督管理总局,食品安全监管职能并入国家市场监督管理总局,但 2017 年的数据仍然是由国家食品药品监督管理总局发布的。同时,由于国家食品药品监督管理总局于 2013 年 3 月组建,因此,本部分研究的数据主要从 2014 年开始。

3. 水产制品与其他食品种类质量安全状况比较

图3-8是2017年我国主要食品种类的监督抽检合格率。水产制品的抽检合格率在我国32类主要食品种类中位列第13位,较2016年提升10位,在全部32类食品种类中处于中上游水平,低于可可及焙烤咖啡产品(100%)、食品添加剂(100%)、婴幼儿配方食品(99.5%)、糖果制品(99.4%)、茶叶及相关制品(99.4%)、蛋制品(99.3%)、乳制品(99.2%)、罐头(99.2%)、速冻食品(99.1%)、粮食加工品(98.8%)、豆制品(98.6%)、饼干(98.3%)等食品种类。总的来说,水产制品是质量安全水平提升最快的食品种类之一,但监督抽检合格率与可可及焙烤咖啡产品、食品添加剂、婴幼儿配方食品等还有较大差距。

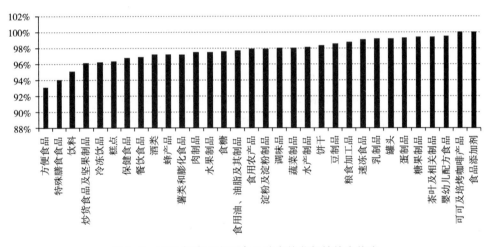

图3-8　2017年我国主要食品种类的监督抽检合格率

资料来源:根据国家食品药品监督管理总局官方网站食品抽检信息整理所得。

4. 水产制品具体抽检项目的质量安全状况

图3-9显示,2017年,我国水产制品具体抽检项目的不合格率由高到低依次是总砷(10.00%)、菌落总数(4.97%)、铝(2.54%)、大肠菌群(0.93%)、二氧化硫(0.66%)、挥发性盐基氮(0.52%)、苯甲酸(0.33%)、镉(0.30%)、N-二甲基亚硝胺(0.23%)、山梨酸(0.17%)、无机砷(0.11%)、糖精钠(0.10%)、铬(0.06%)、铅(0.04%),显示水产制品中总砷超标、菌落总数超标、铝超标的情况较为严重,这是需要重点监管的项目,其他抽检项目的不合格率均在1%以下。

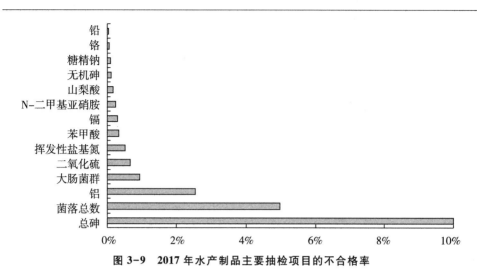

图 3-9　2017 年水产制品主要抽检项目的不合格率

资料来源:根据国家食品药品监督管理总局官方网站食品抽检信息整理所得。

(三) 经营环节重点水产品专项检查状况

经营环节是影响水产品质量安全的主要环节,也是政府监管的主要环节。在此分析 2016 年、2017 年国家食品药品监督管理总局开展的经营环节重点水产品专项检查状况。

1. 2016 年专项检查状况

2016 年 11 月 24 日,国家食品药品监督管理总局监管二司发布《总局关于开展经营环节重点水产品专项检查的通知》(食药监食监二便函〔2016〕69 号),为进一步了解市场销售的水产品质量安全状况,摸排水产品的主要质量安全隐患,根据《国务院食品安全办等五部门关于印发〈畜禽水产品抗生素、禁用化合物及兽药残留超标专项整治行动方案〉的通知》(食安办〔2016〕15 号)部署,总局在部分城市组织开展经营环节重点水产品专项检查。

2017 年 2 月 24 日,国家食品药品监督管理总局发布《总局关于经营环节重点水产品专项检查结果的通告》(2017 年第 34 号),在批发市场、集贸市场、超市以及餐馆等 468 家水产品经营单位,随机抽取了近年来抽检监测发现问题较多的多宝鱼(大菱鲆)、黑鱼(乌鳢)、桂鱼(鳜鱼)等鲜活水产品 808 批次,检验项目为孔雀石绿、硝基呋喃类药物、氯霉素,检验结果合格 739 批次,检出不合格样品 69 批次,合格率 91.5%,远低于 2016 年农业部公布的水产品 95.9% 的例行监测合格率和国家食品药品监督管理总局公布的水产制品 95.7% 的监督抽检合格率(见表 3-1)。

2. 2017 年专项检查状况

在 2016 年经营环节水产品专项检查基础上,2017 年 11 月 9 日,国家食品药品监督管理总局发布《关于经营环节鲜活水产品抽检监测结果的通告》(2017 年第 176 号),并在北京、上海、杭州等城市继续组织开展经营环节鲜活水产品抽检监测,共在批发市场、集贸市场、超市等 344 家水产品经营单位随机抽检了多宝鱼(大菱鲆)、黑鱼(乌鳢)、桂鱼(鳜鱼)等鲜活水产品 607 批次,检验项目为孔雀石绿、硝基呋喃类药物、氯霉素。检验结果显示,合格的样品 541 批次,不合格样品 66 批次,合格率 89.1%,与 2017 年农业部公布的水产品 96.3% 的例行监测合格率、国家食品药品监督管理总局公布的水产制品 98.1% 的监督抽检合格率之间的差距进一步扩大,显示我国经营环节重点水产品的质量安全状况不容乐观(见表 3-1)。

表 3-1　2016—2017 年间经验环节重点水产品专项检查结果

	2017 年	2016 年
地域范围	北京、沈阳、石家庄、济南、上海、杭州、南京、武汉、成都、西安、广州、福州等 12 个大中城市	
场所类型	批发市场、集贸市场、超市、餐馆等	
产品种类	多宝鱼(大菱鲆)、黑鱼(乌鳢)、桂鱼(鳜鱼)等鲜活水产品	
检验项目	孔雀石绿、硝基呋喃类药物、氯霉素	
抽检单位数	468	344
抽检批次	607	808
不合格批次	66	69
合格率	89.1%	91.5%

资料来源:国家食品药品监督管理总局官方网站。

3. 经营环节重点水产品不合格原因

对国家食品药品监督管理总局 2016 年和 2017 年经营环节重点水产品专项检查数据的分析显示,2016 年,检出孔雀石绿是经营环节水产品不合格的主要原因,占不合格批次的比例高达 66.7%。孔雀石绿是一种三氯甲烷型的绿色染料,也用作杀菌剂,易溶于水,养殖户常用它来预防鱼类的水霉病、鳃霉病、小瓜虫病等。由于孔雀石绿具有高毒素、高残留和致癌、致畸、致突变等副作用,我国农业部公告第 235 号《动物性食品中兽药最高残留限量》明确规定所有食品禁止使用孔雀石绿,我国《食品中可能违法添加的非食用物质和易滥用的食品添加剂名单》将其列为食品中可能违法添加的非食用物质名单。检出硝基呋喃类药物也是水产品不合格的主要原因,所占比例为 30.4%。硝基呋喃类药物是一种广谱抗生素,对大多数革兰氏阳性菌和革兰氏阴性菌、真菌和原虫等病原体均有杀灭作用。由于该药物及其代谢物对人体有致癌、致畸胎副作用,我国《食品中可能违法添加的非食用物质和易滥用的食品添加剂名单》中也将其列为食品中可能违法添加的非食用物质名单。此外,检出氯霉素比例为 4.4%。2017 年,经营环节水产品不合格的主要原因仍然是检出孔雀石绿,所占比例进一步上升为 77.3%,检出硝基呋喃类药物的比例则下降为 24.2%。连续两年的专项检查结果表明,我国鲜活水产品中使用孔雀石绿、硝基呋喃类药物等违禁药物的问题仍比较突出(见图 3-10)。

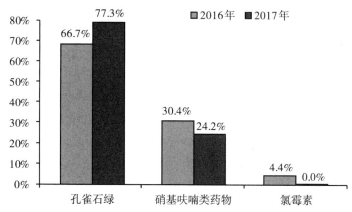

图 3-10 2016—2017 年经营环节重点水产品专项检查不合格原因

资料来源:国家食品药品监督管理总局官方网站,并由作者整理所得。

三、水产品及制品存在的主要质量安全问题: 基于监督抽检数据的分析

为了全面探究我国水产品及制品存在的主要质量安全问题,我们对全国 31 个

省、自治区、直辖市 2017 年发布的 1593 期食品监督抽检信息公示内容进行筛选，获得共 657 批次不合格水产品及制品信息。进一步分析，主要结果如下。

（一）监督抽检中发现的不合格场所分布

从监督抽检中检出的不合格水产品及制品的场所来看，农贸市场、水产批发市场等集中交易市场是第一大来源地，所占比例高达 33.49%，超过三分之一；其次为大型商场超市，所占比例为 26.48%，超过四分之一；中小型零售店、餐馆所占的比例也相对较高，分别为 19.94% 和 12.33%；水产品生产企业所占比例为 7.76%。可见，集中交易市场、大型商场超市、中小型零售店是不合格水产品及制品的主要检出地（见图 3-11）。

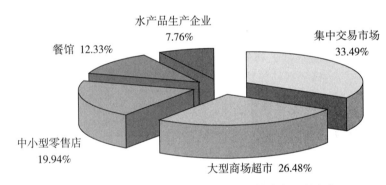

图 3-11　2017 年不合格水产品及制品的检出场所分布

资料来源：国家食品药品监督管理总局官方网站，并由作者整理计算所得。

（二）监督抽检中发现的不合格水产品及制品的种类

基于水产品及制品的加工程度分类，初级水产品是监督抽检中发现的不合格水产品及制品的最主要种类，所占比例高达 57.99%，接近六成；不合格水产制品和餐饮食品的比例分别为 29.68% 和 12.33%。在水产制品中，干腌制品是不合格批次最多的种类，所占比例超过四分之三；不合格水产罐制品、藻类加工品、鱼糜制品、水产冷冻品的比例分别为 9.23%、7.69%、5.13% 和 1.03%（见图 3-12）。因此，初级水产品是质量安全问题最多的水产品及制品种类，干腌制品是质量安全问题最多的水产制品种类。

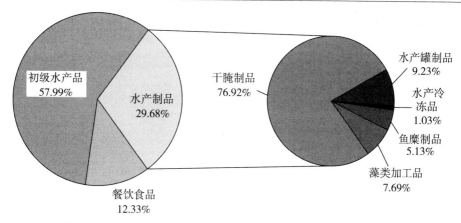

图3-12　2017年不合格水产品及制品的种类分布（基于加工程度）

资料来源：国家食品药品监督管理总局官方网站，并由作者整理计算所得。

　　基于水产品及制品的生物学特征分类，如图3-13所示，监督抽检中发现的超过一半的不合格水产品及制品为鱼类，所占比例为57.53%；甲壳类和头足类的比例也相对较高，分别为19.94%和12.94%；贝类和藻类所占比例相对较低，分别为7.15%和2.44%。由此可知，鱼类是我国不合格水产品及制品的第一大种类，未来亟须加强对鱼类质量安全的治理。

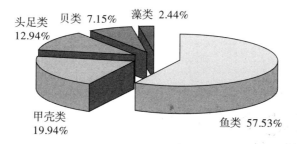

图3-13　2017年不合格水产品及制品的种类分布（基于生物学特征）

资料来源：国家食品药品监督管理总局官方网站，并由作者整理计算所得。

（三）基于监督抽检的水产品及制品的不合格原因分析

　　图3-14是监督抽检中发现的2017年水产品及制品的不合格原因。2017年，导致我国水产品及制品不合格批次由高到低的原因依次是含有违禁药物、农兽药残留超标、滥用食品添加剂、重金属超标、微生物污染和品质不合格。

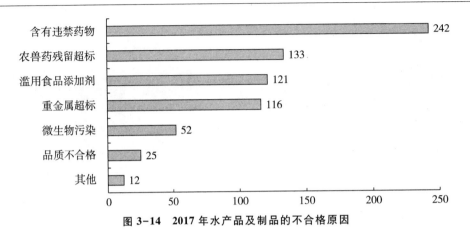

图 3-14　2017 年水产品及制品的不合格原因

资料来源:国家食品药品监督管理总局官方网站,并由作者整理计算所得。

1. 含有违禁药物

含有违禁药物是监督抽检中发现的水产品及制品不合格的第一大原因,2017年共导致 242 批次水产品及制品不合格,所占比例高达 36.83%,超过三分之一。具体来说,孔雀石绿、硝基呋喃类药物是导致水产品及制品不合格的主要违禁药物,所占比例分别为 42.15% 和 33.88%;氯霉素也是我国水产品及制品中检出批次较多的违禁药物,所占比例为 19.83%;地西泮和硝基咪唑类药物的比例较低,分别为 3.31% 和 0.83%(见图 3-15)。

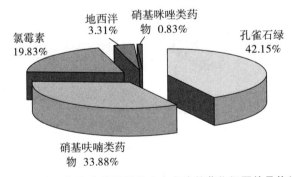

图 3-15　2017 年水产品及制品中含有违禁药物问题的具体组成

资料来源:国家食品药品监督管理总局官方网站,并由作者整理计算所得。

本章上文中也提到,2016 年和 2017 年经营环节重点水产品中孔雀石绿、硝基呋喃类药物、氯霉素等违禁药物的专项检查合格率仅分别为 91.5% 和 89.1%,远低于同期水产品例行监测合格率和水产制品监督抽检合格率,其中因含有孔雀石绿而不合格的水产品批次占所有不合格水产品批次的比例分别为 66.7% 和 77.3%,含有硝基呋喃类药物的比例分别为 30.4% 和 24.2%。

而在 2017 年的全国食品安全宣传周农业部主题日活动上,农业部向社会公布了 9 个农产品质量安全执法监管典型案例,其中与水产品质量安全相关的案例有两个,分别为"福建省东山县海洋与渔业局查处欧某等生产、销售含有违禁物质水产品案"和"浙江省台州市黄岩区农业局查处林某等人生产、销售含有违禁药物牛蛙案"①,全部与非法使用孔雀石绿、硝基呋喃类药物和氯霉素等违禁药物有关。2018 年,农业农村部再次公布农产品质量安全执法监管十大典型案例,与水产品质量安全相关的案例有两个,分别为"广东省中山市渔政局查处中山市某水产养殖有限公司在水产养殖过程中使用禁用药物案"和"浙江省德清县农业局查处沈某某在黄颡鱼产品中使用孔雀石绿案"②,也均与非法使用孔雀石绿、硝基呋喃类药物等违禁药物有关。

综上,含有违禁药物已经成为影响我国水产品质量安全的最根本、最重要的因素,治理水产品中使用违禁药物的问题已经刻不容缓。

2. 农兽药残留超标

农兽药残留超标是影响我国水产品及制品质量安全的第二大因素。2017 年监督抽检中发现,因农兽药残留超标而不合格的水产品及制品共计 133 批次,占所有不合格水产品及制品批次的 20.24%。导致水产品中农兽药残留超标的原因十分明显,主要是由恩诺沙星残留超标导致的,所占比例高达 94.74%。此外,还有 5.26% 的农兽药残留超标是由磺胺类药物导致(见图 3-16)。

---

① 《农业部公布农产品质量安全执法监管典型案例》,2017 年 6 月 30 日,见 http://www.moa.gov.cn/zwllm/zwdt/201706/t20170630_5732757.htm。

② 《农业农村部公布农产品质量安全执法监管十大典型案例》,2018 年 7 月 10 日,见 http://www.gov.cn/xinwen/2018-07/10/content_5305415.htm。

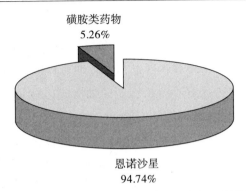

图 3-16　2017 年水产品及制品中农兽药残留超标问题的具体组成

资料来源：国家食品药品监督管理总局官方网站，并由作者整理计算所得。

　3．滥用食品添加剂

　　超剂量或超范围使用食品添加剂等滥用食品添加剂行为是影响水产品及制品质量安全的又一重要因素，2017 年监督抽检中发现的因滥用食品添加剂而使水产品及制品不合格的批次和占所有不合格批次的比例分别为 121 批次和 18.42%。具体来说，如图 3-17 所示，滥用防腐剂是最主要的食品添加剂类型，所占比例超过六成，占大多数；其次为滥用着色剂，所占比例为 36.36%；而滥用甜味剂的比例仅为 3.31%。

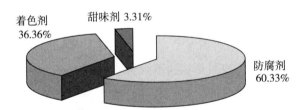

图 3-17　2017 年水产品及制品中滥用食品添加剂问题的具体组成

资料来源：国家食品药品监督管理总局官方网站，并由作者整理计算所得。

　4．重金属超标

　　含有违禁药物、农兽药残留超标、滥用食品添加剂等影响水产品质量安全的因素主要是由人为因素导致，而重金属超标主要与水体污染有关。长期以来，我国海洋与江河湖泊的水体污染严重，致使镉、铅等重金属在水产品体内蓄积，导致水产品及制品因重金属超标而不合格的批次维持在高位。2017 年，监督抽检中发现的因重金属超标而不合格的水产品及制品共计 116 批次,所占比例为 17.66%。其中,镉超标的情况最为严重,所占比例超过七成;铝超标的情况也比较严重,所占比例为 20.69%;铅、锌、砷的比例相对较低(见图 3-18)。

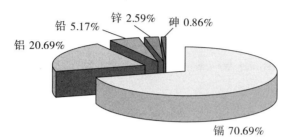

铅 5.17%　　锌 2.59%　　砷 0.86%
铝 20.69%
镉 70.69%

图 3-18　2017 年水产品及制品中重金属超标问题的具体组成

资料来源:国家食品药品监督管理总局官方网站,并由作者整理计算所得。

5. 微生物污染

2017 年,监督抽检中发现的因微生物污染而不合格的水产品及制品共计 52 批次,所占比例为 7.91%,主要是由菌落总数超标、大肠菌群超标和霉菌超标所致。图 3-19 是 2017 年水产品及制品中微生物污染问题的具体组成,菌落总数超标是水产品及制品微生物污染的最主要原因,所占比例接近四分之三;大肠菌群超标所占比例为 23.08%,位列第二位;霉菌超标的所占比例仅为 3.84%。

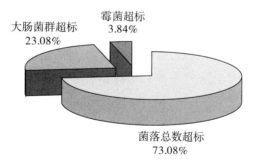

大肠菌群超标
23.08%
霉菌超标
3.84%
菌落总数超标
73.08%

图 3-19　2017 年水产品及制品中微生物污染问题的具体组成

资料来源:国家食品药品监督管理总局官方网站,并由作者整理计算所得。

四、水产品质量安全问题治理状况

党的十八大以来,我国水产品质量安全监管部门坚决贯彻落实习近平总书记

"四个最严"和"让人民群众吃上绿色、安全、放心的水产品"的指示要求,始终把水产品质量安全作为重大政治任务抓紧抓好。按照坚决打赢水产品质量安全提升的硬仗的要求,坚持产管并重,坚持严字当头,坚持常抓不懈,履职尽责,扎实推进质量安全主体责任和监管责任落实,保持了水产品质量安全水平稳定向好的势头,不仅水产品例行监测合格率、水产制品监督抽检合格率持续走高,而且 2017 年的水产品产地监测合格率高达 99.7%,并实现连续 5 年水产品产地监测合格率保持在99% 以上的成绩①。

(一) 坚持产管结合

为确保水产品质量安全,坚持做好"产出来"和"管出来"两方面工作。在"产出来"方面,实施水产养殖转型升级工程,推进水产健康养殖示范场创建活动,开展国家级稻渔综合种养示范区创建,推广使用循环水、零用药等健康养殖技术模式,鼓励水产品"三品一标"产品认证,推进水产品质量安全可追溯试点建设。在"管出来"方面,强化产地监管职责,加大推动生产者主体责任落实,加强监管体系和检测体系建设,坚持检打联动,不断加强产地水产品质量安全监督抽查力度,做到阳性样品查处率 100%。

(二) 坚持监督抽查、专项整治和检打联动

加强监督抽查、专项整治和检打联动,始终保持对违法用药的高压态势。2013年以来,中央财政每年安排产地水产品监督抽查专项经费 3500 万元左右,用于养殖水产品和苗种等监督抽查工作,共抽检样品 50000 余个,连续 5 年合格率保持在99% 以上,没有发生重大水产品质量安全事件。按照国务院食品安全办公室等 5部门印发的《畜禽水产品抗生素、禁用化合物及兽药残留超标专项整治行动方案》和《农业部关于加强 2016 年农产品质量安全执法监管工作的通知》要求,连续开展"三鱼两药"专项整治,五年来共检测三鱼、孔雀石绿和硝基呋喃类药物样品分别

---

① 本部分数据主要来自:《水产品质量安全治理成效显著》,2018 年 1 月 15 日,http://www.moa.gov.cn/xw/zwdt/201801/t20180115_6134985.htm;《全国水产品质量安全监管工作会议广西、广东、浙江、山东、辽宁、湖北典型发言摘要》,《中国渔业报》2018 年 4 月 16 日第 5 版。

为 2500 个、24000 个和 10000 个,2017 年合格率分别达到 99.5%、99.8%、99.7%。坚持检打联动,超标样品查处率 100%,要求各地按照有关规定进行查处,2014—2016 年间,农业部组织对超标样品地区进行了专项执法督查。据统计,近年来,各地每年用于水产品质量安全监管经费约 3 亿元,抽检样品 15 万多个,出动执法人员 10 万人次。

(三)坚持综合施策和源头治理

推进标准化健康养殖和用药指导培训,坚持综合施策和源头治理。标准化健康养殖是确保水产品质量安全的根本前提。多年来,农业部大力推进标准化健康养殖,目前共有国家和行业标准 900 多项,地方标准 1918 项。截至 2017 年年底,全国创建水产健康养殖示范场 6129 家,全国渔业健康养殖示范县 29 个,水产品"三品一标"总数达到 1.27 万个,占农产品总数的 12%,其中无公害水产品 1.15 万个,绿色水产品 655 个,有机水产品 379 个,地理标志水产品 173 个。坚持开展水产养殖规范用药科普下乡活动,全国共有 30 余个省、自治区、直辖市参与该项活动,各级推广机构和大专院校科研机构每年 10000 多名专家和技术人员广泛参与,举办各类技术培训班 4000 余次,接受技术培训的渔民达 25 万多人次。推动禁止养殖区、限制养殖区和养殖区划定,从养殖环境源头上保障水产品质量安全。开展水产品质量安全示范县建设和水产品质量安全可追溯试点工作,为县域内整体推进水产品质量安全工作和水产品质量安全全程监管以及追踪溯源积累了经验。

(四)坚持治理高风险的水产品

贝类是我国的重要水产品种类,深受广大消费者喜爱,消费量大。同时,贝类风险隐患也大,极易引起急性中毒甚至死亡。农业部高度重视贝类产品质量安全,完善贝类产品监测,加强贝类划型和预警管理,使贝类成为我国水产品中唯一单独制定管理办法的品种,每年年初都专门召开会议进行部署,年终专门针对监测中的问题专题研究。每年安排 700 多万元用于贝类产品监测,每年抽检贝类样品近 4000 个,加强对贝类中重金属铅、镉、多氯联苯、毒素等监测预警,特别是对重点时段、重点区域和重点品种加强监测,确保能及时发现问题,根据监测结果及时发布预警,采取暂时性关闭采捕区域等紧急管理措施。2017 年,各地对 65.8 万公顷贝类养殖区进行了划型,其中一类养殖区 63.1 万公顷,占比高达 95.9%;二类养殖区 2.7 万公顷,占比为 4.1%。

(五)坚持地方先行先试

鼓励地方政府就水产品质量安全治理政策开展先行先试,积极探究水产品质量安全的治理路径。其中,广东省的做法最有代表性。

2017 年 6 月 2 日,广东省十二届人大常委会第三十三次会议审议通过了《广东省水产品质量安全条例》,这是《食品安全法》修订后,我国第一部水产品质量安全地方性法规,体现了广东立法先行先试的精神,得到了农业部领导的高度肯定,于康震副部长在 2017 年 7 月 17 日批示:"《广东省水产品质量安全条例》的出台在全国各地水产品立法方面是开先河之举,体现了广东渔业人的主动作为、敢于担当精神。"之后,广东省海洋与渔业厅联合广东省人大农委、广东省食药监局启动《广东省水产品质量安全条例》宣传月活动,全年共组织了 18 场各类宣传活动,8000 多人次参加。

针对重点品种,广东省海洋与渔业厅下达了《2017 年广东省水产品质量安全监控计划》,对全省鳜鱼、乌鳢、对虾、罗非鱼等主要优势品种、出口和输港澳主要品种、调出外省的大宗品种,从种苗、饲料、养殖、运输等主要环节,重点渔区、重点时段,加强重点监管。加大抽检力度和强度,突出实施"三个抽检":一是扩大抽检范围,抽检养殖水体、底泥和水产品;二是增加抽检数量,将省级抽检样品从 2016 年的 0.99 万个样品增加到 1.8 万个;三是增加抽检品种,将蟹、鳖、鳗、黄颡鱼等大宗品种纳入抽检范围。对监督抽查不合格样品进行无害化处理或就地销毁,违法违规行为查处率 100%,并在广东省海洋与渔业厅网站公布产地水产品监督抽查结果和后续处理情况。

针对难点问题,按照《2017 年广东省水产品"三鱼两药"专项整治行动工作方案》《关于开展我省水产养殖重点地区和重点品种水产品质量安全专项执法每月一行动的通知》的部署,对监督抽查、风险监测中发现问题较多的区域,相继在中山、佛山、清远、江门等 12 个地市,集中力量重点组织开展"一月一行动"。全省共出动执法人员 10991 人次,检查场地 5695 个,查处违规案件 43 宗,移送公安机关 5 宗。其中,查处的云浮市水产品苗种案中,判处涉案人有期徒刑 6 个月,缓刑 1 年。

针对薄弱环节,尤其是针对鲜活水产品等运输、贮存环节,广东省海洋与渔业厅会同广东省食药监局召开水产品质量安全保障现场会,邀请全省重点水产品批发市场、行业协会、养殖和销售企业代表,以及北京、上海、陕西、广西等主销区市场代表参会,积极推广广东何氏水产的鲜活水产品智慧冷链物流运输模式。通过运用低温暂养、自动化循环水、纯氧配送等创新专利技术,逐级降温、智能温控,让鲜活水产品处于半冬眠状态,实现从塘头到市场运输过程中全程不换水,全程标准化、可追溯和闭环温控管理,成功突破了鲜活水产品在不添加任何药物、高密度远程运输 50 小时以上的技术难题,使鲜活水产品的存活率达 99% 以上。

2017 年,广东省抽检水产品样品 18158 个,合格率达 97.7%,全年没有发生重大水产品质量安全事件。

五、水产品中违禁药物屡禁不止的主要原因

上文研究显示,含有违禁药物已经成为影响我国水产品质量安全的最根本、最重要的因素,治理水产品中使用违禁药物的问题已经刻不容缓。事实上,早在 2002 年,农业部就将孔雀石绿、硝基呋喃类药物、氯霉素等药物正式列入《食品动物禁用的兽药及其他化合物清单》(农业部公告第 193 号),并且几乎每年均联合多个部门开展相关的专项整治。然而,在此公告发布与实施 16 年后,水产品中含有孔雀石绿、硝基呋喃类药物、氯霉素等违禁药物的问题仍然十分突出,且有愈演愈烈的态势,这确实需要引起全社会的高度关注。虽然导致水产品中违禁药物屡禁不止的原因十分复杂,但主要原因是以下五个方面。

(一)违禁药物的替代品尤为缺乏

在我国,渔业生产中使用孔雀石绿、硝基呋喃等药物已有较长的历史。例如,从 1993 年起我国水产养殖领域就开始推广使用孔雀石绿,主要用来预防和治疗鱼类养殖过程中高发的水霉病、鳃霉病和小瓜虫病等。虽然后来农业部、卫生部等部门明令禁止在水产品中禁用孔雀石绿、硝基呋喃等药物,但在水产品养殖、运输、销售等环节使用孔雀石绿、硝基呋喃等药物一直是行业的潜规则且屡禁不止,主要的原因是这些违禁药物具有自身明显的"优势"。比如,在水产品的长途运输中,由

于鱼量较大、氧气较少,外加碰撞导致鱼鳞脱落和鱼体感染,很容易造成活鱼的大量死亡,而加入孔雀石绿、硝基呋喃等药物后,因其杀灭寄生虫、真菌和细菌的效果明显,活鱼的死亡率显著降低。多年来,市场上虽然有部分违禁药物的安全替代药品,但这些替代药品要么成本比违禁药物高,要么疗效比违禁药物差,难以满足在养殖、长途运输中降低活鱼死亡率的需要,未能在市场上全面推广。由于渔民没有可替代的理想渔药能够使用,而且与活鱼死亡率有效降低所能获得的经济收益相比较,价格低廉的孔雀石绿、硝基呋喃等药物使用成本可以忽略不计,出于自身经济利益的考虑,其很有可能铤而走险地使用违禁药物。这是违禁药物使用屡禁不止的内在的经济动因。

(二)违禁药物销售渠道畅通

以孔雀石绿为例。孔雀石绿具有广泛的用途,既可以用作丝绸、皮革、纸张等工业品的染料,也可以用作医学上的超强杀菌剂。因此,实体店、电商平台均公开出售各种品牌的孔雀石绿试剂,消费者可以毫无限制地随意购买。我们曾经在某购物网站上一家名为"绿源水族用品店"的商铺购买了少许孔雀石绿,发现在商品详情中明确标示"适用于海水鱼、热带鱼"等。不仅如此,孔雀石绿价格低廉且使用方便。通过"绿源水族用品店"购买 1 瓶山东产的"欧纳森"品牌的孔雀石绿精粉,单价仅为 8.5 元,而调研中渔民表示其平时购买 500 克的价格也只有 40 多元,以兑水泼洒的方式治疗鱼病,每立方米水仅需成本 0.7 元。

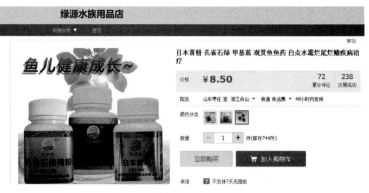

图 3-20 国内某购物网站销售的孔雀石绿

（三）水产养殖方式不合理引发违禁药物市场需求大

目前,我国水产养殖产量占水产品总产量的比重高达 75%,水产养殖在渔业产业中占有绝对主导地位。然而,我国渔业的养殖方式十分不合理。一方面,养殖密度过高、品种过多的现象十分普遍,这远远超出了水体的承受范围,导致水产品在水中容易因碰撞擦伤产生感染、腐烂等问题,致使养殖环节水产品的死亡率一直居高不下。另一方面,我国水产养殖中很少注重水产疫苗的作用。与畜牧、家禽等养殖不同,水产品的养殖水体极不稳定,易受外界因素的干扰,由此导致鱼、虾、蟹、贝等水产品较易生病,对此国外主要采用水产疫苗的方式来预防。据不完全统计,目前全世界约有 144 种水产疫苗应用于水产品养殖,而我国只有 4 种。养殖密度过高且缺少有效的疫苗,为了保障水产品的快速成长,养殖者往往依靠大量投药的方式保证水产养殖"不减产",而孔雀石绿、硝基呋喃等"效果显著、易于获取、使用方便、价格低廉"的违禁药物自然就受到渔民的欢迎,在养殖、运输环节的使用屡禁不止。

（四）相关主体责任难以有效落实

集中交易市场应该履行保障市场内水产品质量安全的主体责任,但由于集中交易市场主要依靠批发商、农贸经营商贩等缴纳租金而生存,出于自身利益考虑,其对水产品质量安全监管的动力十分有限。不仅如此,在调查中我们发现,集中交易市场被政府部门抽检的概率远低于超市,政府监管和抽检密度的结构性失调。与此同时,虽然超市是政府部门抽检水产品的重点场所,但我们在调查中也发现,为避免政府部门抽检可能带来的处罚和麻烦,不少超市往往选择在政府抽检前将活鱼下架,这几乎是诸多超市的通行做法,"双随机、一公开"的抽检方式似乎在超市出现"失灵"。值得注意的是,市场自检是保障水产品质量安全的一个重要环节,但现有的超市多数并没有配备水产品自检设备,只能送到第三方检测机构检测。一方面,超市没有主动送往第三方检测的积极性;另一方面,水产品抽样送检后大约需要 2～5 天才能出结果,此时的鲜活水产品已被送上餐桌,失去了超市抽检作为预防性措施的意义。

（五）政府监督抽检覆盖面具有局限性

虽然农业与食品监管部门每年专项治理水产品中违法违规使用孔雀石绿、硝基呋喃、氯霉素等违禁药物的行为，但效果仍不明显。一个重要的原因是政府监督抽检覆盖面具有局限性。目前，政府对水产品产地质量安全的监督抽检主要针对大中型的水产养殖场，而较少监督抽检小型养殖户，而这些小型养殖户恰恰是滥用违禁药物的主体。与此同时，即使在流通环节检出水产品中含有违禁药物，也因为流通商、批发商等包庇上游的采购商和养殖户，以水产品产地不详为由，使政府相关部门难以追溯处理违禁药物。此时，政府部门虽然进行了处罚，但罚金往往先由流通环节的商户等先行交纳，之后再由水产品链条上的相关主体共同分担。这已是水产界的一种潜规则。

六、治理水产品中违禁药物的思考

水产品质量安全与人民生活高度相关，涉及每个居民的身体健康，事关重大。针对水产品中使用违禁药物较为严重的问题，当前急需推进以下四个方面的工作：

（一）加快研发替代渔药，推动养殖方式的转型

在水产品养殖的密集省区，建议政府部门设立违禁药物替代渔药的专项研发资金，鼓励高校、科研院所与大中型水产品养殖场开展联合攻关，通过实施创新驱动战略，研发出安全高效、易于获取、使用方便、价格合理的违禁药物的替代渔药。这是解决我国目前水产品中违禁药物较为普遍使用顽症的根本路径。同时，应加快水产品生产的供给侧结构性改革，以大中型水产品养殖场为重点，以点带面，逐步改变现有高密度、多品种、重用药的粗放式的养殖方式，大力发展良种化、设施化、信息化、生态化的水产健康养殖、绿色养殖，加大水产疫苗的研发力度，发挥疫苗在预防水产品疫病方面的作用，做到防治结合。

（二）建立可追溯体系，实施全程责任追溯

以前我国生猪养殖环节滥用"瘦肉精"的现象也较为普遍，猪肉质量安全可追

溯体系建立后全国生猪"瘦肉精"的平均检出率不足 1%。借鉴猪肉供应链体系中治理"瘦肉精"的基本经验,以大中型水产品养殖场为重点,逐步构建覆盖养殖、加工、流通、销售等全程产业链的水产品质量安全可追溯体系,推广实施产地标识准入制,给水产品贴上特有的身份标签,发现问题后可以直接追溯到源头,依法让违规违法者付出应有代价。与此同时,对在实体店、网络销售的孔雀石绿、硝基呋喃等违禁药物,应建立实名购买和流向登记制度,实施严格管控。

(三) 转变监管方式,突出监督重点

改革基于生产经营主体的业态、规模大小等要素实施分类分级监管的传统做法,以治理滥用违禁药物为重点,对水产品养殖经营的主体进行分类分级,实施精准治理。尤其重点监管中小型水产养殖场、长途运输活鱼的转运商、储存活鱼的商场超市和餐馆等使用违禁药物的高发群体,重点抽检的水产品类型主要是多宝鱼、鳜鱼、鲈鱼等价值较高的水产品。进一步健全以"双随机、一公开"为基本手段、以重点环节监管为补充、以信用监管为基础的新型水产品质量安全的监管机制,合理配置有限的监管资源与力量,最大程度地实现对所有市场主体监督抽检的全覆盖。落实主体责任,敦促水产品集中交易市场、超市等单位要严格落实水产品供应商需提供检验检疫证明、产地证明和营业执照等三类证明的要求,保证市场内销售的水产品是安全合法的。建议强制要求水产品集中交易市场、超市等单位对市场内的经营主体进行违禁药物的快检,真正发挥快检的作用,构筑起保障水产品质量安全的防火墙。

(四) 全面依法治理,严厉打击犯罪活动

协同农业、食品安全监管部门与司法部门的力量,统筹不同行政区域间、城市与农村间的联合行动,积极发挥组建"食药警察"专业队伍的作用,依法坚决打击在水产品供应链体系中使用违禁药物的犯罪活动,防范区域性、系统性的水产品质量安全风险,必须确保《食品安全法》《农产品质量安全法》与相关法律法规在实际执行中的严肃性,确保不走样,尤其是努力消除地方保护主义。建议有条件的水产品养殖大省(自治区)从实际出发,加快立法,形成与《食品安全法》相配套、相衔接的较为完备的保障水产品质量安全的法律体系。

第四章　2017 年中国食品工业生产、市场供应与结构转型

中国特色社会主义进入新时代,确保食品工业稳定增长,促进食品工业的结构转型,既是满足人口刚性增加的食品需求的客观要求,又是努力解决新时代人民群众日益增长的美好生活需要和食品质量安全供给不平衡不充分间矛盾的基本路径。2017 年,伴随着供给侧结构性改革的深入推进,去产能、去杠杆、降成本等政策措施有效落实,我国食品工业主动适应新时代发展的新要求,继续取得了新成效。本章主要是考察 2017 年我国食品生产与市场供应的基本情况,食品工业内部结构与区域布局的变化,研究食品工业内部结构变化,提出基于技术创新,实现食品工业的转型升级,并展望未来我国食品工业的发展态势。

一、食品工业发展状况与在国民经济中的地位

2017 年全国食品工业继续坚持“稳中求进”的总方针,顺应市场变化,推进结构调整,实现了生产平稳增长,产业规模继续扩大,经济效益持续提高的良好发展格局,继续保持在我国现代工业体系中首位产业和全球第一大食品产业的地位,在保障民生、拉动内需、带动相关产业发展和县域经济发展、促进社会和谐稳定等方面做出了巨大贡献。

(一) 继续保持国民经济重要支柱产业地位

2017 年,全国 42962 家规模以上食品工业企业实现主营业务收入 11.41 万亿元,同比增长 6.3%,比全部工业高 0.2 个百分点,增幅同比增加近 1 个百分点;完成

食品工业增加值占全国工业增加值的比重为 11.2%,对全国工业增长贡献率达到 12%,拉动全国工业增长 0.8 个百分点。表 4-1 显示,2017 年,全国食品工业总产值占国内生产总值的比例 13.8%,继续巩固其在我国国民经济体系中重要的支柱产业地位。食品工业内部的主要分行业的主营业务也保持了良好的增长,农副食品加工业同比增长 6.8%,食品制造业同比增长 9.1%,酒、饮料和精制茶制造业同比增长 9.1%。

表 4-1　2006—2017 年间食品工业与国内生产总值占比变化

年份	食品工业总产值(亿元)	国内生产总值(亿元)	占比(%)
2006	24801	216314	11.47
2007	32426	265810	12.20
2008	42373	314045	13.49
2009	49678	340903	14.57
2010	61278	401513	15.26
2011	78078	473104	16.50
2012	89553	519470	17.24
2013	101140*	568845	17.78
2014	108933*	636463	17.12
2015	113000*	676708	16.70
2016	119678*	744127	16.08
2017	114102*	827112	13.80

注:* 表示该数值为食品工业企业主营业务收入。

资料来源:《中国统计年鉴》(2006—2014 年)、2013—2017 年国内生产总值数据来源于历年《国民经济和社会发展统计公报》,2013—2017 年食品工业的有关数据来源于中国食品工业协会各年度的《食品工业经济运行情况》。

政　策

国家发展和改革委与工业和信息化部发布促进食品工业健康发展的指导意见

国家发展和改革委员会与工业和信息化部发布了《关于促进食品工业健康发展的指导意见》(发改产业〔2017〕19 号)。文件指出,食品工业是"为耕者谋利、为食者造福"的传统民生产业,在实施制造强国战略和推进健康中国建设中具有重要地位。要求"全面贯彻党的十八大和十八届三中、四中、五中、六中全会精神,以邓小平理论、'三个代表'重要思想、科学发展观为指导,深入贯彻习近平总书记系列重要讲话精神,围绕'五位一体'总体布局和'四个全面'战略布局,坚持'创新、协调、绿色、开放、共享'的发展理念,围绕提升食品质量和安全水平,以满足人民群众日益增长和不断升级的安全、多样、健康、营养、方便食品消费需求为目标,以供给侧结构性改革为主线,以创新驱动为引领,着力提高供给质量和效率,推动食品工业转型升级、膳食消费结构改善,满足小康社会城乡居民更高层次的食品需求。"

(二) 主要食品产量稳定增长

表 4-2 显示了 2017 年全国食品工业主要产品的产量。不难发现,2017 年全国主要食品产量大部分实现同比增长,满足基本生活需求的主要食品,粮食、食用油、乳制品、饮料等食品产量保持稳定增长。但由于全国性食品工业的结构调整,酱油、卷烟等产量下降,而另一些产品如啤酒、葡萄酒等,则因为受到进口产品冲击,产量则继续萎缩。

表 4-2　2017 年食品工业主要产品产量　　　　　　（单位:万吨、万千升、亿支）

产品名称	产量	同比增长(%)
小麦粉	13801.44	1.77
大米	12583.92	4.25
精制食用植物油	6071.82	2.00
成品糖	1463.73	3.28
鲜、冷藏肉	3254.88	5.06
冷冻水产品	863.11	6.70
糖果	331.37	0.74
速冻米面食品	568.16	5.90
方便面	1103.20	3.31

（续表）

产品名称	产量	同比增长（%）
乳制品	2935.04	4.17
其中：液体乳	2691.66	4.53
乳粉	120.72	1.04
罐头	1239.56	3.75
酱油	856.68	−3.72
冷冻饮品	378.33	7.24
食品添加剂	851.39	2.12
发酵酒精	1027.29	19.63
白酒（折65度,商品量）	1198.06	6.86
啤酒	4401.49	−0.66
葡萄酒	100.11	−5.25
软饮料	18051.23	4.59
其中：碳酸饮料类（汽水）	1744.41	6.07
包装饮用水类	9535.73	3.20
果汁和蔬菜汁饮料类	2228.50	4.06
精制茶	246.03	4.31
卷烟	23450.74	−1.57

资料来源：中国食品工业协会：《2017 年食品工业经济运行综述》。

表 4-3 显示，在 2012—2017 年间，包括食用植物油、软饮料、成品糖、罐头在内，我国主要食品产量继续总体保持稳步增长。虽然啤酒等产品产量有所减少，但仍能有效地保障国内需求。

表 4-3 2012—2017 年间我国主要食品产量比较　　（单位：万吨、万千升）

产品	2012 年	2013 年	2014 年	2015 年	2016 年	2017 年	累计增长（%）	年均增长（%）
食用植物油	5176.20	6218.60	6534.10	6734.24	6907.54	6071.82	17.30	3.24
成品糖	1406.80	1589.70	1660.10	1475.37	1433.18	1463.73	4.05	0.80
肉类	8384.00	8536.00	8707.00	8625.00	8540.00	8431.00	0.56	0.11

（续表）

产品	2012 年	2013 年	2014 年	2015 年	2016 年	2017 年	累计增长（%）	年均增长（%）
乳制品	2545.20	2676.20	2651.80	2782.53	2993.23	2935.04	15.32	2.89
罐头	971.50	1041.90	1171.90	1212.60	1281.99	1239.56	27.59	4.99
软饮料	13024.00	14926.80	16676.80	17661.04	18345.24	18051.23	38.60	6.75
啤酒	4902.00	5061.50	4921.90	4715.72	4506.44	4401.49	-10.21	-2.13

资料来源：各年份数据分别来源于中国食品工业协会相关年度的《食品工业经济运行情况综述》，以及国家统计局的《中华人民共和国国民经济和社会发展统计公报》。

（三）经济效益持续增长但盈利能力有所下降

2017 年，全国食品工业实现利润总额 7987.62 亿元，同比增长了 6.49%，食品工业经济效益整体保持了平稳较快增长。其中，食品制造业利润增长最快，2017 年较 2012 年增长了 30.1%。从农副食品加工业，食品制造业，酒、饮料和精制茶制造业，烟草制品业四大行业来看，在 2012—2017 年间食品制造业利润增长继续保持领先，体现了结构调整的成效，而烟草制品业也由于明显的结构调整，利润出现一定程度下降（见图 4-1）。

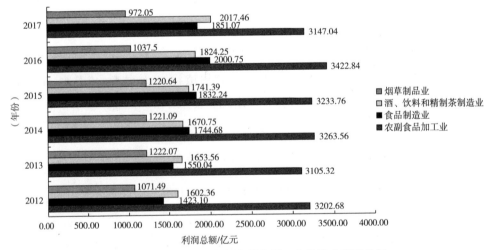

图 4-1　2012—2017 年间我国食品工业分行业利润总额

资料来源：中国食品工业协会相关年度的《食品工业经济运行综述》、《中国统计年鉴》（2013—2017 年）。

表 4-4 表明了 2017 年我国食品工业盈利能力较 2016 年的变化情况。2017年,食品工业每百元主营业务收入中的成本为 80.6 元,同比降低 1.1 元;主营业务收入利润率为 7%,同比下降近一个百分点,成本费用利润率 7.9%。2017 年,除了酒、饮料和精制茶制造业的主营收入利润率有所增长,包括烟草制品业在内的个别行业调整一定程度影响了食品工业的盈利增长速度。

表 4-4　2017 年与 2016 年食品工业盈利能力对比

行业名称	2017 年		2016 年	
	主营收入利润率(%)	成本费用利润率(%)	主营收入利润率(%)	成本费用利润率(%)
全部工业平均水平	6.46	6.96	5.97	6.99
食品工业总计	7.00	7.93	6.92	8.54
农副食品加工业	4.88	5.15	4.96	5.55
食品制造业	8.01	8.69	8.47	10.57
酒、饮料和精制茶制造业	11.44	13.30	9.91	13.13
烟草制品业	10.92	30.75	11.94	41.79

资料来源:中国食品工业协会:《2017 年食品工业经济运行综述》。

(四)重点行业继续保持平稳增长

受限于资料的可得性,本节主要以粮食加工业、食用油加工业、乳制品加工业、制糖业等重点行业展开分析。①

1. 粮食加工业

粮食加工业一直在我国食品工业乃至国民经济中占据重要地位,行业产值占食品工业比重约为五分之一。近几年来,粮食加工业总体保持平稳较快发展。2017 年,全国 6729 家规模以上粮食加工企业,实现主营业务收入 12685.7 亿元,同

---

① 资料来源于中国食品工业协会:《2016 年食品工业经济运行综述》,2017-04-27,http://ruanyinlia-obaozhuang.juhangye.com/201704/weixin_4606242.html。

比增长3.9%,行业利润总额593.4亿元,增长2.3%。全年生产小麦粉近1.4亿吨,大米1.3亿吨,同比分别增长1.8%、4.3%(图4-2)。但需要指出的是,粮食加工业发展面临的形势依然严峻,主要是粮食种植结构与加工业发展需求不相适应,加工业产品与居民消费需求不相适应,部分品种粮食供求结构性失衡,大豆供给严重依赖国际市场,优质化、专用化、多元化粮食原料发展相对滞后,中高端产品供给不足等问题阻碍了粮食加工业的深度发展。

2. 食用油加工业

2017年,全国食用油加工业拥有1980家规模以上企业,主营业务收入9630.1亿元,同比增加7.2%,利润总额314亿元,同比下降0.8%。2016年,全国精制食用植物油的产量达到6071.82万吨,较上年同比增长2%(图4-2)。随着人们安全健康饮食观念的加深,散装食用油已经在我国多地被明令禁止销售,而小包装食用油市场稳步增长。加工产能过剩一直以来是阻碍我国食用油加工业发展的主要问题,油脂价格持续较低,限制了加工企业利润增长,本土油料加工产业经营难度仍然较大。

3. 乳制品加工业

2017年,全国乳制品加工业拥有611家规模以上企业,数量较2016年有所减少。数据显示,2017年全国乳制品加工业主营业务收入达到3590.4亿元,同比增加6.8%,完成利润总额244.9亿元,同比下降3.3%;乳制品产量达到2935万吨,同比增长4.2%。其中液体乳产量2691.7万吨,同比增长4.5%;乳粉产量120.7万吨,同比下降1.04%(图4-2)。经过行业清理、整顿,2017年,我国乳制品加工业的生产消费逐渐好转,呈现平稳发展的好形势。

4. 制糖业

2017年,全国制糖业拥有291家规模以上企业,主营业务收入实现1120.1亿元,利润总额114.6亿元,同比分别增长11.7%和33.1%。2017年,成品糖产量1463.7万吨,同比增加3.3%(图4-2)。由于国内对成品糖的消费需求增加,导致成品糖进口保持历史高位。

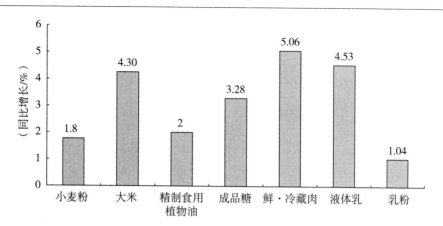

图 4-2 2017 年食品工业重点行业主要产品产量较 2016 年增长情况

资料来源:中国食品工业协会:《2017 年食品工业经济运行综述》。

(五)食品各类别价格运行跌幅大于涨幅

2017 年,我国居民消费价格整体上涨 1.6%,其中食品消费价格同比下跌 1.4%。图 4-3 显示,仅 2017 年 12 月,食品烟酒的涨跌幅在所有类别居民消费价格涨跌幅中位列最小。

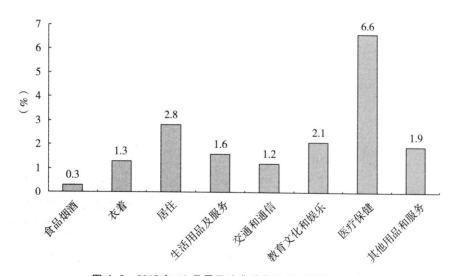

图 4-3 2017 年 12 月居民消费价格分类别同比涨跌幅

资料来源:中国食品工业协会:《2017 年食品工业经济运行综述》。

2017 年,居民消费的食品烟酒总体价格下跌 0.4%。其中粮食价格上涨 1.5%,食用油价格下降 0.2%,鲜菜价格下跌 8.1%,畜肉类价格下跌 5%,水产品价格上涨 4.4%,蛋类价格下跌 4.0%,奶类价格上涨 0.1%,鲜果价格上涨 3.8%。

(六) 固定资产投资增速降低

图 4-4 显示,2017 年,食品工业完成固定资产投资额 21847.96 亿元,同比增长 1.2%,明显低于 2016 年 8.5% 的增速,也低于制造业 4.8% 的增速,食品工业投资额占全国固定资产投资额 3.4%,占比同比降低 0.3 个百分点。"十二五"以来,食品工业投资增速逐渐放缓,2012 年至 2017 年,投资增速分别是 30.7%、25.9%、18.6%、8.4%、8.5%、1.2%。在经济新常态的背景下,食品工业产业规模快速扩张已经成为历史。

图 4-4　2012—2017 年间食品工业固定资产投资情况

资料来源:中国食品工业协会:《2017 年食品工业经济运行综述》《中国统计年鉴》(2012—2017)。

进一步从分行业分析,农副食品加工业,食品制造业,酒、饮料和精制茶制造业以及烟草制品业完成固定资产投资额分别为 11985.99 亿元、5842.82 亿元、3833.91 亿元和 185.24 亿元,分别较上年同比增长为 3.6%、1.7%、-5.9% 和 -11.5%,酒、饮料和精制茶制造业、烟草制品业固定资产投资下降幅度较大(图 4-5)。

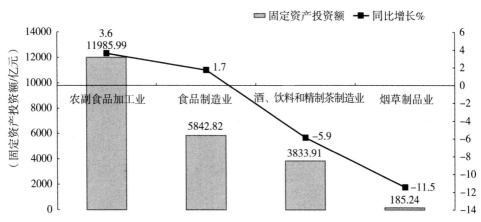

图 4-5　2017 年食品工业分行业固定资产投资情况

资料来源:中国食品工业协会:《2017 年食品工业经济运行综述》。

二、食品工业行业结构与区域布局

2017 年,食品工业内部的四大行业结构与区域布局继续呈现均衡协调的发展格局。

(一)食品工业内部结构

图 4-6 显示了 2012—2017 年间我国食品工业分行业主营业务收入的变化。2017 年,全国农副食品加工业主营业务收入同比增长 5.8%,食品制造业同比增长 8.4%,酒、饮料和精制茶制造业同比增长 7.8%,烟草制造业则同比增长了 2.4%。与 2010 年相比,食品工业四大分行业的主营业务收入表现出较大的差异性,内部结构不断调整。图 4-7 显示,较 2010 年相比,2017 年,农副食品加工业,食品制造业,酒、饮料和精制茶制造业,烟草制造业的主营业务收入分别增长了 85.9%,107.6%,92.4%,58.1%。显然,在此期间,我国食品制造业的主营业务收入增长幅度最大,其次是酒、饮料和精制茶制造业和农副食品加工业,而烟草制造业的增长速度明显低于整个食品产业的增长速度。

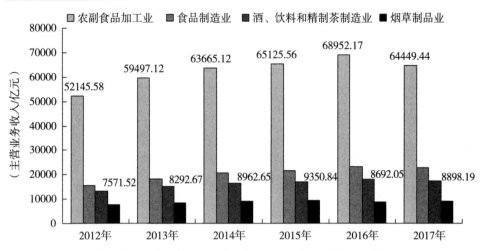

图 4-6　2012—2017 年间我国食品工业分行业主营业务收入

资料来源:中国食品工业协会:《2017 年食品工业经济运行综述》;《中国统计年鉴》(2013—
2017 年)。

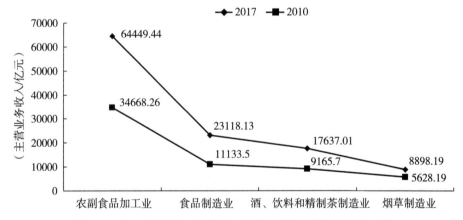

图 4-7　2010 年和 2017 年食品工业四大行业主营业务收入对比

资料来源:《中国统计年鉴》(2011 年);中国食品工业协会:《2017 年食品工业经济运行
综述》。

　　将 2010 年和 2017 年食品工业四大分行业产值占食品工业总额的比重做进一
步的对比发现,2017 年农副食品加工业,食品制造业,酒、饮料和精制茶制造业与
烟草制造业产值占食品工业总产值的比重分别较 2010 年增加了-0.73%、1.89%、
0.33%和-1.49%。可见,与 2010 年相比,2017 年食品制造业在食品工业中所占

比重增幅最大,其次为酒、饮料和精制茶制造业以及农副产品加工业,而烟草制造业在食品工业中的比重则下降较为明显(图 4-8)。显然,食品工业内部行业增速的变化是适应市场需求变动而相应调整的必然结果,在供给侧改革的背景下,总体反映了基于市场需求的供给侧调整方向,体现了内部结构优化供给的良好态势①。

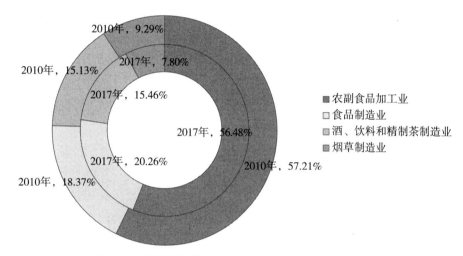

图 4-8 2010 年和 2017 年食品工业四大行业的比重比较

资料来源:《中国统计年鉴》(2011 年);中国食品工业协会:《2016 年食品工业经济运行综述》。

(二)食品工业的区域布局

2017 年,我国东部、中部、西部和东北地区的食品工业完成主营业务收入分别占同期全国食品工业的 42.39%、30.31%、20.62%、6.68%。与 2016 年占比情况相比,东部地区同比下降 0.02%,中部、西部地区分别同比增长 4.7%、6.23%,而东北地区则下降了 27.71%(表 4-5)。可见,相比于 2016 年,2017 年我国西部地区食品工业经济增长最大,东北地区的食品工业经济则下降最为明显。

---

① 2017 年食品工业四大行业产值的数据均由主营业务收入代替并计算。

表 4-5　2017 年分地区的食品工业企业数与主营业务收入

	企业数 （个）	主营业务收入 （亿元）	占比 （％）	占比同比增长 （％）
食品工业总计	41702	112119.7	100	—
东部	16244	47525	42.39	-0.02
中部	12686	33984.3	30.31	4.70
西部	9430	23117.1	20.62	6.23
东北地区	3342	7493.3	6.68	-27.71

资料来源：中国食品工业协会：《2017 年食品工业经济运行情况》。

东部、中部、西部食品工业主营业务收入从 2014 年的 2.87：1.42：1，发展到 2015 年的 2.17：1.45：1，到由 2016 年 1.96：1.49：1[①]，演化到 2017 年的 2.05：1.46：1，总体趋势呈现出食品工业的区域布局逐步由东部地区向中部地区转移的发展态势。而随着区域布局调整，2017 年东部、中部、西部、东北地区拥有的主营业务收入排名前十位的省份数量为 5：3：1：1。与 2005 年相比，2017 年食品工业总产值排名前十位的省份数量中，东部减少 2 个，中部增加 3 个，西部则减少 1 个。可见，西部和东北地区已逐步跻身全国食品工业强省行列[②]。表 4-6 是 2017 年各省、直辖市、自治区食品工业情况排名表。

表 4-6　2017 年各省、自治区、直辖市食品工业情况排名表

名次	省份	规模企业数（家）	主营业务收入（亿元）	增长率（％）
1	山东省	5551	16342.0	5.2
2	河南省	3700	12446.2	7.8
3	湖北省	2600	8450.0	7.0
4	江苏省	2345	7662.6	9.7

①　2014 年、2015 年、2016 年和 2017 年食品工业经济收益均以主营业务收入分析。

②　根据《中共中央、国务院关于促进中部地区崛起的若干意见》《国务院发布关于西部大开发若干政策措施的实施意见》以及党的十六大报告的精神，按照我国经济区域划分的东部、中部、西部和东北四大地区进行分析。

（续表）

名次	省份	规模企业数（家）	主营业务收入（亿元）	增长率（%）
5	四川省	2427	7256.9	12.6
6	广东省	2057	6765.4	1.9
7	福建省	2408	5856.6（不含烟草）	11.6
8	湖南省	2427	5390.6	12.6
9	吉林省	1492	4695.8	6.8
10	河北省	1405	4386.9	8.8
11	安徽省	2757	4172.8	4.8
12	广西	800	3245.6	6.8
13	内蒙古	840	3047.9	5.9
14	江西省	899	2858.3	5.1
15	陕西省	1041	2536.8	9.5
16	浙江省	1380	2436.0	0.9
17	上海市	380	2169.9	1.9
18	贵州省	1030	1989.5	20.0
19	辽宁省	1162	1888.5	-7.3
20	重庆市	760	1730.4	12.0
21	云南省	960	1229.1	18.0
22	北京市	312	1154.3（不含烟草）	5.6
23	黑龙江省	688	909.0	0.0
24	新疆	601	896.3	11.9
25	山西省	303	666.4	-1.5
26	甘肃省	479	648.3	0.9
27	天津市	318	532.8	-0.8
28	宁夏	232	307.9	-2.3
29	海南省	88	218.5	8.4
30	青海省	106	200.4（收入为总产值）	7.7
31	西藏	154	28.0	15.4
合计		41702	112119.7	

三、食品工业的转型升级

在新时代,高质量地发展食品工业是满足人民日益增长的美好生活需要,有效解决不平衡不充分发展之间的矛盾,推动我国经济社会可持续发展的必然选择路径。食品工业的转型升级,究其本质就是必须以食品安全为核心,通过技术创新、信息化融合等,从单纯追求规模和速度转向注重质量安全和经济效益并重的发展道路,促进资源节约和环境保护,真正实现我国食品工业的升级换代。

(一)技术创新投入为食品工业转型升级提供保障

图4-9显示,2010—2016年间,我国食品工业的技术创新投入总体表现为较为明显的增长态势。到2016年,研发经费投入和研发项目数分别较2015年上升了13.5%和18.12%,为我国食品工业转型升级提供了一定的技术保障。

图4-9 2010—2016年间我国食品工业的技术创新投入

资料来源:《中国统计年鉴》(2011—2017年)。

(二)健康需求导向的转型升级——营养食品开发

习近平总书记指出:"没有全民健康,就没有全面小康。要把人民健康放在优先发展的战略地位"。2015 年以来,党中央、国务院相继出台《"健康中国 2030"规划纲要》《国民营养计划(2017—2030)》《中国食物与营养发展纲要(2014—2020)》等规划,对营养健康产业发展进行系统部署,绿色有机食品,低糖、低盐、低脂"三低"食品,方便食品,营养补充食品等营养健康食品发展迅速。而食品工业内部四大行业的优化调整,直接导致食品工业转型升级步伐加快。其中食品制造业,酒、饮料和精制茶制造业三大行业保持较高的增长速度,而烟草制品业出现负增长,烟草和碳酸饮料制造利润分别下降。"十三五"重点研发计划"现代食品加工及粮食收储运技术与装备"和"食品安全关键技术研发"专项启动实施,投入经费超过 20 亿元,对肠道微生态、精准营养、智能制造等营养健康食品制造理论与技术进行重点支持。与此同时,各种协同创新联盟纷纷成立,仅中国农业科学院农产品加工研究所就先后牵头组织全国的科研院所、高校、企业,组建成立了国家食物与营养健康产业技术创新战略联盟、国家食药同源产业科技创新联盟、中国农学会食物与营养专委会、农产品加工营养大数据创新战略联盟、全国中式食品工业化技术创新联盟、全国马铃薯主食化产业技术创新联盟等,开展协同创新。而率先突破的精准营养 3D 打印关键技术与装备,2017 年作为农业部唯一参展成果参加"砥砺奋进的五年"大型成就展,为加速实现食品产业转型升级和可持续发展提供了创新支撑。

(三)基于农业供给侧改革的转型升级——马铃薯产业化开发

以"营养指导消费、消费引导生产"为理念,农业部启动实施了马铃薯主食产业化开发试点工作,瞄准专用薯种筛选、加工关键核心技术突破、核心装备创制、主食产品开发等关键问题,组织中国农业科学院农产品加工研究所等科研单位先试先行,在规律发现、机制解析、关键技术突破、核心装备研制与发明、重大产品研发等方面取得突破性进展,研发出了面条类、馒头类、米制品类等 6 大系列 300 余种马铃薯主食产品,创建了主食自动化生产线 20 余条。截止到 2017 年 6 月底,成果已在全国 56 家企业实现工业化、自动化、规模化生产应用,产生了显著的经济、社会和生态效益,成为中国农业转方式、调结构、增效益的突破口,成为农业全产业链提质增效增收的示范,成为农业供给侧结构性改革探索的标志性成果。

（四）绿色食品的转型升级

农业部制定的《绿色食品产地环境质量标准 NY/T391—2000》将绿色食品定义为,遵循可持续发展原则,按照特定的生产方式生产,经专门机构认定,许可使用绿色食品标志商标的无污染的安全、优质、营养类食品。

政策

绿色食品产业"十三五"规划纲要明确融合发展

为推动"十三五"时期我国绿色食品产业健康持续发展,全面提升绿色食品产业发展水平,农业部绿色食品办公室组织编制《全国绿色食品产业发展规划纲要(2016—2020 年)》(以下简称《纲要》)。

党的十八届五中全会提出了绿色发展等新思想,为绿色食品事业发展注入了新动力。为进一步推进绿色食品产业持续健康发展,发挥绿色食品在现代农业建设中的示范引领作用,更好地满足城乡居民的安全健康消费需求,农业部绿色食品办公室根据农业农村发展与农产品质量安全相关要求,制定本规划纲要。

---

1. 认证企业数量不断增加

在居民收入增长和消费理念升级的背景下,我国绿色食品产业发展速度较快。2015 年全国有效使用绿色食品标志的企业总数达 9579 家,产品数量为 23386 种,年销售额达 4383.2 亿元。而根据中国绿色食品溯源平台的在线统计,2016 年我国绿色食品企业总数已突破 1 万家,呈现加速增长态势。

近年来,由于绿色食品产业对市场需求结构变动态势的较好顺应和绿色食品价格高出同类常规产品 20% 左右幅度,使之获得了良好的经济效益、社会效益和生态效益。2016 年,我国已有 489 个单位建立了 696 个涵盖蔬菜、水果、茶叶、食用菌等绿色食品原料标准化生产基地,对接企业 2716 家。与此同时,分布在绿色食品产业链条的绿色食品生产资料也显现出良好发展态势,全国共有绿色农业生产资料企业 121 家,产品 266 个,分别比 2015 年增长 21% 和 10.4%。从种养殖业到生产加工业等领域的拓展,充分彰显出绿色食品产业的良好发展前景和较高的综合效益。

图 4-10 2011—2015 年间我国绿色食品的认证企业总数和年销售额

数据来源：根据历年中国绿色食品发展中心《绿色食品统计年报》统计而得。

图 说

中国绿色食品溯源平台

中国绿色食品发展中心成立于 1992 年，是负责全国绿色食品开发和管理工作的专门机构，隶属农业部，现与农业农村部绿色食品管理办公室合署办公。它授权建设的中国绿色食品溯源平台成立于 2016 年，由资深投资人及专业团队组建。公司专注于为企业提供一整套服务，包括：产品防伪溯源＋整合跨界营销＋互联网流量分发＋云端大数据分析的 OTO 二维码防伪及溯源系统。

2.认证产品数持续上升

根据农业部《绿色食品标志管理办法》的相关规定,申请和使用绿色食品标志的产品必须在产地环境、生产投入品、产品质量和包装贮运等四个方面符合技术标准规范,对产品生产、加工、包装、运输、保鲜和储藏等诸多环节均有严格要求。由此,在确保产品质量的前提下,如何扩大投入品的使用范围,提升产品质量水平和改善产品供给结构,就需要依赖科技进步的力量,只有不断提升科技水平,才能提升产品质量,推进产业的良好发展。与此相对应的是,从 2011—2015 年间,我国有效使用绿色食品标志的产品总数快速增长。2015 年较 2011 年增加了 39%。在这其中,未加工产品占比由 65.71%增长到 68.65%,已加工产品占比则由 34.29%下降为 31.35%。根据中国绿色食品溯源平台的在线统计,2016 年、2017 年通过认证的绿色食品的产品数分别为 7650 个和 8850 个。

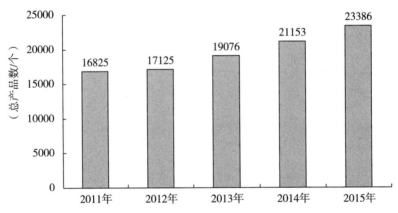

图 4-11　2011—2015 年间我国绿色食品的认证总产品数

数据来源:根据历年中国绿色食品发展中心《绿色食品统计年报》统计而得。

而在加工的绿色食品中,集中于具有市场竞争优势的绿色蔬菜、水果、肉类制品等农林加工产品上,2011—2015 年间,该类产品占比均达到 70%以上。而畜禽、水产品等精深加工高端产业发展相对滞后,最大占比仅维持在 10%左右。从产品结构分析,我国绿色食品的生产加工仍维持初级产品为主的局面(图 4-12)。

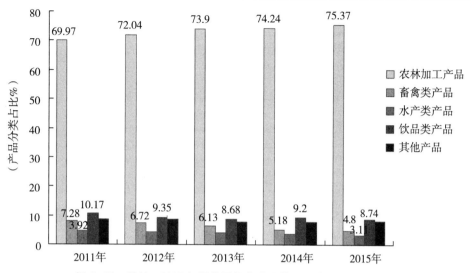

图 4-12 2011—2015 年间我国绿色食品的认证产品的分类情况

数据来源：根据历年中国绿色食品发展中心《绿色食品统计年报》统计而得。

图 4-12 显示，2011—2015 年间，农林加工产品占绿色食品总产品数的比重由 69.97%上升为 75.37%，畜禽和水产类产品的占比分别由 7.28%和 3.92%下降为 4.80%和 3.11%。而畜禽水产类产品数的增长也是对种植业产业链条的一种延伸。过多集中于绿色食品产业链条前端而忽视后端，必然降低产业的整体价值和规模效应，也使绿色食品产业的转型升级相对滞后。

3. 绿色食品的生产区域尚不均衡

从绿色食品的生产区域分布上分析[①]，按照当年地处东部、中部和西部的绿色食品认证企业生产的产品数量占比情况分析，图 4-13 显示，东部、中部的绿色食品产业发展规模较大，而西部的绿色食品产业规模则相对偏小，相对具有更好农业绿色环境的西部，仅占全国份额的 20%左右。

---

① 根据《中共中央国务院关于促进中部地区崛起的若干意见》《国务院发布关于西部大开发若干政策措施的实施意见》以及党的十六大报告的精神，按照我国经济区域划分的东部、中部、西部和东北四大地区进行分析。

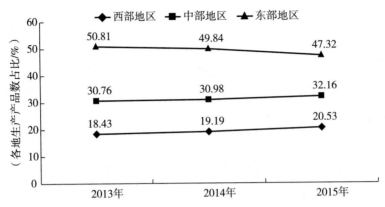

图 4-13　2013—2015 年间我国绿色食品的认证产品区域分布情况

数据来源：根据 2013—2016 年中国绿色食品发展中心《绿色食品统计年报》统计而得。

四、食品工业发展面临的挑战及未来趋势

分析研究我国食品工业在发展中面临的问题，把握未来的发展趋势，对确保国内市场食品需求，促进食品工业的结构转型具有重要的意义。

（一）发展面临的环境

从现实可以预见的态势来分析，当前与未来一个历史时期，我国食品工业的发展面临如下的新环境。对此，中国食品产业发展年会发布的《2017 中国食品产品发展报告》已展开了较为全面的分析。

1. "三品"战略发力，升级品牌时代呼之而出

2016 年，国务院办公厅印发《关于开展消费品工业"三品"专项行动营造良好市场环境的意见》，以实施增品种、提品质、创品牌的"三品"战略为抓手，改善营商环境，从供给侧和需求侧两端发力，着力提高消费品有效供给能力和水平，更好满足人民群众消费升级的需要。为贯彻落实国务院"三品"战略部署，各地纷纷出台实施意见，组织评选消费品工业"三品"战略示范试点城市和示范企业，在消费品工业领域形成了积极效应。作为消费品工业的最大主体，食品工业是"三品"战略的重点实施领域。随着"三品"战略的全面推进，必将加快食品工业转型升级，实

现中国制造向中国创造、中国制造向精品制造、中国产品向中国品牌的转变。

2. 乡村振兴战略破解"三农"问题，农业现代化建设提速

党中央历来把解决好"三农"问题作为全党工作的重中之重，党的十九大报告中提出了乡村振兴战略，一系列重大部署正在加快推进农业现代化建设，促使政策、资金、人才等资源要素配置加大向"三农"转移。农业和农村是食品工业的基础，食品工业是农产品最重要的直接消耗领域，发展食品工业是实现农业产业化的必由之路。由于农业与食品工业的特殊依存关系，食品工业将直接受惠于乡村振兴战略，与农业现代化发展同步前行。随着农业科技创新水平的提高、农产品安全保障能力的增强、种植养殖结构的调整、农业经营组织方式的创新及新型农业经营主体的培育，将极大改善食品工业原料供给的数量、质量及品种，实现结构更加合理、保障更加有力的农产品有效供给，为企业提质增效、做强做优品牌、转化增值提供坚实基础。

3. 新一轮国企改革开启，整合重组释放活力

国有企业是产业发展的骨干力量。党的十八大以来，党和政府以前所未有的决心和力度推进国有企业改革，坚持问题导向和重点突破，无论是从政策层面还是操作层面，中央和地方国企改革整体进展都呈现出明显加快之势。十九大将大力推进国有企业改革作为重要部署，提出要培育一批具有自主创新能力和国际竞争力的国有骨干企业，增强国有经济活力、控制力、影响力、抗风险能力，更好地服务于国家战略目标。国有企业公司制股份制改革的加快、国有企业职业经理人制度的建立、差异化薪酬制度和创新激励的完善、各类资本的交叉持股与相互融合，对于产业整合重组具有深远的影响。

国有企业是食品行业的龙头，中粮集团、光明食品、娃哈哈、五粮液、伊利、青岛啤酒、茅台、雨润、新程金锣、三全食品等国有企业均为行业领军者，是行业国际竞争力的代表。新一轮国企改革，必然使国有食品企业充分释放出创新活力，加快行业整合集聚和企业运营效率提升。

4. 最严环保制度全面实施，绿色发展压力加大

"绿色"为五大发展理念之一，随着绿色发展理念的贯彻，实行最严格的环境保护制度成为全社会的共识。随着《"十三五"节能减排综合工作方案》《工业绿色

发展规划(2016—2020 年)》全面实施,大气、水、土壤污染防治以及环保督查力度持续加大。党的十九大再次强调实行最严格的环境保护制度,协同推进人民富裕、国家富强、美丽中国。可以预测,推进能源消费革命、全面推进节水型社会建设、强化土地节约集约利用、实施循环发展引领计划、推进生产系统循环链接、加快废弃物资源化利用、实施污染防治行动计划、推进污染物达标排放和总量减排等一系列重大部署举措,将更加严厉地倒逼食品企业尤其是酿酒、发酵、屠宰、制糖等传统领域的企业加大绿色改造,彻底扭转副产物综合利用率低、单位产品能耗、水耗和污染物排放仍然较高、与资源节约型和环境友好型社会水平还有较大差距的局面,从根本上实现绿色发展。

5. 国内竞争格局错综复杂

从国际市场竞争格局来看,一是食品跨国集团加快全球布局,不断提升核心竞争能力,对我国食品产业发展带来一定影响和挑战。二是国际形势错综复杂,主要贸易伙伴经济复苏进程缓慢,国际贸易政策不稳定,我国食品生产企业面临的产品出口环境趋严。三是由于价格、质量、品牌等方面的优势,加之跨境电商销售渠道的快速成长,国外进口产品大量涌入国内市场,我国食品企业不得不面对国内市场被抢占的局面。

从国内市场来看,"产品同质化竞争＋运营成本加大"是大量中小食品生产企业面临的常态。各地最低工资标准逐年上调,社会保障制度日益完善,信贷政策不断调整,最严环保压力下污染治理加快升级,大宗原料市场化进程加快,渠道商对食品销售的控制力度增强,企业因而承担着较为沉重的用工、融资、节能减排降耗、原料采购、门槛费和折扣支出等各项成本压力,加之产品同质化造成的市场可替代性,直接导致企业盈利空间不断缩小,不得不为生存而艰苦作战。

另一方面,由于管理中存在的问题和缺乏统一商品分类分等分级标准,市场上存在大量不正当竞争和侵权行为,各类产品鱼龙混杂,甚至制假售假或销售过期产品。劣质产品以次充好,直接影响消费者正确选择商品,"劣币驱逐良币"现象时有发生,令提供优质产品的生产经营者深受伤害,在一些产业集中度提高难度大的行业,还出现"落后产能排挤先进产能"的逆淘汰趋势。

6. 移动互联网大时代的新竞争

食品工业领域除了激烈的同行业竞争之外,在移动互联网大时代,不可预知的新思维、新业态、新服务模式层出不穷,都将对传统加工食品的市场份额造成冲击,甚至是巨大的影响。例如,随着网络外卖平台的快速发展,2016 年全国外卖量达到 1700 亿元左右,比 2015 年增长 3 倍以上,这对于以方便面为代表的方便食品影响巨大。虽然 2016 年我国方便食品行业在方便面这一传统市场止住了连续衰退的趋势,但如果不加快口感创新、营养创新、食用方法创新、包装材料创新和消费情境创新,市场规模触底反弹会更加困难。

(二) 未来发展趋势

站在新的历史方位,我国新的"大食品"时代已经来临。2017 中国食品产业发展年会上中国食品工业协会常务副会长刘治表示,以"大规模、大业态、大市场、大龙头、大集群、大安全、大品牌、大科技、大协会"为特征的发展趋势日渐显现。顺应"大食品"发展趋势,破解人民日益增长的美好饮食需求和行业发展不平衡不充分之间的矛盾,加快实现产业由低端向中高端迈进、我国由食品大国向食品强国迈进,这正是食品工业面临的时代最强音。

1. 大规模趋势:平稳增长提升产业规模和产业地位

经济步入新常态,食品工业固定资产投资逐渐放缓,产业规模快速扩张已成为历史。我国是世界最大的发展中国家,食品工业发展潜力大、优势足、空间广,受益于国家扩大内需政策的推进、城乡居民收入水平持续增加、食品需求刚性以及供给侧结构性改革红利的逐步释放,未来食品工业仍将平稳增长,产业规模稳步扩大,继续在全国工业体系中保持"底盘最大、发展最稳"的基本态势。据估测,规模以上食品工业企业主营业务收入预期年增长 7% 左右,到 2020 年,主营业务收入有可能突破 15 万亿元,在全国工业体系中保持最高占比。

2. 大业态趋势:一体化融合推动产业链纵横延展

一二三产业融合发展是食品工业特有的优势,产业链纵向延伸和横向拓展的速度加快,大业态发展趋势日益鲜明。纵向延伸而言,贯通原料控制、产品加工制造、产品包装、装备制造、安全控制、物流配送和终端销售等环节的完整食品产业链加快形成,"产—购—储—加—销"一体化全产业链经营成为更加普及的业态模式。在产业链上游,龙头企业不断创新利益联结模式,与种植养殖大户、家庭农场、农民合作社等结成产业化经营稳定联合体,积极发展规模化种植养殖和标准化生产,从根本上改变小规模、分散化、粗放式的原料生产方式,全面破解原料数量、质量和价格不稳定的风险,也带动农民分享到更多增值收益。

在产业链下游,食品包装和食品物流获得极大发展,食品包装实现设计特色化、材料绿色化和工艺智能化,冷链物流效率和水平日益改善,全面实现与终端市场的无缝对接。随着最新生物技术的转化应用,产业链加快向生物化工、生物医药等领域延伸,食品加工中副产品的深加工综合利用率大大提高,副产物潜在价值被充分挖掘,生产出更多高附加值的功能性产品,基本实现副产物的循环、全值和梯次利用。横向拓展而言,食品工业与旅游产业、文化产业、健康养生产业的融合日益加深,借助文化因子的植入,食品工业旅游、制造工艺体验、产品设计创意等新业态不断出现,服务型体验式营销模式成为潮流,食品工业独有的文化内涵和价值、情怀意义和体验被充分挖掘展现,日益成为"有温度的行业"。

3. 大市场趋势:多市场交汇促成"无边界"发展空间

食品企业更加注重利用国内和国际、线上和线下各类市场,加快推进融入全球市场的深度和广度,实现市场空间的"无边界化"。

国内外市场开拓方面,适应消费升级的要求,主食产品工业化速度加快,家庭厨房的社会化得以实现;市场进一步细分,高端食品、保健食品、功能食品、特色食品的开发加快,以便更好地适应不同区域和人群的要求,促使供给和消费需求更加契合。食品工业领域国际产能、技术、资金、人才等方面的合作日趋广泛,越来越多的食品企业将"走出去"参与国际竞争,布局全球化产业链。

线上市场和线下市场融合方面,相对于传统零售渠道,中国电子商务市场的交易额逐年快速增长,随着电子商务的更大普及和更加规范,食品工业与之交融的集成应用模式不断创新推广,线上平台已成为食品工业发展速度最快的分销渠道。将有越来越多的企业通过电子商务重构市场网络,积极培育新的市场需求。

4. 大龙头趋势:企业集团引领"小弱散"格局全面扭转

企业跨区域、跨行业、跨所有制兼并重组步伐不断加快,将涌现更多起点高、规模大、品牌亮、效益好、市场竞争力强的大型企业集团。这些企业集团在一系列政策支持下,稳健扛起行业领军大旗,进一步提升行业集中度。

在大型企业集团引领支撑下,更多大规模的集研发创新、检测认证、包装印刷、冷链物流、人才培训、品牌推广、工业旅游、集中供热、污水集中处理等为一体的现代食品工业园区发展壮大,大中小微企业集聚发展,实现土地的集约使用、产品质量的集中监管和绿色制造的共同推进,形成大中小微各类企业合理分工、合作共赢的格局,大企业做强、中型企业做大、小微企业做精,"小弱散"格局得到全面扭转。

5. 大集群趋势:区域协调发展加快产业布局优化

京津冀协同发展战略、长江经济带战略、新一轮西部大开发战略持续推进,新一轮振兴东北战略即将出台,未来区域发展更加协调有序。从资源禀赋、区位优势、消费习惯及现有产业基础等方面出发,食品各行业空间布局将更加优化,呈现大集群发展倾向。食品企业将持续向主要原料产区、重点销售区和重要交通物流节点集中,粮油食品加工业在哈尔滨、长春、大连、济南、郑州、合肥、长沙、成都、西安、天津滨海新区临港、江苏张家港、浙江舟山、广东东莞麻涌、广西防城港等地加快培育现代产业集聚区;乳制品行业按照"巩固和发展东北、内蒙古产区、华北产区,稳步提高西部产区,积极开辟南方产区,稳定大城市周边产区"的布局原则,依托龙头企业和优质原料基地,加快培育配套体系完善、规模效益显著的产业密集区;肉制品行业在华东、华北、西南和东北布局生猪屠宰加工集群,在华北和东北布局肉牛屠宰加工集群,在河南、内蒙古及河北北部、西北和西南布局肉羊屠宰加工集群;水产品加工业在黄海、渤海、东南沿海、长江流域发展水产品出口加工优势产业集群;食品添加剂和配料工业在上海、广东、浙江、江苏、山东等沿海地区积极发展食用香精、功能糖制造等优势产业集群等,通过产业布局优化培育出更加明显的竞争优势。

6. 大安全趋势:严密监管+社会共治打造"放心食品"

在全面建成小康社会的最后阶段,党和政府将以更大的力度推进食品安全战略的实施,以严密监管和社会共治,确保"四个最严"落到实处,从根本上解决食品安全现有隐患,食品工业将呈现大安全发展趋势。法制建设将进一步加快,以《食品安全法》为核心的食品安全法律法规体系得以构建和完善。食品安全标准全面与国际接轨,我国日益成为国际规则和标准制定中的重要力量。

食品安全检测能力将大幅提升,县级食品安全检验检测资源整合有力推进,国家、省、市、县四级食品安全检验检测体系日益完善,食品安全监管大数据资源实现共享和有效利用。社会各方力量被积极调动和有效整合,形成企业自律、政府监管、社会协同、公众广泛参与的食品安全社会共治格局。"中国食品"作为"放心食品"的国内外形象真正树立,消费信心显著增强。

7. 大品牌趋势:自主品牌建设全面改观"中国食品"形象

"得名牌者得天下",随着国家品牌战略的推进,各地培育、包装、推广食品工业品牌的长效机制逐步建立健全,食品行业品牌文化建设热情将空前高涨,品牌发展基础和外部环境将大幅改善,企业品牌、区域品牌、产业集群品牌交相辉映,大品牌的发展趋势日益鲜明。全国各地将涌现出更多全方位、多层次、创新型、国际化的品牌运营平台,"整合行业资源+品牌食品研发+地方产业帮扶+建立国内国际推广渠道+打造中国知名品牌"的品牌孵化模式推广普及,帮助更多企业开展品牌研究、品牌设计、品牌定位、品牌沟通和品牌推广。中华老字号及地方老字号食品将更注重传承升级,打造中国食品的金字品牌。以现代食品产业园区、国家新型工业化产业示范基地、国家农业产业化示范基地、食品工业强县等为重点开展区域品牌培育、产业集群品牌培育的步伐将进一步加快,食品工业的区域整体形象、产业整体形象趋多趋优。

8. 大科技趋势:科技与产业实现全链无缝对接

在科技创新驱动下,科技与食品工业将在原料生产、加工制造和消费的全产业链上实现无缝对接,科技创新成为行业发展新动能。随着我国自主创新体系建设的推进,"产—学—研—政—金"合作日益加强,行业整体研发能力不断提升,研发和成果转化更加高效,加快满足消费者对方便、美味、营养、安全、实惠、个性、多样化产品的新需求,充分适应生产运营中智能、节能、高效、连续、低碳、环保、绿色、数字化的新挑战,开辟新的价值创造空间。

第五章　2017 年国家食品安全监督抽检与生产加工环节食品安全状况分析

本章主要基于国家食品药品监督管理总局发布的各类食品监督抽检的基本数据,描述了 2017 年全国食品安全监督抽检的总体状况,从抽检地区、抽样月份、抽样环节、抽检食品类别等多个角度研究食品监督抽查中反映出来的食品安全状况,并基于近年来的情况描述食品安全状况的变化态势;在此基础上,选取了消费者关注度较高的相关加工食品品种,结合往年数据研究了抽检合格率变化情况,并分析监督抽检发现的我国食品安全主要问题及产生原因,以及解读了生产加工环节存在的具有较大隐患的主要食品安全风险因素。

一、国家食品安全监督抽检的基本状况

2017 年,国家食品药品监督管理总局以习近平新时代中国特色社会主义思想为指导,以“四个最严”为遵循,以“让人们吃得放心”为目标,坚持问题导向,全面开展食品安全监督抽检。监督抽检的数据表明,2017 年我国食品安全状况继续呈现总体稳定、趋势向好的总体格局。

（一）食品安全监督抽检合格率总体状况

2017 年,国家食品药品监督管理总局在全国范围内共组织监督抽检 32 大类 237 细类 23.33 万批次的各类食品样品,样品抽检总体平均抽检合格率为 97.6%。2014—2017 年间我国食品安全总体抽检合格率稳中有升,均保持在高于 96% 的高位水平上,且 2017 年比 2016 年和 2015 年均提高了 0.8 个百分点,比 2014 年提高

了 2.9 个百分点(图 5-1)。这说明,近年来我国食品安全整体形势保持稳中向好。

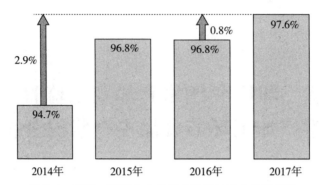

图 5-1　2014—2017 年食品安全监督抽检合格率情况

资料来源:根据国家食品药品监督管理总局相关监督抽检数据整理形成。

图 5-2 的数据表明,国家食品安全监督抽检合格率的总水平由 2006 年的 77.9%上升到 2017 年的 97.6%,提高了 19.7%。2010 年以来,除 2014 年总体合格率为 94.7%外,其余年份国家食品安全监督抽检总体合格率一直稳定保持在 95% 以上。

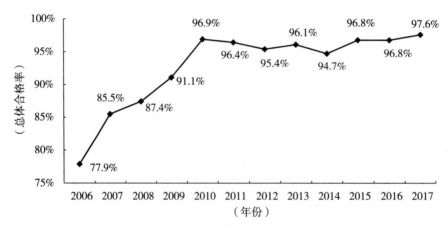

图 5-2　2006—2017 年食品安全监督抽检总体合格率变化情况

资料来源:2006—2012 年数据来源于中国质量检验协会官方网站,2013—2017 年数据来源 于国家食品药品监督管理总局官方网站,并由作者整理形成。

(二)不同地区食品安全监督抽检合格率

2017 年,天津、福建、江苏、黑龙江等 19 个省、自治区、直辖市的监督抽检样品

合格率高于全国 97.6% 的平均水平。进一步分析国家食品药品监督管理总局监督
发布的历年抽检数据发现,2014—2017 年江苏、黑龙江、天津等 13 个省、直辖市的
监督抽检合格率保持逐年上升,其中尤以天津市与江苏省的食品监督抽检合格率
为最高(见图 5-3)。

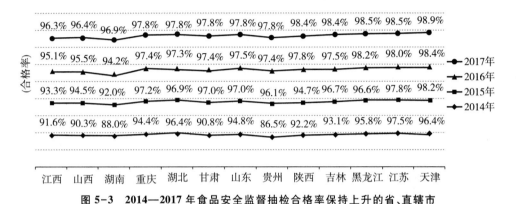

图 5-3 2014—2017 年食品安全监督抽检合格率保持上升的省、直辖市

资料来源:根据国家食品药品监督管理总局与各省、自治区、直辖市官方网站公布的数据整
理形成。

(三)不同月份食品安全监督抽检合格率

1. 基本状况

2017 年,食品监督抽检合格率相对较高的月份是 1 月、11 月、12 月,合格率相
对较低的是 6 月、8 月、9 月(见图 5-4)。可能原因是,6 月、8 月、9 月气温较高,易
导致食物在生产加工、制作、存储、运输过程中遭受微生物污染,而且高温易导致食
品成分氧化变质而导致酸价、过氧化值等质量指标不符合标准;而 1 月、11 月、12
月气温较低不利于微生物繁殖与食品成分的氧化变质,而且该时期内相关食品安
全监管部门往往会加强监管力度以保障春节期间的食品安全。进一步综合分析
2014—2017 年抽检结果,发现连续此四年间的每个年度 5 月、6 月的食品监督抽检
合格率均低于全年平均水平。

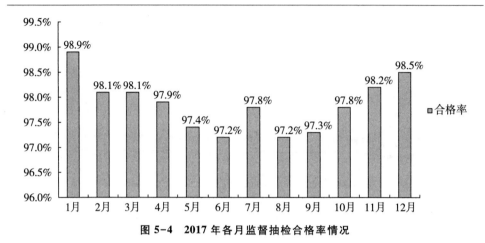

图 5-4　2017 年各月监督抽检合格率情况

资料来源：根据国家食品药品监督管理总局 2017 年监督抽检数据整理形成。

2. 个别食品类别不合格率具有明显季节性特征

（1）糕点食品 6—7 月不合格率偏高。2017 年糕点（食品细类）不合格率为 4.04%。从抽样时间看，6 月、7 月的不合格率较高，不合格原因主要是菌落总数、大肠菌群、霉菌等微生物污染和酸价、过氧化值等质量指标不符合标准（图 5-5）。

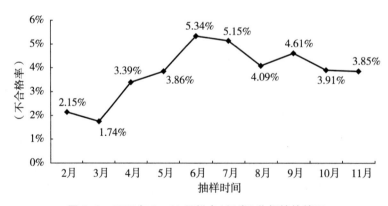

图 5-5　2017 年 2—11 月糕点（细类）监督抽检情况

资料来源：根据 2017 年国家食品药品监督管理总局相关资料整理形成（注：1 月和 12 月抽样数量较少，结果不具备代表性，未计入图中）。

（2）炒货食品及坚果制品 5—8 月不合格率偏高。2017 年炒货食品及坚果制品不合格率为 3.79%，总体不合格率呈现先上升后下降的趋势。5—8 月的不合格率较高,不合格原因主要是霉菌污染和酸价、过氧化值等质量指标不符合标准(图 5-6)。

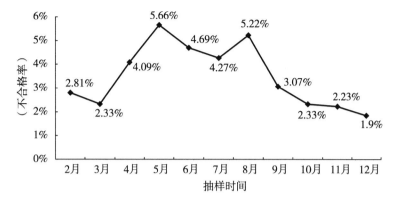

图 5-6　2017 年 2—12 月炒货食品及坚果制品监督抽检情况

资料来源:根据 2017 年国家食品药品监督管理总局相关资料整理形成(注:1 月抽样数量较少,结果不具备代表性,未计入图中)。

　　(3)饮料和肉制品微生物污染情况夏季较为集中。饮料和肉制品的微生物项目不合格率呈现先上升后下降的趋势,不合格率夏季最高,具有明显的季节性特征。其中,饮料微生物污染主要是瓶(桶)装饮用水中的铜绿假单胞菌不合格(图 5-7),肉制品主要是菌落总数不合格(图 5-8)。

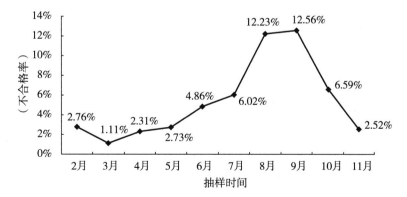

图 5-7　2017 年 2—11 月瓶(桶)装饮用水铜绿假单胞菌监督抽检情况

资料来源:根据 2017 年国家食品药品监督管理总局相关资料整理形成(注:1 月和 12 月抽样数量较少,结果不具备代表性,未计入图中)。

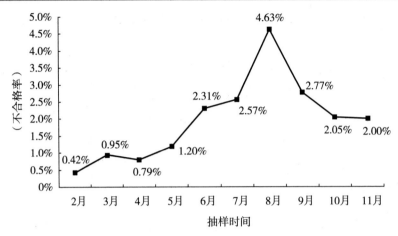

图 5-8　2017 年 2—11 月肉制品中菌落总数监督抽检情况

资料来源:根据 2017 年国家食品药品监督管理总局相关资料整理形成(注:1 月和 12 月抽样数量较少,结果不具备代表性,未计入图中)。

(四)不同食品类别监督抽检合格率

1. 基本状况

2017 年,国家食品药品监督管理总局分阶段对粮食加工品、食用油和油脂及其制品、调味品、肉制品、乳制品、饮料、方便食品、饼干、罐头、冷冻饮品、速冻食品、薯类和膨化食品、糖果制品、茶叶及相关制品、酒类、蔬菜制品、水果制品、炒货食品及坚果制品、蛋制品、可可及焙烤咖啡产品、食糖、水产制品、淀粉及淀粉制品、糕点、豆制品、蜂产品、保健食品、婴幼儿配方食品、特殊膳食食品、餐饮食品、食用农产品、食品添加剂 32 大类食品进行了监督抽检。在所监督抽检的 32 大类食品样品中,合格率高于 2017 年总体合格率 97.6% 的食品类别包括粮食加工品、婴幼儿配方食品、乳制品等 18 类食品,其中合格率最高的是食品添加剂与可可及焙烤咖啡产品,合格率均为 100%,而包括方便食品、特殊膳食食品、饮料等 14 类食品合格率低于 97.6%,其中合格率最低的食品类别是方便食品,合格率仅为 93.1%(图 5-9)。

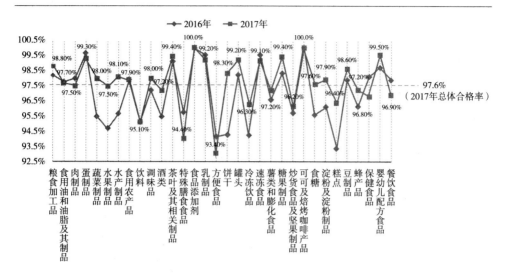

图5-9　2016年与2017年各类食品安全监督抽检合格率对比图

资料来源：根据2016年与2017年国家食品药品监督管理总局相关资料整理形成。

2. 大宗食品整体合格率保持在高位水平

进一步分析，2017年我国城乡居民日常消费的大宗食品整体合格率均保持在97.6%以上的高位水平上。其中，蛋制品、乳制品、粮食制品、水产制品、蔬菜制品、食用油、油脂及其制品的抽检合格率分别为99.3%、99.2%、98.8%、98.1%、98%、97.7%（图5-10）。而居民日常消费的肉、蛋、菜、果等食用农产品抽检合格率为97.9%。

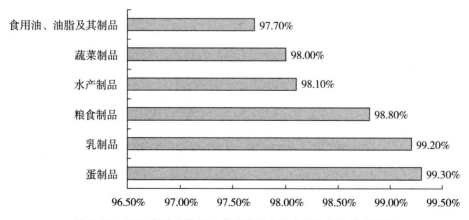

图5-10　2017年城乡居民日常消费的大宗食品监督抽检合格率

资料来源：根据2017年国家食品药品监督管理总局相关资料整理形成。

3. 抽检合格率趋势向好的食品类别

从 2015—2017 年监督抽检结果看,近 3 年来,水果制品、淀粉及淀粉制品、调味品、水产制品、豆制品和食品添加剂等 6 类食品的监督抽检合格率逐年提高(图 5-11 所示)。

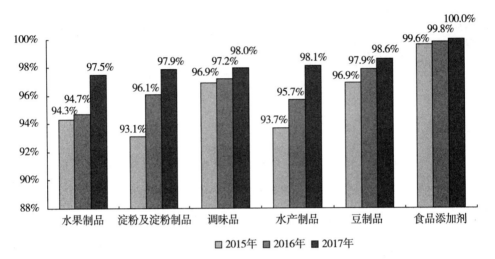

图 5-11 2015—2017 年监督抽检合格率逐年上升的食品类别

资料来源:根据 2015—2017 年国家食品药品监督管理总局相关资料整理形成。

4. 抽检合格率有待提高的食品类别

2017 年方便食品、特殊膳食食品两大类食品的抽检合格率分别为 93.1%、94.1%,均低于 95%。而且从 2015—2017 年抽检结果看,近 3 年来,方便食品、餐饮食品、食用油、油脂及其制品、食用农产品等 4 类食品监督抽检合格率逐年降低(图 5-12)。

二、不同年度社会关注度较高的同一食品品种抽检合格率比较

进一步选取社会关注度较高或风险较高的食品品种,例如婴幼儿配方乳粉、糕点、方便食品、冷冻饮品、水果制品等,比较近年来大类食品样品抽检合格率的变化。

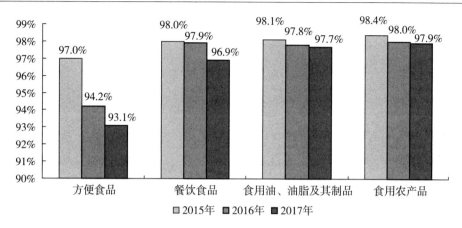

图 5-12　2015—2017 年监督抽检合格率逐年下降的食品类别

资料来源:根据 2015—2017 年国家食品药品监督管理总局相关资料整理形成。

(一) 婴幼儿配方乳粉

2017 年,社会关注度较高的婴幼儿配方乳粉共抽检 2678 批次,样品合格数量 2664 批次,不合格样品数量 14 批次,合格率 99.5%。不合格项目主要有:核苷酸、镁、碘、检出阪崎肠杆菌以及标签标识问题,其中属于标签标识问题的 11 批次。如图 5-13 所示,2015—2017 年婴幼儿配方乳粉的监督抽检合格率逐步上升,由 2015 年的 97.2% 提高到 2016 年的 98.8%,再到 2017 年的 99.5%。由此可见,在生产企业、监管部门等多方主体的共同努力下,我国婴幼儿配方乳粉质量呈现总体稳步上升的趋势。

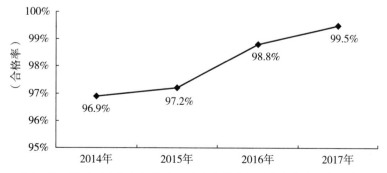

图 5-13　2014—2017 年间婴幼儿配方乳粉监督抽检合格率变化示意图

资料来源:根据 2014—2017 年国家食品药品监督管理总局相关资料整理形成。

评估

江苏省城乡育龄妇女对婴幼儿奶粉质量安全状况的评价

为了验证"婴幼儿配方乳粉的质量安全处于历史最好水平"这个问题,2018 年 2 月,江南大学食品安全风险治理研究院组织了江苏籍的 97 名研究生与本科生在各地的生源地,按照科学设定的分层抽样方法对江苏省 13 个设区的市的城乡育龄妇女展开了"婴幼儿奶粉质量安全状况的调查"。抽样调查获得 1770 个有效样本,其中城市与农村样本分别为 833 个、937 个。在 1770 个有效样本中,35 岁以下年龄段的受访育龄妇女比例最高,为 71.92%;36—49 岁之间的受访育龄妇女所占比例为 28.08%;85.25%的受访育龄妇女已生育孩子。抽样调查表明,65.31%受访的育龄妇女对目前国产婴幼儿奶粉安全品质持"基本信任""比较信任"和"非常信任"的态度,72.99%的受访育龄妇女"基本认同""比较认同""非常认同"目前媒体所说的"中国生产的婴幼儿奶粉的质量是历史上最好的时期"。

(二) 糕点

2017 年,共监督抽检糕点达 15073 批次,样品合格数量 14524 批次,不合格样品数量 549 批次,合格率 96.4%。不合格项目是:防腐剂各自用量占其最大使用量比例之和、菌落总数、酸价、过氧化值、霉菌、脱氢乙酸、大肠菌群、铝的残留量、商业无菌、纳他霉素、糖精钠、山梨酸、苯甲酸、富马酸二甲酯、沙门氏菌、三氯蔗糖、甜蜜素、铅、安赛蜜、丙酸及其钠盐、钙盐。如图 5-14 所示,2014—2017 年糕点的监督抽检合格率先降后升,由 2014 年的 95.1%下降到 2016 年的 93.4%,再升高至 2017年的 96.4%。在 2017 年抽检的 32 大类食品中,糕点抽检合格率低于平均合格率 97.6%,有关部门应加大对其监管力度。

(三) 方便食品

2017 年,共监督抽检方便食品 3045 批次,样品合格数量 2835 批次,不合格样品数量 210 批次,合格率为 93.1%。2014 年、2015 年方便食品监督抽检合格率都

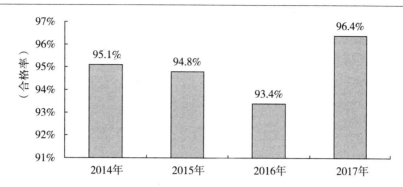

图 5-14　2014—2017 年间糕点监督抽检合格率变化示意图

资料来源:根据 2014—2017 年国家食品药品监督管理总局相关资料整理形成。

高于其年度的总体抽检合格率,但 2016 年、2017 年合格率均低于年度总体抽检合格率(图 5-15),不合格项目主要有:霉菌、菌落总数、酸价、大肠菌群、山梨酸、过氧化值、铅、水分、沙门氏菌。

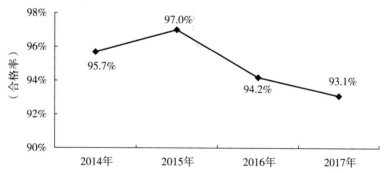

图 5-15　2014—2017 年间方便食品监督抽检合格率变化示意图

资料来源:根据 2014—2017 年国家食品药品监督管理总局相关资料整理形成。

(四)冷冻饮品

2017 年,共监督抽检冷冻饮品 1178 批次,样品合格数量 1135 批次,不合格样品数量 43 批次,合格率为 96.3%。不合格原因有:菌落总数、大肠菌群、蛋白质、甜蜜素。如图 5-16 所示,2015—2016 年冷冻饮品抽检合格率处于较低水平,虽然 2017 年合格率有较大幅度的上升,但是仍低于当年的总体合格率。

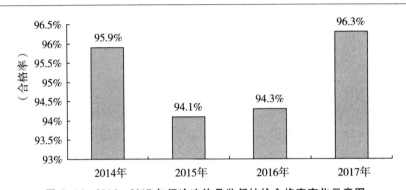

图 5-16　2014—2017 年间冷冻饮品监督抽检合格率变化示意图

资料来源:根据 2014—2017 年国家食品药品监督管理总局相关资料整理形成。

(五)水果制品

2017 年,共监督抽检水果制品 6635 批次,样品合格数量 6471 批次,不合格样品数量 164 批次,合格率为 97.5%。不合格项目有:防腐剂各自用量占其最大使用量的比例之和、菌落总数、相同色泽着色剂各自用量占其最大使用量的比例之和、二氧化硫、霉菌、甜蜜素、亮蓝、胭脂红、苯甲酸、大肠菌群、苋菜红、山梨酸、铅、柠檬黄、日落黄。2014—2017 年水果制品的抽检合格率均低于相对应年度总体合格率,但其抽检合格率呈上升趋势(图 5-17)。

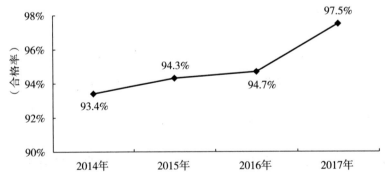

图 5-17　2014—2017 年间水果制品监督抽检合格率变化示意图

资料来源:根据 2014—2017 年国家食品药品监督管理总局相关资料整理形成。

三、监督抽检发现的主要问题与原因分析

本节主要基于 2014—2017 年间国家食品药品监督管理总局发布的相关数据与资料,就近年来监督抽检发现的主要问题与原因展开简要的分析。

（一）监督抽检发现的主要问题

2017 年,监督抽检发现的主要问题是微生物污染,超范围、超限量使用食品添加剂,质量指标不符合标准,农药兽药残留不符合标准,重金属等元素污染。抽检不合格项目分布情况如图 5-18 所示。

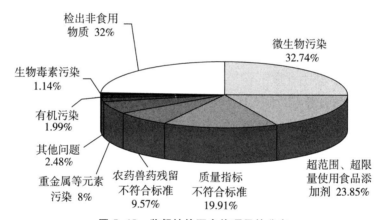

图 5-18　监督抽检不合格项目的分布

资料来源:根据 2017 年国家食品药品监督管理总局相关资料整理形成。

1. 微生物污染问题依旧严重

2017 年,国家食品药品监督管理总局共监督抽检 30 大类食品的 25 个微生物项目,结果显示,其中的饮料、糕点、水产制品、肉制品、冷冻饮品、糖果制品等 26 大类食品 12 个项目检出不合格样品,占不合格样品总量的 32.74%,不合格率为 1.75%。不合格食品标识产地涉及全国 31 个省、自治区、直辖市。微生物污染较为突出的问题是,米粉制品、餐饮食品等食品中大肠杆菌、菌落总数超标。2017 年微生物污染的样品,占不合格样品总量的 32.74%,该占比分别比 2015 年、2016 年上升了 4.84%、2.04%(图 5-19)。

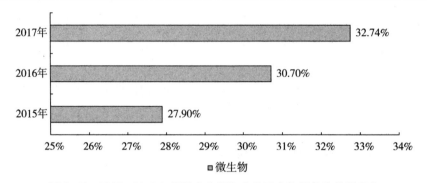

图 5-19   2015—2017 年间微生物污染占总不合格样品的比例变化

资料来源:根据 2015—2017 年国家食品药品监督管理总局相关资料整理形成。

2. 超范围、超限量使用食品添加剂的问题较为突出

2017 年,共监督抽检 28 大类食品 41 个食品添加剂项目。结果表明,其中的 24 大类食品 22 个项目检出不合格样品,不合格率为 0.87%,较 2016 年 1.51% 的不合格率有所下降。在不合格样品中,膨松剂、防腐剂、漂白剂、甜味剂、着色剂滥用最多,不合格食品类别涉及蔬菜制品、茶叶及其相关制品、餐饮食品等。2017 年超范围、超限量使用食品添加剂的样品,占不合格样品总量的 23.85%,该占比分别比 2015 年、2016 年下降了 0.95%、9.75%(图 5-20)。

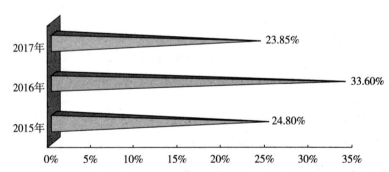

图 5-20   2015—2017 年间超范围、超限量使用食品添加剂占总不合格样品的比例变化

资料来源:根据 2015—2017 年国家食品药品监督管理总局相关资料整理形成。

3. 质量指标不符合标准的情况有所缓解但仍需重视

2017 年,共监督抽检 26 大类食品 279 个质量指标项目。结果表明,其中的糕点、酒类、炒货食品及坚果制品等 21 大类食品 64 个项目检出不合格样品,主要涉

及酸价、过氧化值、酒精度等。不合格率为1.18%,较2016年的不合格率1.29%降低了0.11%。不合格样品标识产地涉及全国31个省、自治区、直辖市。2017年质量指标不符合标准的样品,占不合格样品总量的19.91%,该占比与2016年相比上升了2.41%(图5-21)。

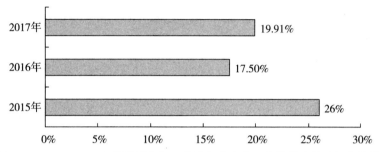

图5-21 2015—2017年间质量指标不符合标准占总不合格样品的比例变化情况

资料来源:根据2015—2017年国家食品药品监督管理总局相关资料整理形成。

4. 农药兽药残留问题仍然突出

2017年,共监督抽检蜂产品、食用农产品、肉制品、茶叶及相关制品等11大类食品198个农兽药项目,其中餐饮食品、蜂产品、食用农产品等6大类食品51个项目检出了不合格样品,不合格率为0.7%,较2016年0.64%的不合格率有所上升。农药兽药残留较为突出的问题是,一些水产制品中检出禁用兽药以及蔬菜中检出禁用农药或者农药残留超标。2017年农药残留不符合标准的样品,占不合格样品总量的9.57%,该占比分别比2015年、2016年上升了5.77%、4.07%(图5-22)。农兽药残留不符合标准导致的不合格食品占总不合格食品的比例逐年上升,应引起相关监管部门的重视。

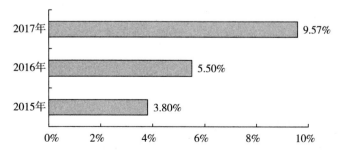

图5-22 2015—2017年间农药兽药残留问题占总不合格样品的比例变化情况

资料来源:根据2015—2017年国家食品药品监督管理总局相关资料整理形成。

5. 重金属等元素污染问题突出

2017 年,共监督抽检 32 大类食品 16 个重金属等元素污染项目。数据显示,其中的 22 大类 8 个项目检出不合格样品,主要是镉、铅、总砷超标。不合格率为 0.2%,较 2016 年 0.28%的不合格率略有下降,不合格产品标识产地涉及全国 31 个省、自治区、直辖市。2017 年重金属等元素污染的样品,占不合格样品总量的 8%,该占比与 2015 年、2016 年相比分别下降了 0.5%、0.2%(图 5-23)。

6. 有机物污染问题逐渐凸显

2017 年,共监督抽检 9 大类食品 13 个有机物污染项目。数据显示,其中的 4 大类食品 5 个项目检出不合格样品,不合格率为 0.3%,较 2016 年 0.14%的不合格率上升了 0.16%。较为突出的问题是食用油、油脂及其制品的苯丙(α)芘及其溶剂残留量超标。2017 年有机物污染的样品,占不合格样品总量的 1.99%。

7. 生物毒素污染存在安全隐患

2017 年,共监督抽检 19 大类食品 10 个生物毒素项目。抽检显示,其中的 9 大类食品 4 个项目检出不合格样品,不合格率为 0.14%,较 2016 年 0.16%的不合格率略有下降。涉及的不合格食品分别是粮食加工品、调味品、薯类和膨化食品、方便食品、蔬菜制品、食用农产品和食用油、油脂及其制品等。2017 年检出生物毒素的样品,占不合格样品总量的 1.14%,该占比与 2016 年相比上升了 0.04%。

8. 检出非食用物质应予重视

2017 年,共监督抽检 17 大类食品 97 个非食用物质项目。抽检显示,其中的 5 大类食品 10 个项目检出不合格样品,不合格率为 0.03%,较 2016 年 0.07%的不合格率略低。主要问题是糕点中检出富马二甲酯,餐饮食品中检出苏丹红Ⅰ、苏丹红Ⅳ、罂粟碱、那可丁、可待因、蒂巴因、吗啡等。2017 年检出非食用物质的样品,占不合格样品总量的 0.32%,该占比分别比 2015 年、2016 年分别下降了 0.88%、0.38%(图 5-23)。

9. 其他问题不容忽视,占不合格样品总量的 2.48%

2017 年,共监督抽检 14 大类食品 16 个其他问题项目。抽检显示,其中的食用农产品、饮料、餐饮食品、食糖、酒类、水产制品 6 大类食品 8 个项目检出不合格样品,共检出不合格样品 141 批次,不合格率 0.28%,同 2016 年持平。主要问题是食用农产品中亚硫酸盐项目不合格,饮料中溴酸盐、余氯、硝酸盐项目不合格等。2017 年存在其他问题的不合格食品,占不合格样品总量的 2.48%,该占比分别比 2015 年、2016 年下降了 5.32%、0.22%(图 5-23)。

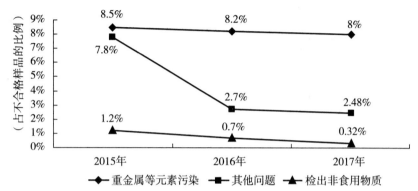

图 5-23　2015—2017 年间重金属污染、其他问题、检出非食用物质问题
占总不合格样品的比例变化

资料来源:根据 2015—2017 年国家食品药品监督管理总局相关资料整理形成。

(二)主要原因分析

产生食品质量安全问题的原因十分复杂,但主要的原因可归纳为以下三个方面。

1. 产地环境因素

环境污染带入的食品安全危害因素。经估算,2017 年近两成不合格食品监督抽检样品主要是因为产地环境因素导致的,包括土壤、水源、大气等环境污染导致重金属和有机物在动植物体内蓄积,以及以往农药兽药、化肥等农业投入品的大量使用在环境中的蓄积进入食物链加重了食品遭受环境化学污染物迁移污染的可能性。

2. 人为因素

2017 年的监督抽检的结果显示,超范围、超限量使用食品添加剂的问题仍然较为突出,还有非法添加非食用物质,使用劣质原料或回收过期食品重加工,以及其他各类食品欺诈、食品掺假等人为因素也是造成食品安全问题的重要原因。此外,不遵守兽药使用的休药期、不按规范过量使用农药兽药、使用违禁农兽药均是造成食用农产品与食品中农兽药残留不符合标准导致食品安全问题的原因。

3. 生产经营行为不当

生产经营过程管理不当,比如生产加工、运输、储存等食品供应链环节上的卫生条件控制不到位,生产工艺不合理,仓储条件不达标导致霉变,出厂检验未落实等,也是导致食品不合格的主要原因之一。

四、生产加工环节监督抽检状况与存在的主要问题

2017年,国家食品药品监督管理总局共组织监督抽检的32大类237细类23.33万批次食品样品,包括了生产、流通和餐饮三大环节,相对应合格率分别为97.4%、97.8%和97.1%。生产加工环节是食品供应链中极为重要的环节,也是食品安全风险隐患最大、最易发生食品安全事件的环节。本节将主要阐述监督抽检所反映的生产加工环节食品安全状况,并分析生产加工环节存在的主要问题,而流通和餐饮环节的食品安全状况将在第六章中阐述。

(一)生产加工环节监督抽检合格率与变化状况

从国家食品药品监督管理总局对生产加工环节的监督抽检数据来看,2014—2017年连续4年合格率呈上升趋势,其中2017年生产加工环节的抽检合格率为97.4%,较2016年提高0.7%(图5-24)。

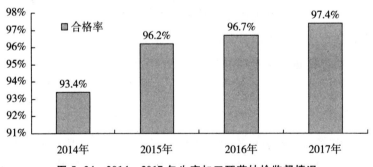

图5-24　2014—2017年生产加工环节抽检监督情况

资料来源:根据国家食品药品监督管理总局数据整理形成。

（二）食品生产加工企业的监督抽检

生产加工环节始终是国家食品安全监督抽检的重要环节，而且尽可能做到抽检的力度越来越大，覆盖面越来越广。

1. 食品与食品添加剂生产企业数量

截至 2017 年 11 月底，全国共有食品生产许可证 15.9 万件，食品添加剂生产许可证 3695 件；共有食品生产加工企业 14.9 万家，食品添加剂生产企业 3685 家。如图 5-25 所示，2013—2017 年间全国每年食品生产许可证的数量在 16 万件上下波动，而食品生产加工企业的数量呈递增趋势（除 2014 年略有下降）。如图 5-26 所示，2013—2017 年间全国共有食品添加剂生产许可证以及食品添加剂生产企业的数量逐年递增。

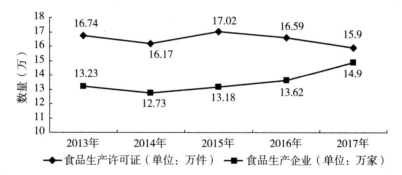

图 5-25 2013—2017 年食品生产许可证和食品生产加工企业数

资料来源：国家食品药品监督管理总局：《全国食品药品监管统计年报(2013—2017 年)》。

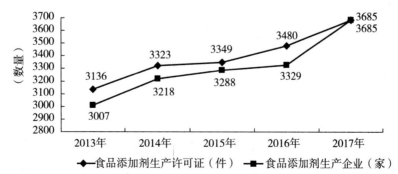

图 5-26 2013—2017 年我国食品添加剂生产许可证和食品添加剂生产企业数

资料来源：国家食品药品监督管理总局：《全国食品药品监管统计年报(2013—2017 年)》。

2. 生产企业监督抽检的合格率

2017 年国家食品药品监督管理总局共抽检了 72215 家境内食品生产加工企业,抽检食品样品 188797 批次,发现不合格样品 4573 批次,样品不合格率为2.4%,涉及不合格企业数量为 3766 家,所涉及的企业不合格率为 5.2%。在 2017 年抽检的食品生产加工企业中,包含 741 家大型生产企业生产的 11454 批次样品,覆盖 28 个食品大类,发现不合格样品 46 批次,样品不合格率为 0.4%,涉及不合格大型生产企业数量为 38 家,企业不合格率为 5.1%。从图 5-27 来看,2017 年抽检生产加工环节的食品企业及大型生产企业的企业不合格率以及样品不合格率,均低于 2016 年,生产加工环节食品安全状况保持总体趋势向好的态势。

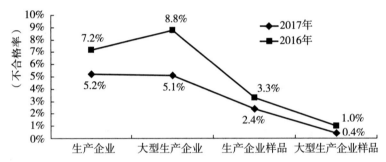

图 5-27　2016—2017 年生产企业监督抽检不合格率

资料来源:根据 2017 年国家食品药品监督管理总局相关资料整理形成。

3. 部分生产企业多批次或连续多批次不合格

从 2017 年情况看,当年监督抽检发现的不合格样品共涉及 3766 家生产企业,抽检发现 3 批次及以上不合格样品的生产企业 161 家,占 4.3%,涉及 23 个省,主要是江西 21 家、湖南 19 家、安徽 16 家、广东和河南各 15 家等。这 161 家生产企业中所有抽检批次均不合格的有 92 家。从 2014—2017 年来看,连续 4 年检出不合格样品的生产企业有 13 家,连续 4 年检出问题样品的生产企业有 8 家。此外,有 9 家生产企业近 3 年连续检出问题样品。

(三) 生产加工环节监督抽检发现的主要食品安全风险

企业是食品安全的第一责任人。从 2017 年监督抽检发现的问题来看,农药兽药残留、重金属污染、生物毒素污染问题需要高度关注;微生物污染问题仍较普遍;

违规使用添加剂、非法添加仍是顽疾，质量指标不符合标准等问题仍然多发易发，反映出部分企业存在主体责任不落实、风险防范措施不到位的问题。

1. 微生物指标不合格的比例仍居高不下

2017 年，国家食品药品监督管理总局的食品安全监督抽检情况显示，抽检样品的微生物指标不合格，占不合格样品的 32.74%。主要是部分样品菌落总数、大肠菌群和霉菌等指标超标。但也有样品检出铜绿假单胞菌、单增李斯特菌和金黄色葡萄球菌等致病菌。其中涉及饮料中饮用水铜绿假单胞菌不合格，薯类及膨化食品、肉及肉制品中产品菌落总数不合格，水果及其制品中菌落总数和霉菌计数不合格等。当然，造成微生物指标不合格的主要原因很可能就是企业在食品生产加工中存在污染源或储运不当。企业生产环境和卫生条件如果控制不到位，储运过程和销售终端未能持续保持储运条件，因包装不严、破损造成二次污染等原因造成微生物指标不合格非常普遍。因此，对于食品生产加工企业，建立良好的卫生操作规范是治本之策，包括建立 HACCP 食品安全控制体系，对每个加工工序进行详细危害分析并对关键控制点进行指标控制，以保证危害减至可接受水平；落实 GMP 标准要求，从原料、人员、设施设备、生产过程、包装运输、质量控制等方面按国家有关法规达到卫生质量要求，形成一套可操作的作业规范。监管部门应加强对企业卫生条件等监管，及时发现生产过程中存在的问题并加以改善。

案　例

饮料中铜绿假单胞菌污染问题

2017 年，共监督抽检饮料 19801 批次，样品合格数量 18836 批次，不合格样品数量 965 批次，其中微生物项目铜绿假单胞菌被检出 573 项次不合格，合格率 95.1%。监督抽检的饮料主要有饮用纯净水、天然矿泉水、其他饮用水、果、蔬汁饮料、茶饮料、碳酸饮料(汽水)、含乳饮料、其他蛋白饮料(植物蛋白、复合蛋白)、固体饮料等。饮料食品大类中致病性微生物污染主要是瓶(桶)装饮用水中铜绿假单胞菌超标，2014—2017 年铜绿假单胞菌不合格率分别为 1.52%(32/2107)、4.21%(218/5184)、5.72%(660/11531)、6.12%(573/9370)。其中又以桶装水最为严重，2014—2017 年铜绿假单胞菌不合格率依次为 4.82%、7.4%、9.52%、10.29%，呈持续上升趋势。

2．违规使用添加剂、非法添加仍是顽疾

2017年，国家食品药品监督管理总局的食品安全监督抽检情况显示，抽检样品的微生物指标不合格，占不合格样品的23.85％。目前，我国允许使用的食品添加剂有2300余种。国家卫生计生委制定公布了《食品安全国家标准食品添加剂使用标准》（GB2760）和《食品安全国家标准食品营养强化剂使用标准》（GB14880），规定了食品添加剂的使用原则，允许使用的食品添加剂品种、使用范围及最大使用量或残留量。生产企业在食品生产过程中按照国家标准使用食品添加剂，不会对人体健康造成危害。而非法添加非食用物质和食品添加剂不符合标准主要是生产经营环节违法违规操作引起。食品添加剂滥用、非法添加等安全性指标检验应继续成为今后食品安全监督抽检的重点。

图说

粉丝粉条中铝的残留量超标问题呈上升趋势

在传统粉丝粉条加工过程中，添加硫酸铝钾（明矾）可以提高粉丝的韧性，减少断条损失，但是硫酸铝钾的添加会造成粉丝粉条中铝残留。《国家卫生计生委关于批准β-半乳糖苷酶为食品添加剂新品种等的公告》（2015年第1号）中要求粉丝粉条中铝的残留量不得超过200mg/kg。2014—2017年历年均有发现粉丝粉条中铝的残留量超标（>200mg/kg），但2017年较前几年明显增多。整体来看，粉丝粉条中铝的残留量超标问题比较严重，检出率呈现上升趋势（见图5-28）。有关部门应对粉丝粉条中铝残留量超标的问题加强监管，以控制风险。

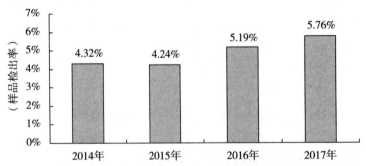

图5-28　2014—2017年粉丝粉条中铝的残留量抽检监测情况

注：对检验结果≥200mg/kg的数据进行统计。

资料来源：根据国家食品药品监督管理总局相关资料整理形成。

3. 质量指标不符合标准问题诱发的食品安全风险

2017 年,国家食品药品监督管理总局的抽检数据显示,抽样样品质量指标不符合标准,占不合格样品的 19.91%。主要不合格项目是部分样品酸价、酒精度和电导率等项目不合格。其中涉及肉及肉制品、水产品及其制品、调味品等酸价超标,酒类中的葡萄酒及果酒酒精度不达标,饮用纯净水的电导率不合格等。在企业生产制造环节,品质指标不合格问题主要可能是企业生产工艺不合理或关键工艺控制不当造成,当然也不排除个别食品生产经营者故意以次充好、偷工减料,甚至违法掺杂使假的情况。未来应针对重点食品、重点区域和重点问题,有针对性地开展专项整治行动。

数 说

特殊膳食食品质量指标不合格问题

特殊膳食食品是指为满足某些特殊人群的生理需求,或某些疾病患者的营养需求,食品生产加工企业按特殊配方而专门加工的食品。2014—2017 年特殊膳食品质量指标连续 4 年不合格率较高,且 2017 年不合格率较 2016 年上升了 2.45 个百分点(表 5-1),主要是营养指标与标签明示值不符。因为特殊膳食食品的消费群体往往是病患体弱、具有增强某方面特殊营养的需要,一旦长期食用质量指标不达标(如营养指标低于标签明示值)的特殊膳食食品,极有可能导致消费者因摄入营养不足而进一步危害到其身体健康。因此,必须加强特殊膳食食品的规范生产与品控监管。

表 5-1 2014—2017 年特殊膳食品质量指标监督抽检情况

年份	总批次	不合格批次	不合格率
2014	1316	87	6.61%
2015	640	64	10.00%
2016	706	28	3.97%
2017	657	34	6.42%

　　总结 2017 年前各年度抽查发现的主要食品问题,可以发现,我国生产加工环节存在的主要食品安全风险表现为:微生物污染、违规使用食品添加剂及非法添加、质量指标不符合标准,这些风险因素是引发我国加工食品质量安全问题的最主要原因,应高度重视采取科学手段予以有效防控。

第六章 2017 年流通餐饮环节的食品安全与城乡居民食品消费行为

作为经营销售形态的流通与餐饮环节是食品全程供应链体系中的重要环节。本章主要依据 2017 年国家食品药品监督管理总局的监督抽检数据,研究流通与餐饮环节食品安全的总体状况,重点梳理与分析流通与餐饮环节食品安全的日常监管,专项执法检查,重大食品安全事件的应对处置等状况,并基于福建、河南、湖北、湖南、贵州、吉林、江苏、江西、山东、陕西、四川等 11 个省的 68 个地区(包括城市与农村区域)4122 个城乡居民的调查研究了城乡居民食品购买与餐饮消费行为。与此同时,还研究了食品安全的消费投诉举报与权益保护状况,努力多角度地反映流通与餐饮环节的食品安全状况。

一、流通与餐饮环节食品安全的监督抽检

本节主要采用国家食品药品监督管理总局发布的数据,阐述 2017 年全国流通和餐饮环节食品安全监督抽检的总体状况等。

(一)流通与餐饮环节监督抽检的总体合格率

国家食品药品监督管理总局发布的食品安全监督抽检数据显示,2017 年,全国食品流通和餐饮环节的抽检合格率均在 97% 以上,分别为 97.8% 和 97.1%(图 6-1)。自 2014 年国家食品药品监督管理总局发布流通与餐饮环节食品安全的监督抽检合格率数据以来,2017 年的流通环节抽检合格率达到了历史新高,分别比 2015 年和 2016 年提高了 0.7% 和 1%,而餐饮环节抽检合格率则较 2015 年、

2016 年均有所下降,分别下降了 0.8% 和 0.9%。在 2015 年和 2016 年,餐饮环节抽检合格率均高于流通环节,但在 2017 年流通环节则比餐饮环节的抽检合格率高出了 0.7%。

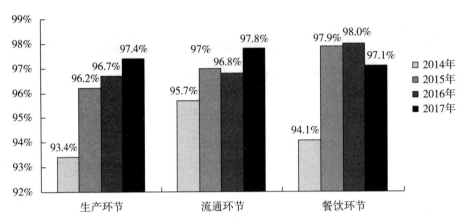

图 6-1　2014—2017 年食品安全流通与餐饮环节监督抽检合格率

资料来源:根据国家食品药品监督管理总局相关监督抽检数据整理形成。

(二)分场所抽检合格率

食品流通、餐饮环节涉及众多的场所。国家食品药品监督管理总局对食品流通、餐饮环节监督抽检分场所的合格率情况如下。

1. 流通环节的相关场所

根据国家食品药品监督管理总局的相关数据,在流通环节监督抽检中专卖店的抽检样品合格率最高,其次分别为商场和超市两个销售场所,而小食杂店和批发市场等场所抽检不合格率则相对较高(图 6-2)。其中,小食杂店不合格食品大类主要为乳制品(10.00%)、方便食品(9.80%)、蜂产品(8.33%)、餐饮食品(7.41%)、饮料(7.08%)等;批发市场不合格食品大类主要为薯类和膨化食品(10.38%)、糕点(8.87%)、饮料(8.76%)、水果制品(8.36%)等。

2. 餐饮环节的相关场所

在餐饮环节中,中央厨房、饮品店、快餐店、中型餐馆、学校托幼食堂、大型餐馆等场所合格率比较好,均高于98%,而小吃店和其他场所抽检不合格率则相对较高

（图 6-2）。2017 年国家食品药品监督管理总局的监督抽检发现，小吃店不合格项目主要是油炸面制品（自制）中铝的残留量（24.51%）、发酵面制品（自制）中的甜蜜素（8.13%），其他场所（超市、油条店等）不合格项目主要是酱腌菜（餐饮环节）的苯甲酸（22.32%）、甜蜜素（12.12%）、油炸面制品（自制）中铝的残留量（10.88%）。此外，餐饮具的安全问题也较为突出。2017 年餐饮环节餐饮具（含陶瓷、玻璃、密胺餐饮具）不合格率为 7.68%，较 2016 年（1.55%）有较大幅度的上升，不合格项目主要为阴离子合成洗涤剂（20.90%）和大肠菌群（16.56%）。

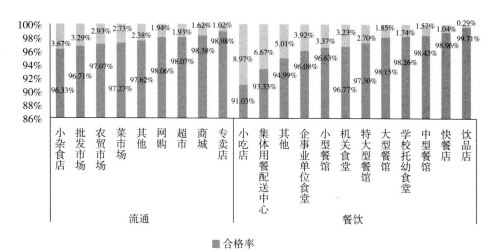

图 6-2　2017 年流通与餐饮环节各抽样场所监督抽检情况

资料来源：根据国家食品药品监督管理总局相关监督抽检数据整理形成。

3. 食品网购环节

近年来，我国网络食品经营规模增长迅猛，具有虚拟性、无地域性、开放性等特点，其业态复杂多变，依靠传统的监管方式已经不再适应形势的变化。食品监管部门一直积极探索这种新兴业态的监管方法。国家食品药品监督管理总局分别于 2016 年和 2017 年发布了《网络食品安全违法行为查处办法》和《网络餐饮服务食品安全监督管理办法》。2017 年，各地食品监管部门深入探索新形势下加强网络食品经营监管的措施。主要是实施"以网管网"，利用网络大数据、网络链接、搜索以及网络监测等手段，开展网络食品经营监管，加大网络食品经营违法行为打击力度；实施"协同管网"，注意加强与通信部门的合作；实施"信用管网"，加强信用体系建设,加强信息公开力度,让社会周知公众知晓,运用信用杠杆增加经营者社会责任的压力。在各方的共同努力,2017 年在食品网购环节中国家食品药品监督管理总局共抽检网购样品 6996 批次,其中不合格 136 批次,合格率为 98.06%,比 2016 年提高 1.16%,更是比 2014 年 85.71% 的合格率提高了 12.35%。2017 年不合格网购食品主要涉及方便食品、特殊膳食食品等 23 大类食品,其中,方便食品网购样品不合格率(8%)明显高于非网购样品(4.93%),不合格项目主要是菌落总数(6.25%)、大肠菌群(2.08%);特殊膳食食品网购样品不合格率(7.96%)明显高于非网购样品(4.89%),不合格项目主要是钠(7.04%);淀粉及淀粉制品网购样品不合格率(5.63%)明显高于非网购样品(1.53%),不合格项目主要是霉菌(18.52%)、大肠菌群(5.26%)。

(三) 抽检反映的主要问题

分析国家食品药品监督管理总局的相关数据,可以发现流通与餐饮环节的主要问题是:第一,部分企业多批次或连续多批次不合格。流通环节中,抽检发现的不合格样品共涉及 2438 家经营企业,抽检发现 3 批次及以上不合格样品的经营企业 84 家,其中 13 家属于大型经营企业集团,占 3.45%,涉及 23 个省、自治区、直辖市,所有抽检批次均不合格的经营企业 9 家。第二,餐饮食品中铝的残留量超标问题仍比较严重。图 6-3 显示,虽然近年来餐饮食品中铝的残留量不合格率有所下降,但问题仍比较严重。2014—2017 年间餐饮环节监督抽检中发现食品中铝的残留量不合格率均比较高,2017 年餐饮环节中铝的残留量不合格率虽然比 2014 年下降了 5.64 个百分点,但仍然达到 6.43%,铝的残留量不合格食品细类主要是自制发酵面制品、自制油炸面制品。

二、流通与餐饮环节食品安全的日常监管

2017 年,全国食品药品监管系统继续全面落实"四个最严"要求,创新监管举措,强化日常监管,加大市场抽检力度,严格把好食品经营主体准入关口,严厉打击违法违规行为,较好地保障流通与餐饮环节的饮食安全。

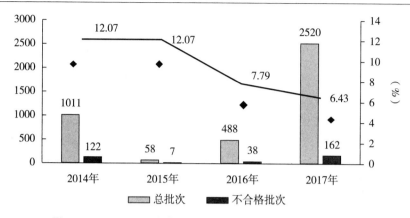

图 6-3 2014—2017 年餐饮环节食品中铝残留量监督抽检情况

资料来源:根据国家食品药品监督管理总局相关监督抽检数据整理形成。

(一) 食品经营者的行为监管

分析国家食品药品监督管理总局《全国食品药品监管统计年报(2013—2017 年)》的数据,可以看出,近年来我国流通与餐饮领域的食品经营主体数量不断扩大(图 6-4),食品经营许可证数量从 2013 年的 966.5 万件增加到 2017 年的 1284.3 万件,年均增长率达到 7.37%。截至 2017 年 11 月底,在全国 1284.3 万件食品经营许可证中(含仍在有效期内的食品流通许可证和餐饮服务许可证),新版食品经营许可证 896.3 万件,食品流通许可证(旧版)267.5 万件,餐饮服务许可证(旧版)120.4 万件。

与此同时,国家食品药品监督管理总局持续保持对食品经营主体的监督抽查力度。2014 年,国家食品药品监督管理总局监督抽检(不包括风险抽检,下同) 49672 家生产经营企业,覆盖生产、流通和餐饮环节的大、中、小型食品企业,抽检项目共有 276 个,共抽检 2094108 项次,在市场环节检查 1389.3 万家次食品经营主体。2015 年,在市场环节检查 2187.4 万家次食品经营主体,抽检样品 116.3 万批次,发现问题经营主体 74.7 万家,监督抽检 18 家大型经营企业集团 24328 批次样品,合格率为 98.1%,高出总体合格率 1.3%。2016 年,在市场环节检查 1096.2 万家次食品经营主体,抽检样品 144.4 万批次,发现问题经营主体 54.1 万家,监督抽检了 19 家大型经营企业集团 2949 个门店销售的 30599 批次样品,覆盖 31 个食品种类,合格率为 98.1%,比总体合格率高 1.3 个百分点。2017 年,监督抽检 20 家大型经营企业集团 2650 个门店销售的 26210 批次样品,覆盖 32 个食品种类,发现不合格样品 353 批次,大型经营企业食品监督抽检合格率为 98.7%,比 2017 年总体平均抽检合格率高出 1.1%,较 2016 年提高 0.6%(表 6-1)。

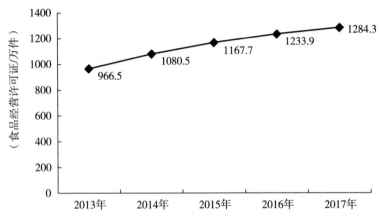

图 6-4　2013—2017 年间我国有效食品经营许可证情况

资料来源:国家食品药品监督管理总局:《全国食品药品监管统计年报(2013—2017 年)》。

表 6-1　2016—2017 年流通环节经营企业监督抽检情况

企业类型	年份	企业情况			样品情况		
		抽检企业总数	不合格企业数量	企业合格率	抽检总批次	不合格批次	样品合格率
经营企业	2017 年	30922	2438	92.1%	134101	2956	97.8%
	2016 年	35616	3941	88.9%	160121	5163	96.8%
大型经营企业门店	2017 年	2650	283	89.3%	26210	353	98.7%
	2016 年	2858	440	84.6%	30527	579	98.1%

资料来源:国家食品药品监督管理总局:《2017 年各类食品抽检监测情况汇总分析》。

　　与对经营主体的监督抽检相配合,食药系统对经营主体违法行为的处罚力度明显提升。全国食品药品监管部门查处食品(含保健食品)案件由 2014 年的 25.6 万件增加到 2017 年的 25.7 万件,罚款金额由 2014 年的 85307.7 万元增加到 2017 年的 23.9 亿元,没收违法所得由 2014 年 8292.3 万元增加到 2017 年的 1.6 亿元

（图 6-5），停业整顿生产经营主体由 2014 年的 516 户次增加到 2017 年的 1852 户次，移交司法机关的案件数由 2014 年的 1449 件增加到 2017 年的 2454 件。

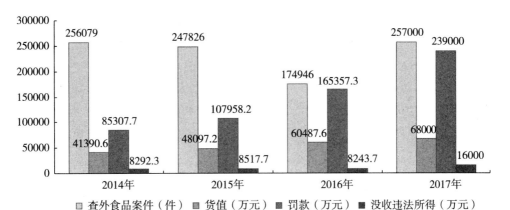

图 6-5 2014—2017 年食品药品监管部门食品案件查处数与罚款金额

资料来源：国家食品药品监督管理总局：《全国食品药品监管统计年报（2014—2017 年）》。

（二）违法食品广告的监管与预警

2017 年，国务院食品安全委员会办公室、工业和信息化部、公安部、商务部等九部门联合发布《食品、保健食品欺诈和虚假宣传整治方案》，加大对食品功能声称广告违法和虚假宣传的监管处罚力度，严厉查处未经审查发布保健食品广告以及发布虚假违法食品、保健食品广告等违法违规行为。2017 年，国家食品药品监督管理总局印发 3 期虚假广告通告，曝光了 15 个保健食品的虚假宣传行为，被曝光的保健食品广告主要是因为广告宣传内容存在含有不科学的功效断言、扩大宣传治愈率或有效率、利用患者名义或形象作功效证明等问题，欺骗和误导消费者，严重危害公众饮食用药安全。与此同时，2017 年，全国工商和市场监管部门也依据相关法律法规严肃查处了一批虚假违法广告案件，国家工商总局分批向全社会公布了其中的 30 件典型案例。

（三）流通环节食品可追溯体系建设

2015 年年底，国务院办公厅印发了《关于加快推进重要产品追溯体系建设的意见》（国办发〔2015〕95 号）。截至 2016 年 11 月，国家食品药品监督管理总局负责督促和指导企业建立肉类、蔬菜、婴幼儿配方乳粉、白酒、食用植物油等重点产品追溯体系,已分五批支持 58 个城市建设肉类蔬菜流通追溯体系,分两批支持 4 省的 8 家酒厂建设酒类流通追溯体系。在前期建设的基础上,商务部通过"扩品种、提质量、增效能"以构建有效的约束和倒逼机制等,指导各地推进肉菜、中药材等追溯体系建设。在商务部等部门指导与督促下,多地取得突破性进展与成效。比如,烟台建立婴儿奶粉电子追溯体系。烟台市 85 家大型商场超市、2210 家批发企业、全部婴幼儿配方乳粉经营企业建立电子追溯体系。全面建立原料采购、生产加工、成品检验、仓储管理、物流配送、售后服务等全过程质量安全管理制度,形成了完整的可追溯信息链条。厦门建设了 61 个农产品追溯点,纳入农产品可追溯系统管理的产品共有 283 种,涵盖蔬菜、水果、食用菌等种植业,种植面积达 3.12 万亩,另有胡萝卜、葱、甘蓝等蔬菜出口基地 5.02 万亩也实现了溯源管理,已建成追溯点共61 个①。

解 说

可追溯食品

可追溯食品即在该食品生产的全过程中,供应链所有的企业实施食品可追溯体系,按照安全生产的方式生产食品,记录相关信息,并通过标识技术将食品来源、生产过程、检验检测等可追溯信息标注于可追溯标签中,使该食品具备可追溯性。与普通食品相比,可追溯食品的主要特点是:(1)消费者通过可追溯食品上的可追溯标签可以查看该食品的各种信息,了解食品的质量与安全性;(2)由于遵照安全生产的方式,因而可追溯食品的质量安全高于普通食品;(3)该食品发生食品安全问题时,相关企业或监管者可以通过可追溯体系中的信息追溯和识别问题来源,必要时实施召回。

---

① 《商务部:2017,加快推进重要产品追溯体系建设》,西安市人民政府网,2017 年 5 月 15 日,http://www.xa.gov.cn/ptl/def/def/index_1121_6774_ci_trid_2414145.html。

三、流通与餐饮环节食品安全的专项执法检查

2017 年,针对与人民群众日常生活关系密切、问题突出的重点食品产业和食品,国家食品药品监督管理总局在流通餐饮领域继续展开专项执法检查,专门就"放心肉菜示范超市"、餐饮业质量安全提升、婴幼儿奶粉、农村食品市场安全监管、网络食品经营违法行为等组织专项执法行动。考虑到篇幅,在此主要选择典型的专项执法检查来展开阐述。

(一)创建"放心肉菜示范超市"

国家食品药品监督管理总局公布的 2016 年食品安全抽检结果显示,食用农产品抽检样品合格率已达 98%。但目前种养殖环节农药兽药残留超标,违禁使用高毒剧毒农药,过量使用抗生素等问题依然突出。为落实超市食品安全主体责任,2017 年国家食品药品监督管理总局决定在大型食品连锁超市开展创建"放心肉菜示范超市"活动,完善超市肉类、蔬菜、蛋类、水产品、水果等食用农产品质量安全全程控制,依法加强监督检查和监督抽检。结合国家食品安全城市创建活动,培养一批"放心肉菜示范超市",推进示范超市肉菜质量满足高标准要求,落实创建超市内农产品准入制度,促进食用农产品种养殖环节优化升级,让消费者放心、安心。2017 年,广东省食安办、省食品药品监管局委托第三方机构广东省食品安全学会组织专家对全省申报的 57 家示范创建超市进行了现场考核评价,评出 10 家国家级和 16 家省级"放心肉菜示范超市",并予以公示①。河北省通过组织开展放心肉菜示范超市创建活动,培育出一批硬件达标、经营规范、消费者满意、示范引领作用强的大型商场超市和中小型超市,授予 24 家超市 2017 年度"放心肉菜示范超市"称号②。

---

① 广东省食品药品监督管理局:《关于"放心肉菜示范超市"超市名单的公示》,2017 年 12 月 28 日, http://www.gdda.gov.cn/publicfiles/business/htmlfiles/mobile/s10818/201712/349984.htm。

② 《河北 24 家超市获 2017 年度"放心肉菜示范超市"称号》,联商网,2018 年 4 月 18 日,http://www. linkshop.com.cn/web/archives/2018/400705.shtml。

（二）实施餐饮业质量安全提升工程

国家食品药品监督管理总局于 2017 年实施餐饮业质量安全提升工程,加强餐饮业监管,提升餐饮业质量安全水平。坚持源头严防,过程严管,风险严控,督促餐饮服务提供者制定并实施原料控制要求,严格落实索证索票和进货查验制度,并将日常监督检查、监督抽检和食品安全风险分级管理、量化分级管理等工作有机结合,深入排查食品安全风险隐患,提高风险预防能力。吉林省食药监管部门在此方面的做法具有一定的典型性。近年来,吉林省食药监系统在推进"阳光厨房"改造工程、实施"寻找笑脸就餐"行动、严查严惩违法违规行为等方面进行了积极探索,创新措施,严防、严管、严控餐饮食品安全风险,推动餐饮业质量安全水平稳步提升。截至 2017 年年底,全省为 260 余所中小学校及养老机构食堂安装监控设备,12000 余家餐饮企业完成了"阳光厨房"改造,餐饮服务量化分级管理单位达 61000余户,其中 A 级店 1812 户,B 级店 20874 户。与此同时,全省食药监管部门查处餐饮服务和单位食堂食品安全案件 2736 件,涉案金额 1083.41 万元,责令停业 153家,有效净化了餐饮食品市场秩序①。

（三）婴幼儿配方乳粉质量监管

国家食品药品监督管理总局始终把公众关切的婴幼儿配方乳粉作为监管工作的重中之重,定期对供应商审核评估,对主要原料批批检验,产品全项目逐批自行检验合格后才能销售;不断加强抽检力度,实现生产企业和检验项目全覆盖;对问题厂家停产整改,对相关人员给予处罚等。最严的监管"产"出历史上最好成绩,婴儿配方乳粉合格率继续保持较高水平,三聚氰胺连续 9 年零检出。2017 年婴幼儿配方乳粉共抽检 2678 批次,检测项目包括蛋白质、脂肪、碳水化合物等 63 个指标,合格率为 99.5%,分别比 2014 年、2015 年、2016 年提高 2 个百分点、2.3 个百分点、0.7 个百分点(图 6-6),大型婴幼儿配方乳粉企业抽检合格率达到 99.6%。组织修订了 27 个许可审查细则,抽检样品涉及所有国内在产 100 余家婴儿配方乳粉

---

① 《餐饮质量安全提升工程》,吉林省人民政府网,2017 年 11 月 22 日,http://www.jl.gov.cn/hd/zxft/szfzxft/zxft2017/cyzlaqtsgc/。

生产企业,有7家企业的14批次样品不合格。其中,不合格项目主要集中在标签标识问题,共11批次的标签标识不符合产品包装标签明示值要求的样品;1批次标签标识错误样品;2批次检出阪崎肠杆菌不符合食品安全国家标准。

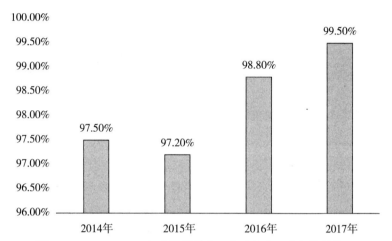

图6-6　2015—2017年我国婴幼儿配方乳粉专项监督抽检情况

资料来源:根据国家食品药品监督管理总局监督抽检数据整理形成。

(四)农村食品市场安全监管

农村食品市场是食品安全监管的薄弱环节,生产经营假冒、仿冒知名品牌食品、过期食品、"三无"食品等问题突出。2017年,国家食品药品监督管理总局在摸清各地农村食品经营基本状况的基础上,继续深入推进农村食品安全监管,认真查找和梳理当地农村食品问题多发、易发的重点区域、重点业态、重点场所以及监管工作的薄弱环节,选取突出问题进行专项治理,逐步加以解决,取得了明显成效。2017年4月,《贵阳市进一步加强农村食品安全治理工作实施方案》制订实施,成立了多部门参与的行动领导小组,进一步明确了市、区(市、县)、乡(镇)及相关职能部门的工作职责和整治工作各项内容。主要做法是,一是针对农村小作坊、小餐饮、小摊贩多、小、散、乱、差的问题,坚持"对症下药",采取规范一批、备案一批,许可一批、淘汰一批,整改一批、提升一批,培训一批、上岗一批,查处一户、震慑一片等手段,实现农村"三小"食品生产经营"堵而有效、疏之有道、遏制蔓延、可控有序"。二是针对农村食品安全监管准入把关难、问题发现难、行为规范难"三大难关",着眼市场准入、食品检测、投诉举报渠道三个方向,进一步建立健全"易票通"

溯源监管制度,严格"查三证"(食品经营许可证、检验合格证、进货凭证)、"验三期"(生产日期、保质期、安全食用期)、"清三无"(无厂名、无厂址、无商品标识)。专项整治行动开展以来,全市各级相关部门共检查农村食品生产经营单位 23948户次,捣毁制售假冒伪劣食品窝点 3 个,取缔无证生产经营户 109 户,受理投诉举报 138 件,监督抽检食品 2069 批次,合格率为 98.5%①。

(五)畜禽水产品专项整治

畜禽水产品滥用药物或非法添加禁用化合物屡禁不止,引发社会关注。2016年 7 月,国务院食品安全办与农业部、工业和信息化部、国家食品药品监督管理总局等 5 部门联合印发了《畜禽水产品抗生素、禁用化合物及兽药残留超标专项整治行动方案》。2017 年,国家食品药品监督管理总局进一步深入开展畜禽水产品专项整治工作,分两次在部分城市开展了经营环节鲜活水产品抽检监测,在批发市场、集贸市场、超市以及餐馆等 812 家水产品经营单位,随机抽取了近年来抽检监测发现问题较多的大菱鲆(多宝鱼)、乌鳢(黑鱼)、鳜鱼等鲜活水产品 1415 批次,检验项目为孔雀石绿、硝基呋喃类药物、氯霉素。检验结果合格 1280 批次,合格率90.5%,检出不合格样品 135 批次,其中孔雀石绿不合格 97 批次,硝基呋喃类药物不合格 36 批次,氯霉素不合格 3 批次。抽检鲜活水产品运输用水和销售暂养用水327 批次,检验项目为孔雀石绿、氯霉素。检出不合格样品 1 批次,不合格项目为氯霉素,合格率为 99.7%②。专项检查发现的主要问题,鲜活水产品养殖过程中违规使用孔雀石绿、硝基呋喃等禁用药物的问题比较突出;违规使用禁用药物涉及多种鲜活水产品,不合格样品主要是大菱鲆(多宝鱼)、乌鳢(黑鱼)、鳜鱼,以及草鱼、鲈鱼、鲫鱼、明虾、基围虾等其他鲜活水产品。

(六)节日性食品市场

2017 年春节期间,国家食品药品监督管理总局共抽检酒类,肉制品,方便食

---

① 《2017 年食品药品监督管理局工作总结》,2017 年 12 月 28 日,http://www.zhaozongjie.com/fanwen/7482.html。

② 国家食品药品监督管理总局:《总局关于经营环节重点水产品专项检查结果的通告(2017 年第 34号)》,2017 年 2 月 24 日,http://news.163.com/17/0225/09/CE42KAER00014SHF.html。

品,炒货食品及坚果制品,食用油、油脂及其制品,水果制品,糕点,速冻食品,糖果制品,饮料和乳制品等 11 类食品 1869 批次样品,抽样检验项目合格样品 1851 批次,不合格样品 18 批次,合格率为 99.0%(图 6-7),不合格主要原因是黄曲霉毒素 B1、甜蜜素、胭脂红、脱氢乙酸及其钠盐、菌落总数、大肠菌群检出值等不达标①。端午节粽子专项抽检粽子 550 批次样品,抽样检验项目合格样品 545 批次,不合格样品 5 批次,样品检验合格率为 99.1%,主要问题是商业无菌不达标、菌落总数和大肠菌群检出值不达标和检出甜味剂安赛蜜②。中秋节月饼专项抽检 375 批次样品,抽样检验项目合格样品 372 批次,不合格样品 3 批次,样品检验合格率为 99.2%,不合格原因是菌落总数、酸价、防腐剂混合使用时各自用量占其最大使用量的比例之和检出值等超标③。

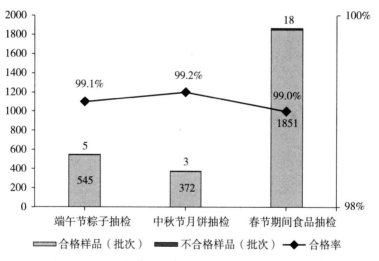

图 6-7 2017 年节日性食品市场监督抽检情况示意图

资料来源:根据 2017 年国家食品药品监督管理总局相关资料整理形成。

---

① 国家食品药品监督管理总局:《总局关于春节食品专项抽检 18 批次产品不合格情况的通告(2018 年第 34 号)》,2018 年 2 月 11 日,http://www.hn-fda.gov.cn/xxgk_71325/gzdt/zjyw/201802/t20180212_4954752.html。

② 国家食品药品监督管理总局:《总局关于 5 批次粽子不合格情况的通告(2017 年第 84 号)》,2017 年 5 月 25 日,http://www.sohu.com/a/143481128_543962。

③ 国家食品药品监督管理总局:《总局关于 3 批次月饼不合格情况的通告(2017 年第 155 号)》,2017 年 9 月 26 日,http://news.hexun.com/2017-09-26/191018572.htmll。

（七）保健食品市场

根据中国消费者协会发布的《保健食品消费者认知度调查报告》显示,我国 2015 年保健品的销售额约 2000 亿元。波士顿咨询公司发布的《从洞察到行动:掘金中国保健消费品市场》进一步指出,中国消费者的健康意识全球领先,到 2020 年中国保健消费品市场规模有望超过 4000 亿元。然而,保健品投诉却逐渐增多。根据全国消协组织受理投诉情况,涉及老年人投诉保健品质量问题及虚假宣传问题尤为突出。为严厉打击违规营销宣传产品功效,误导和欺骗消费者等违法行为,2017 年 7 月初,国家食品药品监督管理总局等 9 部门在全国部署开展为期一年的食品、保健食品欺诈和虚假宣传整治活动。截至 2017 年年底,国家食品药品监督管理总局组织监督抽检保健食品 282 批次样品,其中抽样检验项目合格样品 277 批次,不合格样品 5 批次,样品检验合格率 98.2%。全国共检查生产经营单位 87 万家,查处保健食品欺诈和虚假宣传违法案件 1.2 万余件,涉案金额 3.6 亿元①。各地保健食品市场的专项执法检查也取得了明显成效。

（八）流通环节食品相关产品

2017 年,国家质检总局继续组织对塑料类食品相关产品、食品接触用纸和纸板材料及制品、食品机械共三类 16 种产品开展了国家监督抽查。一是许可证产品跟踪抽查。2017 年对过去抽查发现问题较多的许可产品进行了抽查,并对不合格企业进行了跟踪。在过去多年工作的基础上,已基本做到对生产许可产品抽查的全覆盖。二是开展了技术机构的遴选工作,进一步提升了国家监督抽查工作的科学性。三是扩展监督抽查产品范围。在抽查许可产品的同时,2017 年的国家监督抽查还对食品机械(切片机、和面机)产品进行了抽查。四是重点检验了理化指标。在国家监督抽查的塑料类食品相关产品、食品接触用纸和纸板材料及制品、食品机械三类产品中,除了一些基本的性能指标项目外,重点开展了可能影响到食品安全的理化指标项目的检验,直接反映出产品可能对食品造成的危害性。2017 年

---

① 《截至 2017 年年底,全国共查处保健食品欺诈和虚假宣传违法案件 1.2 万余件》,食品产业网,2018 年 3 月 20 日,http://news.foodqs.cn/tbgz01/20183209411101.htm。

共抽查了 2370 家企业生产的 2507 批次产品,抽查合格率为 96.6%,虽然比 2016 年下降了 1 个百分点(图 6-8),但仍然比 2013 年提高了 4.8 个百分点。其中,塑料类食品相关产品、食品接触用纸和纸板材料及制品两种产品抽查合格率均高于 90%,但食品机械抽查合格率则不到 80%。不合格产品的主要问题包括:塑料类食品相关产品 8 批次不合格,主要是耐污染性、阻隔性能(氧气)2 个项目不合格;食品接触用纸和纸板材料及制品 38 批次不合格,主要是为感官指标、渗漏性能(油)、杯身挺度、渗漏性能(水)、荧光性物质共 5 个项目不合格;食品机械 40 批次不合格,主要是铝理化指标-镉、电源连接和外部软线、结构、接地措施、稳定性和机械危险、非正常工作、设备结构的安全卫生性、内部布线、对触及带电部件的防护、外部导线用接线端子、螺钉和连接共 11 个项目不合格①。

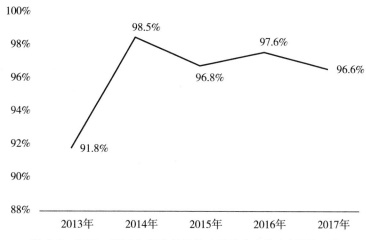

图 6-8 2013—2017 年间食品相关产品抽查合格率(单位:%)

资料来源:根据国家质量监督检验检疫总局相关数据整理形成。

解 说

食品相关产品

食品相关产品是指与食品直接接触,从而可能会影响到食品安全的各类产品。

---

① 国家质量监督检验检疫总局:《质检总局关于 2017 年食品相关产品质量国家监督抽查情况的通报》,2017 年 12 月 27 日,http://www.aqsiq.gov.cn/xxgk_13386/zxxxgk/201712/t20171227_510186.htm。

具体包括三类：一是直接接触食品的材料和制品。如：食品用包装、容器、工具、加工设备以及涂料等。二是食品添加剂。如：食用香精香料、食用色素、酵母等。三是食品生产加工用化工产品。如：洗涤剂、消毒剂、润滑剂等。从材质上包括：塑料、纸、竹、木、金属、搪瓷、陶瓷、橡胶、天然纤维、化学纤维、玻璃等。食品相关产品对食品安全有着重大的影响，食品相关产品是食品安全不可分割的、重要的组成部分。有些食品本身没有问题，但是由于与它接触的相关产品的影响而发生不安全问题。这种影响主要表现在：第一，相关产品自身在生产制造中发生问题，如设计问题、制造问题。第二，相关产品自身没有问题，但是在与食品接触后发生问题。如：不同材质的相关产品与不同的食品接触以及不同的保质期和保存方法等，会引发食品的酸碱的、物理的或其他化学的方面的变化。这类问题大多是潜在的，随着时间的推移不断地蓄积进而凸显出来。现行的《食品安全法》第 41 条规定，生产食品相关产品应当符合法律、法规和食品安全国家标准。对直接接触食品的包装材料等具有较高风险的食品相关产品，按照国家有关工业产品生产许可证管理的规定实施生产许可。质量监督部门应当加强对食品相关产品生产活动的监督管理。

四、流通餐饮环节重大食品安全事件的应对处置

2017 年，全国食品药品监督管理系统重点查处、应对食品安全中的"臭脚盐"和假冒伪劣等突发事件，努力保障流通餐饮环节的食品安全和消费者权益。

（一）"11·23"假酒导致甲醛中毒事件

2017 年 11 月 18 日至 23 日，在广东省河源市犯罪嫌疑人杨某的酒吧内，多名顾客饮用了其采购的"菲朗氏调配威士忌""法利雅调配威士忌"假酒后，出现甲醛中毒症状，造成 3 人甲醇中毒死亡，至少 22 人受到影响。接到报案后，广东省、河南省食药监管部门与公安机关展开联合检查发现，2017 年 8 月中旬，犯罪嫌疑人李某为谋取非法利益，在河南省安阳市文峰区设立制作假酒工厂，向犯罪嫌疑人孟某采购没有任何检验报告的酒精，聘用其他犯罪嫌疑人大肆在制假窝点生产假酒。2017 年 9 月至 11 月，共制造假酒五批次 940 箱左右。深圳某酒业公司股东肖某等

人,在明知生产假酒的情况下,向李某"投资",并共同销售获取利润分成。涉案假酒被销往河南、广东、海南、贵州和云南等地,且主要在酒吧销售。查实案情后,涉案的酒吧及标示运营商均被查封,河源市公安机关陆续将李某等 26 名涉案人员抓获归案①。

国家食品药品监督管理总局对这起恶性假酒案件高度重视。为控制产品风险,保障食品安全,总局于 2017 年 11 月 25 日发布了《关于立即停止销售饮用菲朗氏和法利雅调配威士忌的公告》(2017 年第 148 号),并部署河南、广东、海南、贵州和云南等地食品药品监督管理部门对购进假冒产品的经营者依法查处;就地封存和停止销售涉案假酒;发布涉事产品图片,提醒广大消费者停止饮用两种假酒②。截止到 2017 年 11 月 25 日,广东省食品药品监管系统共出动检查人员 3052 人次,对全省 37 家酒类生产单位、1317 家酒类经营单位、809 家酒吧、卡拉 OK 厅进行了清查。除河源市之前在"muse"酒吧查出的 791 瓶涉案产品外,全省其余各市在酒类食品生产经营和餐饮环节暂未发现涉事两种酒。海南省食品药品监督管理局对涉案的文昌文城迈阿密酒吧会所进行突击全面检查,现场检查未发现国家总局通报的两款菲朗氏调配和法利雅调配威士忌,但发现菲朗氏桃味威士忌 553 瓶③。为严防严控假酒中毒事件发生,云南省曲靖市食安办召开紧急专题会议,部署安排酒吧、KTV 等场所开展突击检查,全面清查菲朗氏和法利雅调配威士忌假酒,不断规范酒吧、KTV 娱乐场所食品经营行为,共出动执法检查 327 人次,车辆 83 台次,检查酒吧、KTV 等重点酒类食品经营企业 309 户,下达责令改正通知书 15 份,发出协查函 4 件,立案查处无中文标识、过期等酒类违法行为 4 件,依法查扣问题酒类 61 瓶④。

① 《制售假酒致 3 死多伤,13 名犯罪嫌疑人被广东检察机关批捕》,澎湃网,2018 年 2 月 8 日,http://www.thepaper.cn/newsDetail_forward_1989985。

② 海南省食品药品监督管理局:《总局关于立即停止销售饮用菲朗氏和法利雅调配威士忌的公告(2017 年第 148 号)》,2017 年 11 月 27 日,http://www.hn-fda.gov.cn/xxgk_71325/gzdt/zjyw/201711/t20171127_4874518.html。

③ 《海南、广西、广东三地联手破获全国近年来最大规模制售假药案!》,2017 年 12 月 15 日,http://www.sohu.com/a/210756559_99966919。

④ 云南省食品药品监督管理局:《靖市开展酒吧、KTV 等重点场所酒类专项检查全面清查菲朗氏和法利雅调配威士忌假酒》,2017 年 12 月 4 日,http://www.yp.yn.gov.cn/Websitemgr/NewsView.aspx? ID = 663a38e2-cf4c-4bc5-bad5-b94c095e6a7f。

（二）"臭脚盐"事件

2017 年 3 月起,全国多个省市的消费者投诉,河南省平顶山神鹰盐业有限责任公司生产的 400 克装"代盐人"牌加碘深井岩盐、500 克装"宇鹰"牌加碘深井岩盐、400 克装"四季九珍"牌加碘食盐牌深井岩盐(加碘)、河南中盐皓龙的精制食用盐、精纯盐均被曝加热或有手搓后会散发出浓烈的"脚臭味"[1]。食盐异味问题(俗称"臭脚盐")被中央电视台等媒体广泛报道后,引发消费者广泛关注。国家工信部联合相关部委进行专项督查,对河南省平顶山市神鹰盐业有限责任公司等 3 家涉事企业进行调查处理。被查获的数百吨"臭脚盐"均不符合国家标准,源于工艺操作的不到位,将硫化氢带进了真空制盐过程,当加热或用手搓后散发浓烈异味,会危及人体的呼吸道、眼部与中枢神经系统,危害十分严重,影响十分恶劣[2]。2017年 3 月 21 日起,3 家涉事企业停止食盐生产,封存食盐生产设备,库存食盐不允许再销售;对发现的已经销售出去的问题食盐,各经销单位立即全部下架,省内外 7000 吨问题食盐全部召回;邀请国家级盐产品检测机构对河南省食盐定点生产企业进行产品抽检,出具鉴定意见,并向社会及时公布,保障广大人民群众的消费知情权。在国家工信部、国家食品药品监督总局等的部署下,全国多地启动食盐安全应急机制,责令相关产品下架、召回。山东省 17 市中除青岛、枣庄、东营、威海、滨州 5 市外,有 12 个市均发现涉事食盐,全省 2200 余名盐政执法人员全员上岗,在市场上开展横到边、纵到底、不留死角的拉网式排查。截至 2017 年 5 月 3 日,全省已经查封、下架、扣押涉事食盐 346.05 吨[3]。

（三）假冒伪劣调味品事件

2017 年 1 月 16 日,《新京报》报道天津市静海区独流镇调味品造假窝点聚集,

---

① 《"臭脚盐"事件　监管需紧跟改革步伐》,2017 年 5 月 8 日,http://m.ifeng.com/share News? aid = 14875643&fromType = vampire&channelId = 。

② 《"臭脚盐"暴露监管缺失》,《中国纪检监察报》2017 年 5 月 10 日,http://csr.mos.gov.cn/content/2017-05/10/content_48921.htm。

③ 《我省查处"臭脚盐"346 吨》,大众网,2017 年 5 月 5 日,http://paper.dzwww.com/dzrb/content/20170505/Articel03006MT.htm。

在一些普通民宅里每天生产着大量假冒名牌调料,"雀巢""太太乐""王守义""家乐""海天""李锦记"等市场知名品牌几乎无一幸免。这些假冒劣质调味品通过物流配送或送货上门的方式,流向北京、上海、安徽、江西、福建、山东等地,当地多个业内人士称,整个独流镇则至少存在四五十家造假窝点。天津假调料事件报道后引起社会广泛关注。鉴于假调味料事件的严重性,当日下午,国家食品药品监督管理总局即责成天津市食品药品监管部门负责人立即向市政府报告,并商请公安机关调查核实有关情况,对违法犯罪线索立案调查,查明制假售假的时间、数量、销售流向,严肃查处制假售假违法犯罪行为,彻底整治制售假冒伪劣调味品问题,及时向社会公开调查核实情况和查处结果。国家食品药品监督管理总局、公安部派员赴天津现场督查。天津市静海区委、区政府紧急抽调 80 余人组成联合执法队伍,赴独流镇开展全面查处。共查处调料造假窝点 6 个,缴获王守义十三香 4 箱计 18.4 公斤,4000 多升冒牌酱油、醋及灌装机器等物品。静海区随后成立了处置领导小组,再组织专门人员对独流镇 28 个村街逐户排查,同时向公安部、国家食品药品监督管理总局督查小组汇报查处情况①。截止到 2017 年 2 月 27 日,共有 25 人因生产、销售伪劣产品罪被天津市静海区人民法院判处有期徒刑 6 个月至 13 年 6 个月不等的刑期,并处以 5000 元至 100 万元不等的罚款②。

五、城乡居民食品购买与餐饮消费行为状况：基于全国 11 个省(区)4122 个城乡居民的调查

消费者自身的食品购买与餐饮消费行为,以及对食品安全相关问题评价,是政府部门引导消费者行为,提高食品安全监管效率的重要参考依据。本节将主要依据《报告 2018》重点调查的 11 个省(区)的 4122 个城乡居民的调查状况(具体请参见本书的第九章),对比分析城乡居民流通与消费环节的食品消费行为及安全性评价。

---

① 《天津检方介入独流镇制售假冒伪劣调味品案件》,网易,2017 年 1 月 23 日,http://news.163.com/17/0123/17/CBG0C3O80001875N.html#f=srank。

② 《天津:独流镇假调料案 25 名造假者获刑》,新浪网,2018 年 2 月 27 日,http://finance.sina.com.cn/roll/2018-02-27/doc-ifyrvaxf1464386.shtml。

（一）食品购买行为

消费者的食品购买行为既与消费者及其家庭经济状况有关，也与消费者自身食品安全消费素养密切相关，同时也与整个社会的食品安全状况相关。在此，主要通过四个方面来考察消费者的食品购买行为。

1. 购买到不安全食品的频率

图 6-9 所示，城市和农村受访者表示有时会购买到不安全食品的频率最高，且城市受访者高于农村受访者比例。同时，两类受访者表示"从来没有"的比例均较低，整体比例在 5% 左右。总体而言，无论是城市还是农村受访者，表示曾购买到不安全食品的比例均在 30%～40% 左右之间，虽然与上年的 40%～50% 之间的比例相比有所下降，但说明风险食品在市场上具有一定的普遍性。

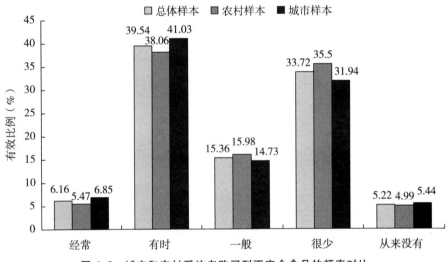

图 6-9　城市和农村受访者购买到不安全食品的频率对比

2. 购买食品是否会索要发票

图 6-10 中，整体而言，约 35.66% 的受访者购买食品时会索要发票，大部分受访者（64.34%）不会索要发票。其中，城市受访者购买食物时索要发票的情况要明显好于农村受访者，农村受访者不索要发票的比例高达 69.2%，比城市受访者不索要发票的比例高出约 10%。由此可见，仍需努力提高消费者尤其是农村消费者的科学消费意识和自我保护能力。

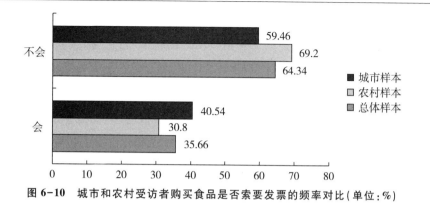

图 6-10　城市和农村受访者购买食品是否索要发票的频率对比（单位：%）

3. 食品购买的场所选择

食品质量与购买场所密切相关。一般而言，超市的食品质量相对较高，安全性基本能够保障。如图 6-11 所示，城市和农村受访者选择超市购买食品的比例最高，分别达到 92.37% 和 82.66%。其次是集贸市场或小卖部。除了其他方式以外，城市和农村受访者选择在路边流动摊贩购买食物的比例最低，分别为 18.42% 和 15.35%。这从一个侧面反映了城乡消费者的食品安全意识在不断提高。

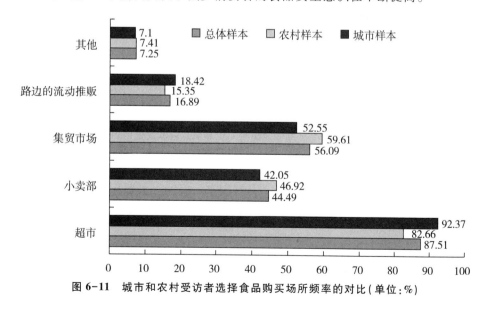

图 6-11　城市和农村受访者选择食品购买场所频率的对比（单位：%）

4. 食品安全消费的信息和知识获取渠道

如图 6-12，城市和农村受访者中，获取信息渠道频率最高的依然为报刊或电视,分别为 74.04% 和 71.91%。随着互联网在城市和农村地区的广泛普及,城市与农村受访者运用互联网获取食品安全消费信息的频率略低于报刊或电视,且均比上年的调查有了新的提高,分别为 66.84% 和 63.05%,尤其是农村地区受访者运用互联网获取食品安全消费信息的频率比上年提高了 13%。同时,城市或农村受访者通过家人或朋友获取食品安全消费信息的频率约占 50%,通过医生等专业人士获取食品安全消费信息的频率约占 20%。显然,在城市和农村受访者中,普遍会通过报刊或电视以及互联网等渠道获取食品安全信息和知识。因此,净化主流媒体与互联网环境,成为政府食品安全网络监管的重要方面。

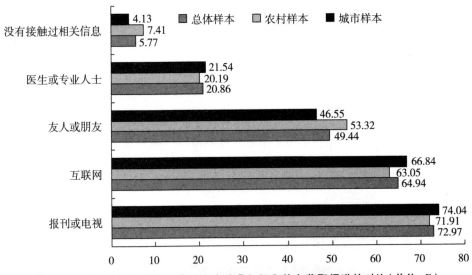

图 6-12 城市和农村受访者食品安全消费知识和信息获取渠道的对比(单位:%)

(二) 外出就餐的消费行为

随着城乡居民收入的提升,外出就餐成为常态。外出就餐的消费行为也是考察食品安全消费的重要方面。

1. 就餐场所选择

图 6-13,在问及城市和农村受访者对就餐场所的选择时,大部分城市受访者选择中型饭店,比例约为 45.36%,而大部分农村受访者则更愿意选择小型餐饮店,比例约为 46.78%。选择路边摊就餐的受访者相对较少,均不足 7%,其中农村地区

样本比例为 6.88%，比城市地区样本比例高出 3.67%。这一调查结果基本符合我国城市与农村地区消费者外出就餐场所选择的现实情况。

2. 选择就餐场所最关注的因素

如图 6-14 所示，在选择就餐场所时，无论是城市还是农村受访者，都认为卫生条件是最关注的因素之一，随后依次为口味、价格、用餐环境、便利性、朋友介绍和其他。尤其在城市受访者中，认为卫生条件是最关注的因素的比例最高，占比 74.14%，远远超过对其他因素的关注程度。由此可见，卫生条件是受访者最为关注的因素且城市受访者更为关注。

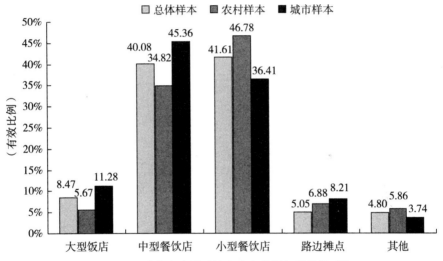

图 6-13　城市和农村受访者外出就餐场所选择对比

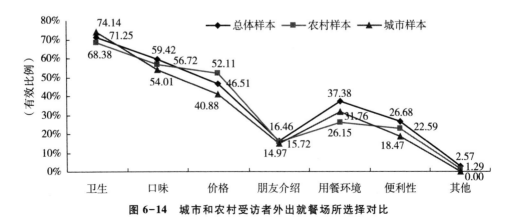

图 6-14　城市和农村受访者外出就餐场所选择对比

3. 对就餐场所经营者的关注

如图 6-15 所示,大部分城市与农村受访者认为经营者诚信状况比较好或一般,比例均在 40% 左右,且前者的比例略微低于后者。无论是城市受访者还是农村受访者,认为经营者诚信状况比较差或很差的比例均不高,不超过 4%。整体而言,城乡受访者对就餐场所经营者诚信状况的评价不高,一方面说明经营者与消费者之间缺少互信,另一方面,说明就餐场所经营者的诚信状况确实有待于进一步提高。

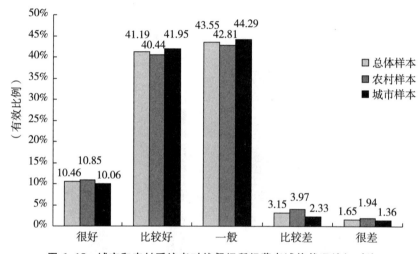

图 6-15 城市和农村受访者对就餐场所经营者诚信状况认知对比

4. 对就餐场所是否申领卫生许可证、经营许可证的关注

对就餐场所是否申领卫生许可证、经营许可证的关注度调查结果如图 6-16 所示。结果显示,分别有 46.72% 和 43.15% 的城市和农村受访者,表示关注就餐场所是否申领卫生许可证、经营许可证;分别有 21.2% 和 18.98% 的城市与农村受访者表示不会关注该问题;表示没有考虑过这个问题的城市与农村受访者比例分别为 32.09% 和 37.87%,可见,重视并关注该问题的受访者比例仍然偏低,不足 50%,消费者的食品安全消费素养确实需要进一步提高。

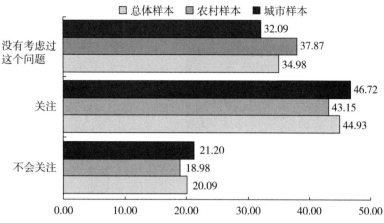

图 6-16　城市和农村受访者对就餐场所申领相关证件的关注对比（单位：%）

（三）餐饮环节食品安全问题的相关评价

调查受访者对餐饮环节食品安全问题的相关评价，有助于创新流通与餐饮环节的食品安全监管。

1. 路边摊监管问题

如图 6-17，对于路边摊监管问题的评价，一半以上的城市或农村受访者都认为对路边摊应该保留但必须加强监管。其中，城市受访者认为应该保留且加强监管的比例最高，达到 56.39%。因此，从整体而言，受访者对保留路边摊并加强监管的呼声最高。主要的原因可能是出于就餐的方便。

2. 餐饮行业最大食品安全隐患

图 6-18 显示，在餐饮行业最大食品安全隐患的调查中，滥用食品添加剂的被选择频率分别为 80.99%（城市受访者）和 80.68%（农村受访者），食物存储不当是最大食品安全隐患的被选择频率分别为 62.32%（城市受访者）和 61.4%（农村受访者），餐具卫生状况条件差是最大食品安全隐患的被选择频率分别为 53.86%（城市受访者）和 62.66%（农村受访者），从业人员健康状况差是最大食品安全隐患的被选择频率分别为 21.54%（城市受访者）和 26.44%（农村受访者）。由此可见，受访者对滥用食品添加剂是餐饮行业最大食品安全隐患的认同度最高。

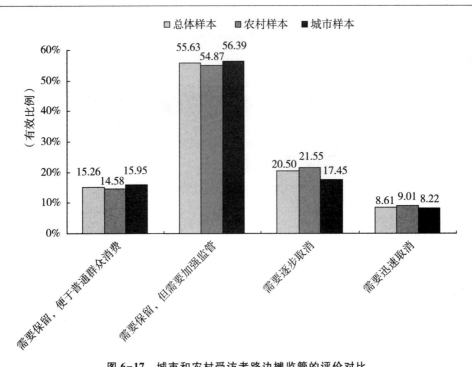

图 6-17　城市和农村受访者路边摊监管的评价对比

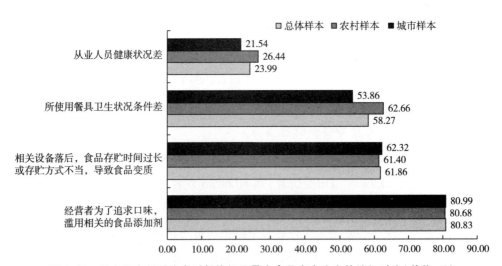

图 6-18　城市和农村受访者对餐饮行业最大食品安全隐患的认知对比 (单位:%)

3. 造成餐饮行业食品安全问题的主要原因

图 6-19 显示,与上年的调查结果不同的是,整体而言,受访者不再认为"政府

监管力度不大"是造成餐饮业食品安全问题的主要原因,而认为"经营者片面追求
经济利益"是造成餐饮业食品安全问题的主要原因,尤其是农村受访者选择"经营
者片面追求经济利益"的频率为 80.34%,选择"政府监管力度不大"的频率为
75.06%。城市与农村受访者选择"消费者不够警惕"的频率均最低。近年来,随着
政府食品安全监管力度的加大,消费者越来越反感食品经营者缺乏诚信,片面追求
经济利益。

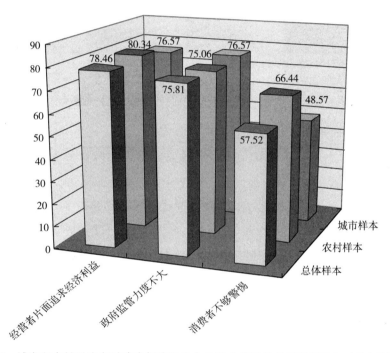

图 6-19　城市和农村受访者对造成餐饮行业食品安全问题的关键原因认知对比(单位:%)

4. 提高餐饮行业食品安全的最有效途径

当问及对提高餐饮行业食品安全最有效途径时,无论是城市或农村受访者,都
认为最应该加大政府监管力度并加大惩罚,该项比例在城市和农村受访者中分别
占 63.20%和 53.17%(图 6-20)。其次是加强消费者食品安全意识,该项比例在城
市和农村受访者中分别占 18.86%和 24.02%。再次是曝光典型事件与违法企业,
该项比例在城市和农村受访者中分别占 15.61%和 19.66%。可知,受访者认为提
高餐饮行业食品安全的最有效途径首要是政府加强监管且加大惩罚。

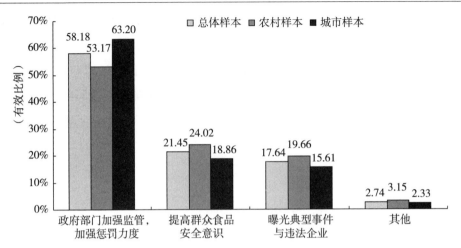

图 6-20　城市和农村受访者对提高餐饮行业食品安全最有效途径认知对比

5. 划分餐饮单位等级的监管方式是否有效

如图 6-21,城市受访者中,认为划分餐饮单位等级的监管方式有效的比例较低,为 27.08%,而认为效果一般或没什么效果的比例分别 46.23% 和 26.69%。农村受访者中,认为划分餐饮单位等级的监管方式有效的比例为 34.77%,认为一般和没有什么效果的比例为 39.52 和 25.71%。可见,大部分受访者对划分餐饮等级的监管方式的效果评价一般。因此,餐饮单位等级的监管方式需要进一步完善。

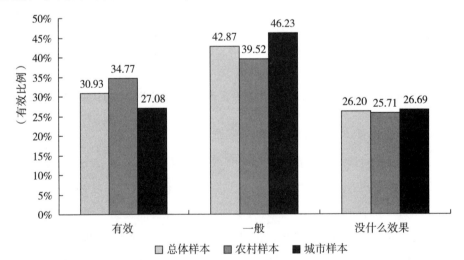

图 6-21　城市和农村受访者对划分餐饮单位等级是否有效认知对比

由此可见,本次调查的结果表明,2017 年城乡居民食品购买与餐饮消费行为在遵循前期规律的基础上有了新的变化,突出表现在对造成餐饮业食品安全问题的主要原因等问题的评价,获取食品安全知识与信息的渠道等方面。与此同时,本次调查结果还显示出,仍需努力提高消费者尤其是农村消费者的科学消费意识和自我保护能力。

六、食品安全的消费投诉举报与权益保护状况

本报告的研究表明中国的食品安全状况日趋向好,这与政府不断加强监管密不可分。由于不法分子的隐蔽性,仅仅依靠政府的监管不够,还必须依靠社会各方面的力量积极参与,尤其是充分发挥消费者的监督力量。因此,消费者在享有权利的同时,也应积极参与到食品安全社会共治之中,发现不安全食品应及时主动投诉、举报,履行社会监督责任。本节主要采用中国消费者协会的相关数据,分析研究公众食品安全的消费投诉与权益保护的情况。研究认为,政府应进一步加大对消费者在食品安全共治中作用的宣传,鼓励消费者对不合格、不安全的食品零容忍,增强消费者维权意识,共同铺就食品安全监督"网"。

(一) 食品类别的投诉情况

根据中国消费者协会 2018 年 1 月发布的《2017 年全国消协组织受理投诉情况分析》报告,在 2017 年的所有投诉中,商品类投诉为 305463 件,占总投诉量的 42.03%,比 2016 年下降 15.71 个百分点;服务类投诉为 382823 件,占总投诉量的 52.67%,比 2016 年上升 16.72 个百分点。整体而言,服务类投诉呈现上升趋势,且在总投诉中的占比超过了商品类投诉。

根据 2017 年商品大类投诉数据(如图 6-22、表 6-3 所示),各类投诉量占比均比 2016 年有所下降,而食品类在商品大类的投诉量同样如此,虽然较 2016 年的 4.13% 下降了近 1.25 个百分点,但食品类投诉量仍居第六位。

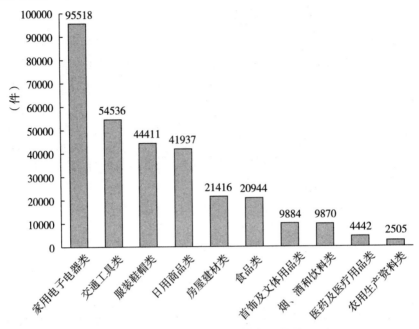

图 6-22 2017 年商品大类投诉量图

资料来源:中国消费者协会:《2017 年全国消协组织受理投诉情况分析》。

表 6-2 2016—2017 年间商品大类投诉量变化情况

商品大类	2016 年(件)	比重(%)	2017 年(件)	比重(%)	比重变化(%)
家用电子电器	122785	18.78	95518	13.14	5.64
交通工具	54239	8.30	54536	7.5	0.80
服装鞋帽	57009	8.72	44411	6.11	2.61
日用商品	47040	7.20	41937	5.77	1.43
房屋及建材	28091	4.30	21416	2.95	1.35
食品	26979	4.13	20944	2.88	1.25
首饰及文体用品	12910	1.97	9884	1.36	0.61
烟、酒和饮料*	11817	1.81	9870	1.36	0.45
医药及医疗用品	7879	1.21	4442	0.61	0.60
农用生产资料	8647	1.32	2505	0.35	0.98

资料来源:中国消费者协会:《2016 年、2017 年全国消协组织受理投诉情况分析》。

* 本表食品种类的有关分类按照中国消费者协会传统的方法。实际上,按照国家统计局的统计口径,烟、酒和饮料类也属于食品。

　　2011 年 12 月,国家食品药品监督管理总局印发《食品药品投诉举报管理办法(试行)》,要求各地开通食品药品投诉举报电话 12331,专门受理食品、药品、医疗器械、保健食品、化妆品等方面的咨询、投诉、举报。从 2012 年开始,全国食药系统纷纷开通"12331"食品投诉举报电话,大力推行食品安全有奖举报制度。目前,覆盖国家、省、市、县四级的食品投诉举报业务系统初步建成,基本实现网络 24 小时接通,电话在受理时间内接通率普遍超过 90%。公众食品投诉举报的知晓率不断提高,维权意识和投诉举报积极性迅速增长,全国食品投诉量从 2014 年的 35.3 万件增长到 2017 年的 88 万件,三年间增长 1.5 倍(图 6-23)。由于投诉渠道的增多,相比较而言全国消协组织受理的食品消费投诉量有新的下降。2017 年,全国消协组织受理的食品消费投诉量为 20944 件,分别比 2015 年和 2016 年下降了 3.32% 和22.37%(表 6-4)。

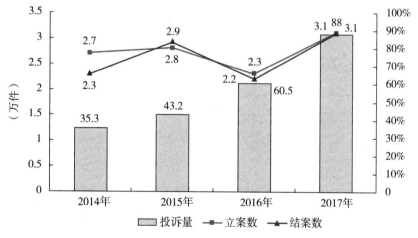

图 6-23　2014—2017 年间"12331"食品投诉情况

资料来源:根据国家食品药品监督管理总局的相关资料整理形成。

表 6-3　2009—2017 年间全国消协组织受理的食品消费投诉量

年份	2009	2010	2011	2012	2013	2014	2015	2016	2017
投诉量(件)	36698	34789	39082	39039	42937	26459	21664	26979	20944
比上年增长(%)	-20.65	-5.20	12.34	-0.11	9.98	-38.38	-18.12	24.53	-22.37

资料来源:根据中国消费者协会:《2009—2017 年全国消协组织受理投诉情况分析》。

(二) 食品相关类别的投诉情况

1. 食品类投诉量仍居前十位

进一步利用中国消费者协会的数据可以展开如下的分析。在具体商品投诉中,2017 年食品投诉量为 13551 件,较上年减少 2858 件,但食品投诉量排名上升至第五位(2016 年食品投诉量位居第六位),位列汽车及零部件、通信类产品、服装、鞋之后(图 6-24)。

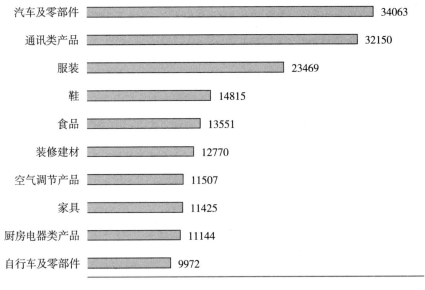

图 6-24　2017 年全国消协组织受理的投诉量位居前 10 位的商品与投诉量(单位:件)

资料来源:中国消费者协会:《2017 全国消协组织受理投诉情况分析》。

2. 食品类投诉质量为主

食品安全问题关系到每个消费者的切身利益。表 6-5 表明,在 2017 年中国消协组织受理的食品类消费者投诉中,食品质量问题占食品类投诉的 38.45%,虽然比 2016 年降低了 8.45%,但食品投诉仍然主要以质量为主。消费者反映的问题主要集中在预包装食品标签标示不清,在销食品过期、变质,食品添加剂超标,食品含异物等。在烟、酒和饮料类,婴幼儿奶粉及餐饮服务的消费者投诉中,质量问题投诉占比分别为37.92%、31.13%和21.87%。同时,消费者在维权过程中仍然面临一些实际困难,食品安全消费维权环境改善不大。这些问题主要是部分经营者责任意识不强;食品投诉情况复杂,存在举证难、责任认定难。

表6-4　2017年食品类与烟、酒和饮料类等受理投诉的相关情况统计表*(单位:件)

类别	总计	质量	安全	价格	计量	假冒	合同	虚假宣传	人格尊严	售后服务	其他
一、食品类	20944	8052	1085	1256	1198	905	1882	3140	103	2262	1061
食品	13551	5689	673	816	999	469	1374	1576	69	1223	663
其中:米、面粉	1461	667	75	76	130	52	112	133	8	148	60
食用油	968	375	53	73	35	38	92	117	2	123	56
肉及肉制品	1971	922	103	160	176	83	121	148	9	165	84
水产品	1380	371	53	62	320	39	187	129	5	155	59
乳制品	1638	695	92	105	34	54	227	147	4	192	88
保健食品	5182	1542	270	299	112	344	377	1298	21	649	270
其他	2211	821	142	141	87	92	131	266	13	390	128
二、烟、酒和饮料类	9870	3743	487	626	273	673	945	996	45	1594	488
烟草、酒类	5390	2097	256	352	153	461	573	523	23	701	251
其中:啤酒	1811	742	121	104	57	93	116	194	10	278	96
白酒	2472	765	115	143	88	261	373	250	11	353	113
非酒精饮料	4031	1525	218	243	113	169	347	413	21	765	217
其中:饮用水	3256	1177	190	194	111	117	264	350	19	666	168
其他	449	121	13	31	7	43	25	60	1	128	20
三、婴幼儿奶粉	681	212	19	26	7	38	174	55	7	124	19
四、餐饮服务	9685	2118	637	735	97	217	2460	517	148	2195	561

资料来源:中国消费者协会:《2017年全国消协组织受理投诉情况分析》。

*本表食品种类的有关分类按照中国消费者协会传统的方法。实际上,按照国家统计局的统计口径,烟、酒和饮料类属于食品。

3. 餐饮类服务投诉位列服务类第七位

2017 年,中国消协组织受理的具体服务投诉中,餐饮服务的投诉量位居服务细分领域的第七位,次于远程购物、店面销售、移动电话服务、网络接入服务、经营性互联网服务及美容、美发。与 2016 年相比,2017 年消费者对餐饮服务投诉量减少了 5678 件,而在十大服务类投诉的排名则由 2016 年的第四名降低至第七名(图 6-25)。餐饮类服务投诉量降低,反映出 2017 年全国食药系统实施的餐饮业质量安全提升工程初见成效。

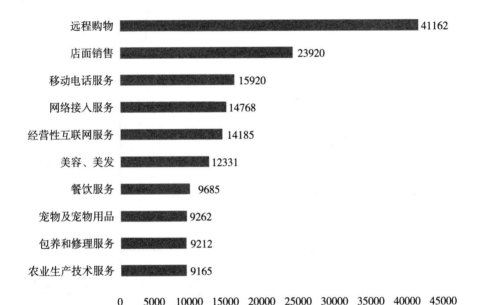

图 6-25　服务大类细分领域投诉前十位(单位:件)

资料来源:中国消费者协会:《2017 年全国消协组织受理投诉情况分析》。

4. 网购食品成消费者投诉举报的新热点

网络购物因其物美价廉、方便快捷而受到消费者的青睐,网络购物消费异军突起。但与此同时,2017 年全国消协组织受理投诉情况统计表明,在具体服务投诉中,以网络购物为主体的远程购物的投诉量在服务投诉中位居首位,侵权行为频发,其中网购食品已成为近年来消费者投诉举报的新热点。由于缺乏全国性的数据,在此以广西 2017 年网购食品投诉为例展开简单的分析。2017 年,广西工商

12315平台共受理互联网购物投诉2180件,同比增长166.83%,网购商品类投诉占比为82.57%。其中,投诉热点类型有食品、通信产品等,而食品类投诉522件,占网购投诉的23.94%①。由此可见,需要进一步加大食品网络购物领域消费者权益的保护力度。

---

① 《广西2017年消费者投诉举报数据分析:共享单车成新热点》,中国消费者权益保护网,2018年1月30日,http://www.315.gov.cn/wqsj/12315sj/zj12315sj/201801/t20180130_177304.html。

第七章　2017年进口食品贸易与质量安全性考察

保持进口食品贸易的持续稳定,对于中国这样一个大国而言具有重要的意义,既能够调节国内食品供求关系,又能够满足食品市场多样性需要。我国自2013年以来已成为全球第一大食品进口市场,食品进口种类日趋齐全,进口来源地保持相对集中,但面临的风险日益增大。确保进口食品的质量安全,已成为保障国内食品安全的重要组成部分。本章在具体阐述进口食品数量变化的基础上,重点考察进口食品的安全性,并提出强化进口食品安全性的建议①。

一、进口食品贸易的基本特征

改革开放以来,特别是20世纪90年代以来,我国食品进口贸易的发展呈现出总量持续扩大,结构不断提升,市场结构整体保持相对稳定与逐步优化的基本特征②。为了能在较长时间段内探究我国进口食品贸易的变化规律,尽最大可能地研究我国进口食品贸易的最新特征,本部分的研究起点设置为2011年,重点考察2011—2017年间我国进口食品贸易的情况。

---

① 本章的相关数据主要源于国家质量监督检验检疫总局定期发布的《进境不合格食品、化妆品信息》《"十二五"进口食品质量安全状况(白皮书)》《2016年中国进口食品质量安全状况白皮书》以及中国海关总署发布的《2017年中国进口食品质量安全状况》等。为方便读者的研究,本章的相关图、表均标注了主要数据的来源。

② 尹世久、吴林海、王晓莉:《中国食品安全发展报告2016》,北京大学出版社2016年版。

（一）进口食品的总体规模

图 7-1 反映了 2011 年至 2017 年我国食品进口贸易规模的变化状况。图 7-1 显示,2011 年我国进口食品贸易规模为 374.5 亿美元,之后食品进口贸易规模稳定增长,到 2013 年达到 467.1 亿美元,我国从此成为全球第一大食品进口市场①。2014 年,我国食品进口贸易规模进一步增长到 482.4 亿美元,但在 2015 年下降为 459.2 亿美元,2016 年又缓慢恢复到 466.2 亿美元的水平。2017 年,我国进口食品贸易总额达到 582.8 亿美元,较 2016 年大幅增长 25.01%,创历史新高。2011—2017 年间,我国进口食品贸易总额累计增长 55.62%,年均增长 7.65%。可见,在 2011—2017 年间除个别年份有所波动外,我国食品进口贸易规模整体呈现出平稳较快增长的特征。

图 7-1　2011—2017 年间我国食品进口贸易总额变化图

资料来源:国家质量监督检验检疫总局:《"十二五"进口食品质量安全状况(白皮书)》、中国海关总署:《2017 年中国进口食品质量安全状况》。

（二）进口食品来源地的区域特征

2016 年,我国从 187 个国家和地区进口食品,而到 2017 年来源地数量下降为

---

① 《2014 年度全国进口食品质量安全状况(白皮书)》,国家质检总局网站,2015 年 4 月 7 日,http://www.aqsiq.gov.cn/zjxw/zjxw/zjftpxw/201504/t20150407_436001.htm。

178 个国家和地区,进口食品来源地范围有所缩小,但主要进口国家和地区保持稳定。

表 7-1 显示,2016 年我国食品主要的进口国家和地区是欧盟(110.8 亿美元,23.77%)、东盟(74.4 亿美元,15.96%)、美国(50.5 亿美元,10.83%)、新西兰(32.7 亿美元,7.01%)、巴西(31.7 亿美元,6.80%)、加拿大(21.8 亿美元,4.68%)、澳大利亚(21.1 亿美元,4.53%)、俄罗斯(19.1 亿美元,4.10%)、韩国(9.5 亿美元,2.04%)、智利(8.7 亿美元,1.87%),上述十个国家和地区对我国的食品贸易总额达到 380.3 亿美元,占当年我国食品进口贸易总额的 81.59%。2017 年我国食品主要的进口国家和地区是欧盟(119.7 亿美元,20.54%)、美国(52.9 亿美元,9.08%)、新西兰(48.7 亿美元,8.36%)、印度尼西亚(45.4 亿美元,7.79%)、加拿大(44.9 亿美元,7.70%)、澳大利亚(30.8 亿美元,5.28%)、巴西(29.2 亿美元,5.01%)、马来西亚(23.3 亿美元,4%)、俄罗斯(22.9 亿美元,3.93%)、越南(22.4 亿美元,3.84%),从上述十个国家和地区进口的食品贸易总额达到 440.2 亿美元,占当年食品进口贸易总额的 75.53%。由此可见,近年来我国食品主要进口国家和地区基本稳定。

表 7-1　2016 年与 2017 年我国进口食品区域分布变化比较　(单位:亿美元)

2017 年			2016 年		
区域分布	进口金额	占比(%)	区域分布	进口金额	占比(%)
欧盟	119.7	20.54	欧盟	110.8	23.77
美国	52.9	9.08	东盟	74.4	15.96
新西兰	48.7	8.36	美国	50.5	10.83
印度尼西亚	45.4	7.79	新西兰	32.7	7.01
加拿大	44.9	7.70	巴西	31.7	6.80
澳大利亚	30.8	5.28	加拿大	21.8	4.68
巴西	29.2	5.01	澳大利亚	21.1	4.53
马来西亚	23.3	4.00	俄罗斯	19.1	4.10
俄罗斯	22.9	3.93	韩国	9.5	2.04
越南	22.4	3.84	智利	8.7	1.87

资料来源:国家质量监督检验检疫总局:《2016 年中国进口食品质量安全状况白皮书》、中国海关总署:《2017 年中国进口食品质量安全状况》。

（三）进口食品的种类分布

2017 年,我国进口食品的主要种类贸易额由高到低依次是肉类（102.1 亿美元,17.52%）、油脂及油料类（101.9 亿美元,17.48%）、乳制品类（85.2 亿美元,14.62%）、水产及制品类（85.0 亿美元,14.58%）、粮谷及制品类（51.9 亿美元,8.91%）、酒类（48.0 亿美元,8.24%）、糖类（24.2 亿美元,4.15%）、饮料类（20.8 亿美元,3.57%）、干坚果类（11.7 亿美元,2.01%）、糕点饼干类（8.3 亿美元,1.42%）。其中,肉类、油脂及油料类、乳制品类、水产及制品类是最主要的进口种类,所占比例均超过 10%,以上四类合计进口贸易额为 374.2 亿美元,占进口食品贸易总额的比例高达 64.20%。

与 2016 年相比,进口食品中的饮料类（71.9%）、干坚果类（50%）、油脂及油料类（45.57%）、乳制品类（40.59%）、酒类（29.38%）等食品种类的增长率相对较高,均超过了食品贸易总额的增长率,肉类进口贸易规模则出现了负增长（见表 7-2）。

表 7-2　2016 年与 2017 年我国进口食品种类分布变化比较　（单位:亿美元）

地区分布	2017 年		2016 年		2017 年比2016 年增减
	进口金额	占比（%）	进口金额	占比（%）	
肉类	102.1	17.52	103.5	22.20	-1.35%
油脂及油料类	101.9	17.48	70.0	15.02	45.57%
乳制品类	85.2	14.62	60.6	13.00	40.59%
水产及制品类	85.0	14.58	71.0	15.23	19.72%
粮谷及制品类	51.9	8.91	42.0	9.01	23.57%
酒类	48.0	8.24	37.1	7.96	29.38%
糖类	24.2	4.15	21.3	4.57	13.62%
饮料类	20.8	3.57	12.1	2.60	71.90%
干坚果类	11.7	2.01	7.8	1.67	50.00%
糕点饼干类	8.3	1.42	7.8	1.67	6.41%

资料来源:国家质量监督检验检疫总局:《2016 年中国进口食品质量安全状况白皮书》、中国海关总署:《2017 年中国进口食品质量安全状况》。

（四）主要进口食品占国内供应量的比重

1. 乳制品

受 2008 年三鹿奶粉事件以及其他奶粉类食品安全事件的影响,国内消费者对国产乳制品的信心持续低迷,乳制品的进口量继续保持高位。我国进口乳制品主要是以乳粉的形式进口。图 7-2 显示了 2011—2017 年间我国乳粉进口量和占国内供应量比例的状况。近年来,我国进口乳粉贸易量由 2011 年的 87 万吨增长到2014 年 149.9 万吨的高点后呈下降趋势,并于 2016 年降低到 96.5 万吨后触底反弹。2017 年,我国乳粉进口贸易量则上升反弹到 132.4 万吨,较 2016 年增长37.2%,上升势头明显。与进口贸易量类似,我国进口乳粉占国内供应量的比例由2011 年的 16%上升到 2013 年 25%的高点后开始下降,并于 2016 年降到 17.1%的低点。2017 年,进口乳粉占国内供应量的比例则上升为 22.7%,较 2016 年提高 5.6个百分点。可见,虽然乳粉进口贸易量波动频繁,但进口乳粉在我国乳制品消费中占有重要地位。

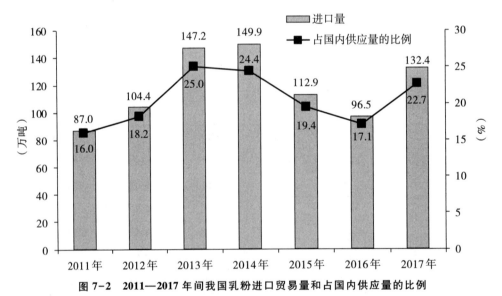

图 7-2　2011—2017 年间我国乳粉进口贸易量和占国内供应量的比例

资料来源:国家质量监督检验检疫总局:《"十二五"进口食品质量安全状况(白皮书)》,中国海关总署:《2017 年中国进口食品质量安全状况》。

2. 食用植物油

2011—2012 年间,我国食品植物油进口贸易量和占国内供应量的比例双双维持在高位,之后两者连续出现下降,由 2013 年的 1151.5 万吨下降到 2016 年的 673.5 万吨,累计下降 41.51%,占国内供应量的比例由 2013 年的 18.5%下降到 2016 年的 8.9%,累计下降 8.7 个百分点。2017 年,我国食用植物油进口贸易量为 941.9 万吨,较 2016 年增长 39.85%,占国内供应量的比例上升到 12%,较 2016 年提高 3.1 个百分点(见图 7-3)。整体来说,我国食用植物油进口贸易量和占国内供应量的比例呈下降趋势,但在 2017 年出现一定的回升。

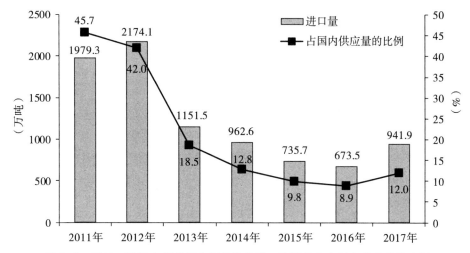

图 7-3　2011—2017 年间我国食用植物油进口贸易量和占国内供应量的比例

资料来源:国家质量监督检验检疫总局:《"十二五"进口食品质量安全状况(白皮书)》,中国海关总署:《2017 年中国进口食品质量安全状况》。

3. 肉类

近年来,我国发生了诸多的肉类食品安全事件,如 2011 年的双汇"瘦肉精"事件、2014 年上海福喜事件以及病死猪肉事件等。受国内肉制品安全事件持续发生的影响,我国肉类进口贸易量整体呈上升的趋势。图 7-4 显示,2011—2015 年间,我国肉类进口贸易量基本稳定在 200～300 万吨之间,占国内供应量的比例维持在 2.5%和 3.5%之间。2016—2017 年,肉类进口贸易量分别达到 460.4 万吨和 427.4 万吨,分别同比增长 63.55%和下降 7.17%,占国内供应量的比例分别为 5.1%和

4.8%,分别同比提高 2.0 个百分点和下降 0.3 个百分点。具体来说,猪肉及制品的进口贸易量最大,达到 262.3 万吨,占国内供应量的 4.7%;牛肉及制品进口贸易量为 75.1 万吨,占国内供应量的 9.5%;羊肉及制品进口贸易量为 26.6 万吨,占国内供应量的 5.5%;禽肉及制品进口贸易量为 46.9 万吨,占国内供应量的 2.4%。

图 7-4　2011—2017 年间我国肉类进口贸易量和占国内供应量的比例

资料来源:国家质量监督检验检疫总局:《"十二五"进口食品质量安全状况(白皮书)》,中国海关总署:《2017 年中国进口食品质量安全状况》。

4. 水产及制品

图 7-5 是 2011—2017 年间我国水产及制品进口贸易量和占国内供应量的比例。2011—2017 年间,我国水产及制品进口贸易规模基本稳定,进口贸易量整体处于 350—450 万吨之间,占国内供应量的比例也基本保持在 5.5%—7% 之间。2017 年,我国水产及制品进口贸易量为 408.9 万吨,较 2016 年的 388.3 万吨增长5.31%,占国内供应量的比例为 5.6%,较 2016 年的 5.5% 提高 0.1 个百分点。

二、具有安全风险的进口食品的批次与来源地

经过改革开放 40 年的发展,我国已成为进口食品贸易总额排名世界第一的大国。虽然进口食品质量安全总体情况一直保持稳定,没有发生过重大进口食品安

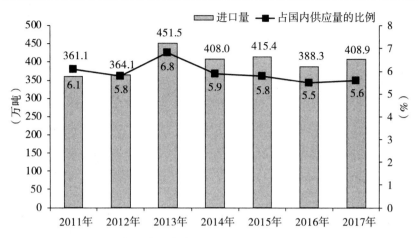

图 7-5　2011—2017 年间我国水产及制品进口贸易量和占国内供应量的比例

资料来源：国家质量监督检验检疫总局：《"十二五"进口食品质量安全状况（白皮书）》，中国海关总署：《2017 年中国进口食品质量安全状况》。

全问题，但随着进口食品贸易规模的持续攀升，其质量安全的形势日益严峻。从保障人民群众食品消费安全的全局出发，基于全球食品的安全视角，分析研究具有安全风险的进口食品的基本状况，并由此加强食品安全的国际共治就显得尤其重要。

（一）进口不合格食品的批次

伴随着进口食品的大量涌入，近年来被我国出入境检验检疫机构检出的不合格而被拒绝入境的进口食品的批次整体呈现上升趋势[1]。国家质量监督检验检疫总局的数据显示，2009 年，我国进口食品的不合格批次为 1543 批次，2010—2012 年分别增长到 1753 批次、1857 批次和 2499 批次。2013—2016 年间，进口食品的不合格批次呈现"M"型变动，分别达到 2164 批次、3503 批次、2805 批次和 3042 批次。然而，2017 年的进口食品不合格批次呈井喷式增长，较 2016 年增长 117.98%，达到 6631 批次的历史最高水平，显示进口食品的问题依然严峻，其安全性需要引起高度重视（见图 7-6）。

---

[1]　本章中所指的进口食品不合格的数量、规模、批次等，均指被我国出入境检验检疫机构检出的不合格而被拒绝入境的进口食品。为简单起见，在本章中的研究分析中并没有全面指明，敬请读者注意。

图 7-6　2009—2017 年间进境食品不合格批次

资料来源:国家质量监督检验检疫总局进出口食品安全局:《2009—2017 年 1—12 月进境不合格食品、化妆品信息》,并由作者整理计算所得。

(二) 进口不合格食品的主要来源地

表 7-3 是 2016—2017 年间我国进口不合格食品的来源地分布。据国家质量监督检验检疫总局发布的相关资料,2016 年检出不合格并未准入境的进口食品批次最多的前十位来源地分别是:中国台湾(722 批次,23.73%)、美国(198 批次,6.51%)、日本(182 批次,5.98%)、韩国(162 批次,5.33%)、马来西亚(143 批次,4.70%)、法国(119 批次,3.91%)、西班牙(114 批次,3.75%)、德国(112 批次,3.68%)、越南(100 批次,3.29%)、澳大利亚(95 批次,3.12%),占未准入境食品总批次的 64%。

2017 年进口不合格食品批次最多的前十位来源地分别是:日本(909 批次,13.71%)、中国台湾(698 批次,10.53%)、美国(525 批次,7.92%)、韩国(399 批次,6.02%)、澳大利亚(306 批次,4.61%)、法国(303 批次,4.57%)、英国(293 批次,4.42%)、意大利(279 批次,4.21%)、德国(269 批次,4.06%)、中国香港(235 批次,3.54%)(见图 7-7)。上述 8 个国家和我国台湾、香港地区不合格进境食品合计为 4216 批次,占全部不合格 6631 批次的 63.59%。可见,我国主要的进口不合格食品来源地相对比较集中且近年来变化不大。

从检出不合格并未准入境的食品来源地来看,2017年日本超越我国台湾成为第一大来源地,我国台湾所占比重下降明显,英国和意大利超过马来西亚和越南进入前十位。整体来说,我国不合格进口食品主要来自美日欧等发达国家、地区和我国台湾、香港等地区。从来源地的数量来看,我国进口不合格食品来源地数量继续呈现扩大趋势,由2016年的82个国家和地区上升到94个国家和地区,显示我国进口食品安全风险的地域范围进一步扩散,这为进口食品安全治理带来了挑战。

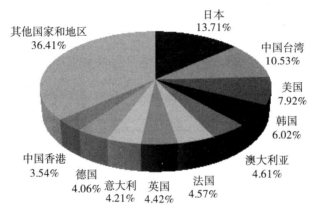

图7-7　2017年我国进境不合格食品主要来源地分布图

资料来源:国家质量监督检验检疫总局进出口食品安全局:《2017年1—12月进境不合格食品、化妆品信息》,并由作者整理计算所得。

表7-3　2016—2017年我国进境不合格食品来源地区汇总表

2017年不合格食品的来源地	不合格食品批次	占比(%)	2016年不合格食品的来源地	不合格食品批次	占比(%)
日本	909	13.71	中国台湾	722	23.73
中国台湾	698	10.53	美国	198	6.51
美国	525	7.92	日本	182	5.98
韩国	399	6.02	韩国	162	5.33
澳大利亚	306	4.61	马来西亚	143	4.70
法国	303	4.57	法国	119	3.91
英国	293	4.42	西班牙	114	3.75

（续表）

2017 年不合格食品的来源地	不合格食品批次	占比（%）	2016 年不合格食品的来源地	不合格食品批次	占比（%）
意大利	279	4.21	德国	112	3.68
德国	269	4.06	越南	100	3.29
中国香港	235	3.54	澳大利亚	95	3.12
泰国	214	3.23	俄罗斯	92	3.02
西班牙	205	3.09	意大利	89	2.93
马来西亚	168	2.53	泰国	75	2.47
俄罗斯	162	2.44	巴西	64	2.10
加拿大	160	2.41	印度尼西亚	63	2.07
越南	113	1.70	英国	56	1.84
巴西	95	1.43	匈牙利	47	1.55
新西兰	92	1.39	土耳其	39	1.28
印度尼西亚	85	1.28	新西兰	39	1.28
比利时	81	1.22	中国香港	38	1.25
荷兰	67	1.01	加拿大	35	1.15
匈牙利	65	0.98	菲律宾	32	1.05
土耳其	59	0.89	荷兰	30	0.99
波兰	58	0.87	瑞士	25	0.82
斯里兰卡	53	0.80	波兰	23	0.76
奥地利	43	0.65	丹麦	22	0.72
叙利亚	37	0.56	中国 *	20	0.66
阿根廷	36	0.54	吉尔吉斯斯坦	18	0.59
智利	34	0.51	智利	18	0.59
瑞典	33	0.50	格鲁吉亚	17	0.56
中国 *	30	0.45	斯里兰卡	17	0.56
墨西哥	29	0.44	伊朗	15	0.49
拉脱维亚	28	0.42	葡萄牙	14	0.46

（续表）

2017 年不合格食品的来源地	不合格食品批次	占比（％）	2016 年不合格食品的来源地	不合格食品批次	占比（％）
菲律宾	27	0.41	中国澳门	14	0.46
格鲁吉亚	25	0.38	乌克兰	13	0.43
蒙古	25	0.38	阿根廷	12	0.39
印度	23	0.35	奥地利	11	0.37
瑞士	22	0.33	老挝	10	0.33
新加坡	21	0.32	摩尔多瓦	9	0.30
阿联酋	20	0.30	新加坡	9	0.30
伊朗	20	0.30	保加利亚	8	0.27
南非	18	0.27	比利时	8	0.27
爱尔兰	14	0.21	南非	8	0.27
白俄罗斯	13	0.20	孟加拉	7	0.23
乌克兰	12	0.18	塞尔维亚	7	0.23
乌拉圭	12	0.18	缅甸	6	0.20
以色列	12	0.18	瑞典	6	0.20
丹麦	12	0.18	塞内加尔	6	0.20
科特迪瓦	11	0.17	巴基斯坦	5	0.16
葡萄牙	11	0.17	芬兰	5	0.16
阿尔及利亚	10	0.15	莫桑比克	5	0.16
挪威	10	0.15	冰岛	4	0.13
厄瓜多尔	9	0.14	斐济	4	0.13
捷克	9	0.14	罗马尼亚	4	0.13
巴基斯坦	8	0.12	乌拉圭	4	0.13
保加利亚	7	0.11	印度	4	0.13
立陶宛	7	0.11	蒙古	3	0.10
哈萨克斯坦	6	0.09	秘鲁	3	0.10
文莱	6	0.09	斯洛文尼亚	3	0.10

（续表）

2017 年不合格食品的来源地	不合格食品批次	占比（%）	2016 年不合格食品的来源地	不合格食品批次	占比（%）
中国澳门	6	0.09	爱尔兰	2	0.07
阿塞拜疆	5	0.08	克罗地亚	2	0.07
芬兰	5	0.08	肯尼亚	2	0.07
吉尔吉斯斯坦	5	0.08	摩洛哥	2	0.07
罗马尼亚	5	0.08	尼泊尔	2	0.07
秘鲁	5	0.08	尼日利亚	2	0.07
斯洛伐克	5	0.08	阿尔巴尼亚	1	0.03
沙特阿拉伯	4	0.06	贝宁	1	0.03
斯洛文尼亚	4	0.06	布隆迪	1	0.03
阿曼	3	0.05	多哥	1	0.03
波斯尼亚和黑塞哥维那	3	0.05	厄瓜多尔	1	0.03
斐济	3	0.05	哥伦比亚	1	0.03
加纳	3	0.05	格陵兰	1	0.03
毛里塔尼亚	3	0.05	津巴布韦	1	0.03
缅甸	3	0.05	科特迪瓦	1	0.03
希腊	3	0.05	马其顿	1	0.03
阿尔巴尼亚	2	0.03	毛里塔尼亚	1	0.03
爱沙尼亚	2	0.03	墨西哥	1	0.03
冰岛	2	0.03	挪威	1	0.03
朝鲜	2	0.03	塞浦路斯	1	0.03
哥斯达黎加	2	0.03	危地马拉	1	0.03
圭亚那	2	0.03	希腊	1	0.03
库克群岛	2	0.03	以色列	1	0.03
马达加斯加	2	0.03			
马其顿	2	0.03			

（续表）

2017 年不合格食品的 来源地	不合格 食品批次	占比 （%）	2016 年不合格食品的 来源地	不合格 食品批次	占比 （%）
摩洛哥	2	0.03			
尼日利亚	2	0.03			
塞浦路斯	2	0.03			
乌兹别克斯坦	2	0.03			
亚美尼亚	2	0.03			
格陵兰	1	0.02			
柬埔寨	1	0.02			
肯尼亚	1	0.02			
苏里南	1	0.02			
突尼斯	1	0.02			

＊货物的原产地是中国，是出口食品不合格退运而按照进口处理的不合格食品批次。

资料来源：国家质量监督检验检疫总局进出口食品安全局：《2016、2017 年 1—12 月进境不合格食品、化妆品信息》，并由作者计算所得。

三、不合格进口食品主要原因的分析考察

分析国家质量监督检验检疫总局发布的相关资料，2017 年，滥用食品添加剂、微生物污染与重金属超标是影响进口食品安全风险的安全卫生问题，占检出不合格进口食品总批次的 23.18%；在进口食品安全风险的非安全卫生问题中，品质不合格、证书不合格、超过保质期、标签不合格则是主要问题，占检出不合格进口食品总批次的 65.71%。与之相对应，2016 年，滥用食品添加剂、微生物污染与重金属超标等安全卫生问题的比例为 43.95%，品质不合格、证书不合格、超过保质期、标签不合格等非安全卫生问题的比例为 39.84%（见表 7-4、图 7-8）。可见，与 2016 年相比，我国进口食品安全问题出现了明显的变化，非安全卫生问题占大多数。

从另外一个角度看，2016 我国进口食品不合格的前四大原因是滥用食品添加剂、微生物污染、标签不合格、品质不合格，其中滥用食品添加剂、微生物污染是影

响进口食品安全风险的安全卫生问题,在所有不合格原因中位列第一位和第二位。然而,2017 年我国进口食品不合格的前四大原因是品质不合格、证书不合格、超过保质期、标签不合格,全部是影响进口食品安全风险的非安全卫生问题,滥用食品添加剂、微生物污染仅位列第五位和第六位。这表明近年来我国进口食品安全问题发生了根本性改变,品质不合格、证书不合格等非安全卫生问题超越滥用食品添加剂、微生物污染等安全卫生问题成为导致我国进口食品不合格的主要因素。

除此之外,2017 年进口食品不合格原因出现了新的类型,有 70 批次进口食品由出口商主动召回,显示了部分国家和地区的食品召回制度已经比较成熟。食品召回制度是食品安全风险治理体系的重要组成部分,对促进食品行业健康发展、保障消费者食品安全具有重要意义。2015 年 3 月 11 日,国家食品药品监督管理总局公布《食品召回管理办法》并自 2015 年 9 月 1 日起施行,但我国的食品召回制度并没有取得明显的效果,未来需要加强,以构建国际共治格局。

表 7-4　2016 年、2017 年我国进境不合格食品的主要原因分类

2017 年			2016 年		
进境食品不合格原因	批次	占比(%)	进境食品不合格原因	批次	占比(%)
品质不合格	1518	22.89	滥用食品添加剂	679	22.32
证书不合格	1278	19.27	微生物污染	539	17.72
超过保质期	1149	17.33	标签不合格	460	15.12
标签不合格	1065	16.06	品质不合格	321	10.55
滥用食品添加剂	968	14.60	证书不合格	288	9.47
微生物污染	455	6.86	货证不符	146	4.80
包装不合格	422	6.36	超过保质期	143	4.70
未获准入许可	345	5.20	包装不合格	141	4.64
货证不符	302	4.55	重金属超标	119	3.91
感官检验不合格	133	2.01	未获准入许可	69	2.27
重金属超标	114	1.72	检出有毒有害物质	51	1.68
主动召回	70	1.06	含有违规转基因成分	26	0.85

（续表）

2017 年			2016 年		
进境食品不合格原因	批次	占比（%）	进境食品不合格原因	批次	占比（%）
携带有害生物	48	0.72	感官检验不合格	21	0.69
检出有毒有害物质	28	0.42	农兽药残留超标	17	0.56
含有违禁药物	27	0.41	风险不明	15	0.49
含有违规转基因成分	21	0.32	检出异物	3	0.10
农兽药残留超标	4	0.06	携带有害生物	3	0.10
运输条件不合格	2	0.03	辐照	1	0.03

　　资料来源：国家质量监督检验检疫总局进出口食品安全局：《2016 年、2017 年 1—12 月进境不合格食品、化妆品信息》，并由作者整理计算得到。

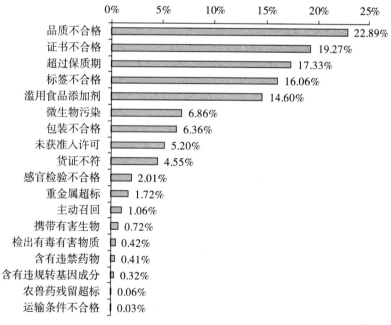

图 7-8　2017 年我国进境食品不合格项目分布

　　资料来源：国家质量监督检验检疫总局进出口食品安全局：《2017 年 1—12 月进境不合格食品、化妆品信息》。

（一）滥用食品添加剂

1. 具体情况

超范围或超剂量使用食品添加剂等滥用食品添加剂的行为是引发全球食品安全风险的重要因素。2017 年,我国因滥用食品添加剂而被拒绝入境的不合格进口食品共计 968 批次,较 2016 年增长 42.56%,但所占比例由 2016 年的 22.32% 下降到 2017 年的 14.6%,呈现相反的变动趋势。2017 年由滥用食品添加剂而被拒绝入境的进口不合格食品,主要是超范围或超剂量使用着色剂、防腐剂、甜味剂、营养强化剂等所致(见表 7-5)。

表 7-5　2016 年、2017 年由滥用食品添加剂引起的进境不合格食品的具体原因分类

序号	2017 年			2016 年		
	进境食品不合格的具体原因	批次	比例(%)	进境食品不合格的具体原因	批次	比例(%)
1	着色剂	274	4.13	防腐剂	165	5.42
2	防腐剂	185	2.79	着色剂	164	5.39
3	甜味剂	149	2.25	营养强化剂	121	3.98
4	营养强化剂	55	0.83	甜味剂	77	2.53
5	抗结剂	49	0.74	漂白剂	39	1.28
6	酸度调节剂	44	0.66	其他	25	0.82
7	乳化剂	35	0.53	抗结剂	19	0.62
8	抗氧化剂	34	0.51	抗氧化剂	16	0.53
9	膨松剂	28	0.42	乳化剂	14	0.46
10	其他	27	0.41	酸度调节剂	14	0.46
11	香料	19	0.29	膨松剂	10	0.34
12	水分保持剂	17	0.26	增稠剂	8	0.26
13	增稠剂	15	0.23	缓冲剂	2	0.07
14	护色剂	11	0.17	香料	2	0.07
15	稳定剂	9	0.14	酶制剂	1	0.03
16	增味剂	7	0.11	塑化剂	1	0.03
17	漂白剂	4	0.06	充气剂	1	0.03

（续表）

序号	2017 年			2016 年		
	进境食品不合格的具体原因	批次	比例（%）	进境食品不合格的具体原因	批次	比例（%）
18	加工助剂	3	0.05			
19	混浊剂	1	0.02			
20	基础剂	1	0.02			
21	消泡剂	1	0.02			

资料来源：国家质量监督检验检疫总局进出口食品安全局：《2016 年、2017 年 1—12 月进境不合格食品、化妆品信息》，并由作者整理计算得到。

2. 主要来源地

如图 7-9 所示，2017 年因检出滥用食品添加剂并未准入境的不合格进口食品的主要来源地分别是美国（150 批次，15.50%）、日本（108 批次，11.16%）、中国台湾（94 批次，9.71%）、韩国（49 批次，5.06%）、匈牙利（47 批次，4.86%）、法国（43 批次，4.44%）、马来西亚（42 批次，4.34%）、德国（40 批次，4.13%）、泰国（36 批次，3.72%）、西班牙（35 批次，3.62%），占所有因检出滥用食品添加剂并未准入境食品总批次的 66.54%。

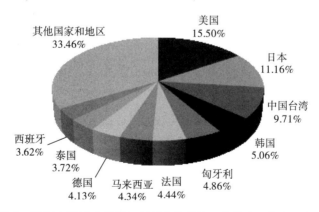

图 7-9　2017 年滥用食品添加剂引起的进境不合格食品的主要来源地

资料来源：国家质量监督检验检疫总局进出口食品安全局：《2017 年 1—12 月进境不合格食品、化妆品信息》，并由作者整理计算得到。

3.典型案例

近年来的典型案例是：(1)匈牙利铜锣烧违规使用防腐剂。2016 年 7 月,由匈牙利 KOVACS ES SZALAY KFT.公司生产的 12 批次微笑牌铜锣烧不合格,包含杏子味、草莓味、香草味、巧克力味等多种类型,不合格的主要原因包括超范围使用食品添加剂苯甲酸、超限量使用食品添加剂山梨酸。该 12 批次的微笑牌铜锣烧是由深圳市恒盛润商贸有限公司进口的,合计 432 千克,最终都被深圳市出入境检验检疫部门做销毁处理①。

(2)匈牙利果汁超范围使用食品添加剂糖精钠。2017 年 3 月,湖北省出入境检验检疫部门查处进口自匈牙利的 6 批次果汁不合格,共计 854.7 千克。这 6 批次果汁主要包括苹果汁、橙汁、桃汁、白葡萄汁等,均由 SZOBI ITALGYARTO 公司生产并由武汉欧宝购进出口贸易有限公司进口,不合格的原因是超范围使用食品添加剂糖精钠,最终这些果汁均被销毁处理②。

(二)微生物污染

1.具体情况

微生物个体微小、繁殖速度较快、适应能力强,在食品的生产、加工、运输和经营过程中很容易因温度控制不当或环境不洁造成污染,是威胁全球食品安全的又一重要因素。2017 年国家质量监督检验检疫总局检出的进口不合格食品中微生物污染共有 455 批次,占全年所有被拒绝入境的不合格进口食品批次总数的 6.86%,不合格批次和所占比重较 2016 年均有明显的下降,但其中菌落总数超标、霉菌超标以及大肠菌群超标的情况仍然较为严重。表 7-6 分析了在 2016—2017 年间由微生物污染引起的进口不合格食品的具体原因分类。

---

① 国家质检总局进出口食品安全局:《2016 年 7 月进境不合格食品、化妆品信息》,2016 年 8 月 25 日,http://jckspaqj.aqsiq.gov.cn/jcksphzpfxyj/jjspfxyj/201608/t20160825_472874.htm。

② 国家质检总局进出口食品安全局:《2017 年 3 月进境不合格食品、化妆品信息》,2017 年 4 月 24 日,http://jckspaqj.aqsiq.gov.cn/jcksphzpfxyj/jjspfxyj/201608/t20160825_472874.htm.检索日期:2018 年 4 月 25 日。

表 7-6　2016—2017 年由微生物污染引起的进境不合格食品的具体原因分类

序号	2017 年			2016 年		
	进境食品不合格的具体原因	批次	比例（%）	进境食品不合格的具体原因	批次	比例（%）
1	菌落总数超标	194	2.93	菌落总数超标	274	9.01
2	霉菌超标	131	1.98	大肠菌群超标	129	4.24
3	大肠菌群超标	103	1.55	霉菌超标	73	2.40
4	酵母菌超标	21	0.32	大肠菌群、菌落总数超标	34	1.12
5	检出沙门氏菌	2	0.03	酵母菌超标	5	0.17
6	检出铜绿假单胞菌	2	0.03	检出单增李斯特菌	4	0.13
7	青霉菌	1	0.02	检出金黄色葡萄球菌	4	0.13
8	细菌总数超标	1	0.02	酵母菌、菌落总数超标	4	0.13
9				霉菌、菌落总数超标	3	0.10
10				大肠菌群、霉菌超标	2	0.07
11				酵母菌、霉菌超标	2	0.07
12				大肠菌群、霉菌、菌落总数超标	1	0.03
13				检出沙门氏菌	1	0.03
14				嗜渗酵母超标	1	0.03
15				铜绿假单胞菌超标	1	0.03
16				细菌总数超标	1	0.03

　　资料来源：国家质量监督检验检疫总局进出口食品安全局：《2016 年、2017 年 1—12 月进境不合格食品、化妆品信息》，并由作者整理计算得到。

　　2. 主要来源地

　　如图 7-10 所示，2017 年检出微生物污染并未准入境的食品的主要来源地分别是中国台湾（80 批次，17.58%）、韩国（60 批次，13.19%）、泰国（29 批次，6.37%）、越南（22 批次，4.84%）、法国（21 批次，4.62%）、蒙古（21 批次，4.62%）、阿联酋（18 批次，3.96%）、俄罗斯（17 批次，3.74%）、美国（17 批次，3.74%）、澳大利亚(15 批次,3.30%)。以上 9 个国家和我国台湾地区因微生物污染而食品不合格的批次为 300 批次,占所有微生物污染批次的 65.96%,成为进口食品微生物污染的主要来源地。值得注意的是,我国台湾和韩国成为进口食品微生物污染的两个最大来源地,不合格批次远超其他国家和地区。

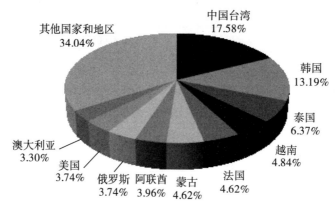

图 7-10　2017 年微生物污染引起的进境不合格食品的主要来源

资料来源:国家质量监督检验检疫总局进出口食品安全局:《2017 年 1—12 月进境不合格食品、化妆品信息》,并由作者整理计算得到。

3. 典型案例

以下的案例具有一定的典型性。(1)韩国海苔大肠菌群超标和菌落总数超标。2016 年 8 月,韩国韩百食品生产的 6 批次海苔因大肠菌群超标和菌落总数超标不合格,包括韩式调味海苔、虾味韩式海苔、咖喱味韩式海苔、待烤调味海苔、待烤辣味调味海苔、果仁韩式海苔等类型,共计 855.2 千克。这 6 批次海苔是由威海真汉白贸易有限公司进口的,最终都被山东省检验检疫部门做退货处理①。

(2)阿联酋椰枣霉菌超标。2017 年 8 月,宁夏懿带优路进出口贸易有限公司进口的 6 批次椰枣不合格,包含国王巧克力包裹坚果夹心椰枣、国王巧克力包裹杏仁夹心椰枣、国王巧克力包裹坚果夹心椰枣、国王巧克力包裹坚果夹心椰枣(什锦装)、国王杏仁夹心椰枣等,合计 2105.9 千克,均由阿联酋 KINGDOM DATES 公司

①　国家质检总局进出口食品安全局:《2016 年 8 月进境不合格食品、化妆品信息》,2016 年 9 月 26 日,http://jckspaqj.aqsiq.gov.cn/jcksphzpfxyj/jjspfxyj/201609/t20160926_474619.htm。

生产,不合格原因是霉菌超标①。

(三) 重金属超标

1. 具体情况

表 7-7 显示,2017 年我国检出重金属超标并未准入境的食品共计 114 批次,批次规模较 2016 年下降 4.2%,占所有进口不合格食品批次的比例也由 2016 年的 3.91%下降到 2017 年的 1.72%。除了常见的如铁、铅、铜等重金属污染物超标外,进口食品中稀土元素、砷等重金属超标的现象也需要引起重视。

表 7-7 2016—2017 年由重金属超标引起的进境不合格食品具体原因

序号	2017 年			2016 年		
	进境食品不合格的具体原因	批次	比例(%)	进境食品不合格的具体原因	批次	比例(%)
1	稀土元素超标	36	0.54	稀土元素超标	50	1.64
2	镉超标	26	0.39	铁超标	17	0.56
3	铁超标	16	0.24	砷超标	14	0.46
4	砷超标	10	0.15	铅超标	10	0.33
5	铅超标	7	0.11	镉超标	8	0.26
6	钙超标	6	0.09	锌超标	7	0.23
7	铜超标	6	0.09	铜超标	6	0.20
8	锌超标	6	0.09	铝超标	5	0.16
9	锰超标	1	0.02	汞超标	2	0.07

资料来源:国家质量监督检验检疫总局进出口食品安全局:《2016 年、2017 年 1—12 月进境不合格食品、化妆品信息》,并由作者整理计算得到。

2. 主要来源地

如图 7-11 所示,2017 年我国由重金属超标而被拒绝入境的不合格进口食品

---

① 国家质检总局进出口食品安全局:《2017 年 8 月进境不合格食品、化妆品信息》,2016 年 10 月 19 日, http://jckspaqj.aqsiq.gov.cn/jcksphzfxyj/jjspfxyj/201710/t20171019_499888.htm。

的主要来源地分别是日本（19 批次，16.67%）、斯里兰卡（19 批次，16.67%）、中国台湾（19 批次，16.67%）、意大利（8 批次，7.02%）、印度尼西亚（5 批次，4.39%）、澳大利亚（4 批次，3.51%）、德国（4 批次，3.51%）、法国（4 批次，3.51%）、韩国（4 批次，3.51%），占因有重金属超标未准入境食品总批次的 75.46%。

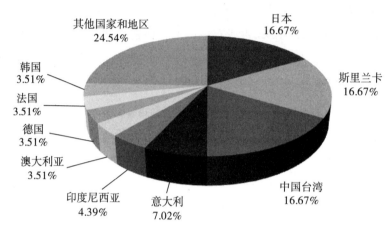

图 7-11　2017 年重金属超标引起的进境不合格食品的主要来源

资料来源：国家质量监督检验检疫总局进出口食品安全局：《2017 年 1—12 月进境不合格食品、化妆品信息》，并由作者整理计算得到。

3. 典型案例

以下是近年来我国进口食品重金属超标的典型案例。2017 年 1 月，斯里兰卡 CEYLON ROYAL TEAS（PVT）LTD 公司生产的奈彻思普薄荷味绿茶（调味茶）、奈彻思普混合水果味红茶（调味茶）、奈彻思普柠檬味红茶（调味茶）、奈彻思普柠檬蜂蜜味红茶（调味茶）等 4 批茶叶被深圳市出入境检验检疫局检出稀土元素超标，共有 6028.8 千克，所有的茶叶均已做退货处理①。在一般情况下，接触稀土不会对人带来明显危害，但长期低剂量暴露或摄入可能会给人体健康或体内代谢产生不良后果，包括影响大脑功能，加重肝肾负担，影响女性生育功能等。

---

①　国家质检总局进出口食品安全局：《2017 年 1 月进境不合格食品、化妆品信息》，2017 年 3 月 2 日，http://jckspaqj.aqsiq.gov.cn/jcksphzpfxyj/jjspfxyj/。

（四）含有违禁药物

1. 具体情况

由图 7-12 可以看出,我国未准入境的进口食品中含有的违禁药物主要包括氯霉素、硝基呋喃、甲硝唑三类。其中,因检出硝基呋喃而被拒绝入境的不合格进口食品批次保持不变,均为 7 批次;因检出氯霉素而被拒绝入境的不合格进口食品批次由 2016 年的 4 批次增长到 2017 年的 11 批次;因检出甲硝唑而被拒绝入境的不合格进口食品批次由 2016 年的 0 批次增长到 2017 年的 9 批次。由此可知,虽然我国拒绝入境的进口食品中含有违禁药物的批次相对较少,但在 2017 年出现了增长的态势,需要引起注意。从地区分布看,2017 年因含有违禁药物而未准入境的不合格进口食品主要来自俄罗斯、吉尔吉斯斯坦等国家和中国台湾地区。

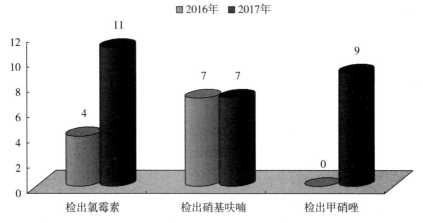

图 7-12　2016—2017 年由含有违禁药物引起的进境不合格食品具体原因分类（单位:批次）

资料来源:国家质量监督检验检疫总局进出口食品安全局:《2016 年、2017 年 1—12 月进境不合格食品、化妆品信息》,并由作者整理计算得到。

2. **典型案例。** 进口蜂蜜被检出呋喃西林及其代谢物是近年来有代表性的案例。呋喃西林及其代谢物是硝基呋喃类药物,曾经在畜牧、水产养殖中被广泛应用,后来研究发现,硝基呋喃类药物在动物源性食品中的残留可以通过食物链传递给人类,长期摄入会引起各种疾病,对人体有致癌、致畸胎等副作用。美国、澳大利亚、加拿大、日本、新加坡、欧盟等已明文规定禁止在食品工业中使用该类药物,并严格执行对水产中硝基呋喃的残留检测。在我国,呋喃西林被列入首批《兽药地方标准废止目录》(农业部公告第 560 号)中,属于违禁药物。然而,近年来我国进口的蜂蜜中多次被检出含有呋喃西林及其代谢物,如 2016 年 1 月,意大利著名的 S. A.C.R.A S.r.l 公司生产的花神果酱蜂蜜组合被检出呋喃西林及其代谢物,最终被江苏省出入境检验检疫部门做销毁处理①;2017 年 11 月,由新疆顺发进出口贸易有限公司进口的吉尔吉斯斯坦上海城有限责任公司生产的蜂蜜、由阿图什市广通国际贸易有限公司进口的吉尔吉斯斯坦蜜味合作社有限公司生产的蜂蜜均被检出呋喃西林代谢物。②

(五)含有转基因成分的食品

1. 具体情况

作为一种新型的生物技术产品,转基因食品的安全性一直备受争议,而目前学界对于其安全性也尚无定论。2014 年 3 月 6 日,农业部部长韩长赋在十二届全国人大二次会议新闻中心举行的记者会上指出,转基因在研究上要积极,坚持自主创新,在推广上要慎重,做到确保安全③。我国对转基因食品的监管政策一贯是明确的。目前,我国已经建立了以国务院条例《农业转基因生物安全管理条例》为总领,以部门规章《农业转基因生物进口安全管理办法》《农业转基因生物标识管理办法》《农业转基因生物安全评价管理办法》《农业转基因生物加工审批办法》《进出境转基因产品检验检疫管理办法》为基础的转基因食品法律法规体系,覆盖转基因研究、试验、生产、加工、经营、进口许可审批和产品强制标识等各环节。具体到转基因食品进口领域,境外转基因食品要申请我国转基因食品进口安全证书,必须满足四个前置条件:一是输出国家或者地区已经允许作为相应用途并投放市场;二是输出国家或者地区经过科学试验证明对人类、动植物、微生物和生态环境无害;

---

① 国家质检总局进出口食品安全局:《2016 年 1 月进境不合格食品、化妆品信息》,2016 年 2 月 6 日,http://www.aqsiq.gov.cn/zjsj/jssj/jssj4/,检索日期:2017 年 12 月 5 日。

② 国家质检总局进出口食品安全局:《2017 年 11 月进境不合格食品、化妆品信息》,2018 年 1 月 2 日,http://jckspaqj.aqsiq.gov.cn/jcksphzpfxyj/jjspfxyj/201801/t20180102_510481.htm,检索日期:2018 年 3 月 12 日。

③ 《农业部部长回应转基因质疑:积极研究慎重推广严格管理》,2014 年 3 月 6 日,http://news.xinhuanet.com/politics/2014-03/06/c_126229096.htm,检索日期:2018 年 3 月 12 日。

三是经过我国认定的农业转基因生物技术检验机构检测,确认对人类、动物、微生物和生态环境不存在风险;四是有相应的用途安全管制措施,批准进口安全证书后,进口与否,进口多少,由市场决定。而对于未取得进口安全证书的转基因产品,一律不许入境。

基于转基因食品法律法规体系,我国出入境检验检疫部门重点加强了进口食品中可能存在的转基因问题的检测。2016—2017 年间,我国拒绝入境的进口食品中含有违规转基因成分的数量分别为 26 批次和 27 批次,基本保持稳定,但占全部不合格批次总数的比例由 2016 年的 0.85% 下降到 2017 年的 0.32%。从地区分布看,因含有转基因成分而被拒绝入境的不合格进口食品主要来自马来西亚、美国等国家和我国台湾地区。

2. 典型案例

2014 年 3 月,来自中国台湾的永和豆浆因含有违规转基因成分被国家质量监督检验检疫总局的福建口岸截获,最终做退货处理。永和豆浆是著名的豆浆生产品牌,豆浆产品由永和国际开发股份有限公司生产①。这一事件表明大品牌的食品质量安全同样需要高度重视。2016 年 1 月,进口自马来西亚 ACE CANNING CORPORATION SDN.BHD 公司的 8 批次调制豆浆也被检出含有违规转基因成分,合计 16.88 吨,最终被退货处理②。以上两个事件显示,进口豆浆中的转基因风险需要引起有关部门注意。

四、进口食品安全监管制度体系建设状况

党的十八大以来,全国进出口管理系统按照"预防在先、风险管理、全程管控、国际共治"的原则,在积累经验的基础上进行大胆创新,已基本构建符合国际惯例、具有中国特色、覆盖"进口前、进口时、进口后"各个环节的进口食品安全风险全程

---

① 《永和豆浆被检出转基因》,2014 年 5 月 18 日,http://www.banyuetan.org/chcontent/zc/bgt/2014516/101635.html。

② 国家质检总局进出口食品安全局:《2016 年 1 月进境不合格食品、化妆品信息》,2016 年 2 月 6 日,http://www.aqsiq.gov.cn/zjsj/jssj/jssj4/。

治理体系,有力地保障了进口食品安全①。

（一）进口前严格准入

按照国际通行做法,通过将监管延伸到境外源头,向出口方政府和生产企业传导和配置进口食品安全责任,以实现全程监管,从根本上保障进口食品安全。

1. 设立输华食品国家（地区）食品安全管理体系审查制度

对输华食品国家（地区）食品安全管理体系进行评估和审查,符合我国规定要求的,其产品准许进口。2017 年,共对 32 个国家（地区）的 36 种食品进行了管理体系评估,公开发布"符合评估审查要求及有传统贸易的国家或地区输华食品目录",对 176 个国家（地区）8 大类 2264 种进口食品准入名单并实现动态管理。

2. 设立输华食品随附官方证书制度

要求出口方政府按照与进口方政府共同确定的食品安全要求,对每批输华食品实施检验监管,并出具官方证明文件,使出口方政府对每批输华食品质量安全情况进行"背书"。截至 2017 年年底,累计完成 140 个国家（地区）的肉类、乳制品、水产品、粮谷类等 19 类产品的卫生证书、植物检疫证书、原产地证书等官方证书确认。

3. 设立输华食品生产企业注册管理制度

对境外输华食品生产加工企业质量控制体系进行评估和审查,符合我国规定要求的,准予注册。截至 2017 年年底,共累计注册 90 个国家（地区）的 16774 家境外生产企业。

4. 设立输华食品出口商备案管理制度和进口商备案管理制度

对输华食品境外出口商和境内进口商实施备案,落实进出口商主体责任。截至 2017 年年底,累计备案境外出口商 14.7 万家,境内进口商 3.5 万家,备案信息在"进口食品化妆品进出口商备案系统"中公开发布。

---

① 本部分主要数据来自中国海关总署:《2017 年中国进口食品质量安全状况》,2018 年 7 月 20 日,http://www.customs.gov.cn/customs/302249/302425/1939553/index.html。

5. 设立进境动植物源性食品检疫审批制度

依据《进出境动植物检疫法》,对进境动植物源性食品实施检疫审批。2017年,已累计将 540 种进境动植物源性食品的检疫审批权下放,审批完成时间由法定 20 个工作日缩短为 4 个工作日。此外,我国还将设立输华食品进口商对境外食品生产企业审核制度、输华食品境外预先检验制度和进口食品优良进口商认证制度。

(二)进口时严格检验检疫

建立科学、严密的进口食品安全检验制度,使出入境检验检疫部门真正承担起监管职能,回归"监管者"角色,有效防范风险流入境内。

1. 设立输华食品口岸检验检疫管理制度

对进口食品严格实施口岸检验检疫,符合国家标准和法律法规要求的,准予进口;不符合要求的,依法采取整改、退运或销毁等措施。2017 年,共对 154 类进口食品和 425 个检验项目实施抽样检验,抽取样品 6.9 万个。对进口乳基婴幼儿配方食品、植物油、大米、肠衣等重点产品实施专项监督抽检。

2. 设立输华食品安全风险监测制度

系统和持续地收集食品中有害因素的监测数据及相关信息,并进行分析处理,实现进口食品安全风险"早发现"。2017 年,共对 29 类进口食品和 100 个检验项目实施风险监测,抽取样品 1976 个。

3. 设立输华食品检验检疫风险预警及快速反应制度

对进口食品严格实施风险预警,对口岸检验检疫中发现的问题,及时发布风险警示通报,采取控制措施。2017 年,共发布风险警示通报 46 份。

4. 设立输华食品进境检疫指定口岸管理制度

依据《进出境动植物检疫法》,对于肉类、水产品等有特殊存储要求的产品,需在具备相关检疫防疫条件的指定口岸才能进境。截至 2017 年年底,已累计建成进口肉类指定口岸和查验场 67 个、进口冰鲜水产品指定口岸 71 个。此外,我国还设立了进口商随附合格证明材料制度、输华食品检验检疫申报制度,并将设立输华食品合格第三方检验认证机构认定制度。

（三）进口后严格后续监管

通过对各相关方的责任进行合理配置，以建立完善的进口食品追溯体系和质量安全责任追究体系。

1. 设立输华食品国家（地区）及生产企业食品安全管理体系回顾性检查制度

对已获准入的输华食品国家（地区）的食品安全管理体系是否持续符合我国要求情况进行检查，2017 年，共对 9 个国家（地区）的 10 种食品进行了回顾性检查。

2. 设立输华食品进口和销售记录制度

要求进口商建立进口食品的进口与销售记录，完善进口食品追溯体系，对不合格进口食品及时召回。

3. 设立输华食品进出口商和生产企业不良记录制度

加大对违规企业处罚力度。2017 年，共将 259 家出现不良记录的进口食品企业列入风险预警通告并对外公布，采取加严监管措施。

4. 设立输华食品进口商或代理商约谈制度

对发生重大食品安全事故、存在严重违法违规行为、存在重大风险隐患的进口商或代理商的法人代表或负责人进行约谈，督促其履行食品安全主体责任。

5. 设立输华食品召回制度

要求进口商或代理商根据风险实际情况对其进口全部产品或该批次产品主动召回，及时控制危害，以履行进口商的主体责任。

（四）积极开展进口食品安全国际合作

当前食品安全问题是全球共同面临的问题，只有加强各国（地区）之间的合作，构建国际共治格局，才能保障全球食品供应链安全。

1. 加强与国际组织的合作

自 2005 年起，我国主持 APEC 食品安全合作论坛，积极参与世界贸易组织（WTO）、国际食品法典委员会（CAC）、世界动物卫生组织（OIE）、国际植物保护公约(IPPC)等国际组织活动,引领食品安全国际规则的话语权,推动食品安全多边合作,共同遵守好国际规则。

2. 加强推进区域合作,重视多边合作

围绕党和国家重大战略实施,精准服务"一带一路"倡议、食品农产品"优进优出",大力支持"中欧班列"沿线、"长江经济带"沿线以及中西部地区进口肉类和冰鲜水产品指定口岸建设,服务供给侧结构性改革。

3. 加强政府之间的合作

2017 年,我国与全球主要贸易伙伴共签署了 44 个进出口食品安全合作协议,积极推进并妥善解决一系列输华食品检验检疫问题,基本上形成了保障进口食品安全,确保进出口方相互协作、各负其责的共治格局,对促进全球食品贸易发展具有重要意义。

五、防范进口食品安全风险的建议

面对日益严峻的进口食品的安全风险,突破传统的思维模式,立足于现实与未来需要,把握食品安全监管国际化的基本态势,着力进一步完善覆盖全过程的具有中国特色、与中国大国形象相匹配的进口食品安全监管体系,保障国内食品安全已非常迫切。

(一) 建立与大国形象相匹配的进口食品监管方式

近年来,我国在改革监管进口食品安全风险方面做了大量的工作,初步建立了进口食品的准入机制与食品生产加工企业质量控制体系的评估审查制度,推行了境外食品生产企业注册制与境外食品出口商和境内进口商备案制,推行了对境外食品出具官方证书制度和进境动植物源性食品检疫审批制度等。然而,与发达国家相比,我国对进口食品的源头监管方式还有待于进一步改革。建议通过立法的方式,赋予国家市场监督管理总局对境外食品企业实施不定期巡检的职责权力,督查安全风险较大的食品企业按照规范进行生产,并探索进口食品在境外完成检验,并主要委托境外机构来完成的机制。这既是国际惯例,更是确立中国大国形象的重要体现。这些改革可通过试点的方式来逐步推进。

（二）实施的精准的口岸监管

我国进口食品的口岸相对集中。如图 7-13 所示,2017 年我国查处不合格进境食品前十位的口岸分别是上海(1965 批次,29.63%)、深圳(1011 批次,15.25%)、广东(616 批次,9.29%)、天津(533 批次,8.04%)、厦门(365 批次,5.50%)、辽宁(349 批次,5.26%)、福建(309 批次,4.66%)、江苏(304 批次,4.58%)、宁波(280 批次,4.22%)、浙江(216 批次,3.26%)。以上十个口岸共检出不合格进境食品 5948 批次,占全部不合格进境食品批次的 89.69%。虽然对进境食品的口岸监管不断强化,但目前对不同种类的进境食品的监管主要采用统一的标准和方法,不同类型的进口食品大体处于同一尺度的口岸监管之下,难以做到有效监管与精准监管。因此,必须基于风险程度,对具有安全风险的不同国家和地区的进境食品进行分类,实施有针对性的重点监管,建立基于风险危害评估基础上的进口食品合规评价的预防措施,依靠技术手段,建立进口食品风险自动电子筛选系统。推行进口食品预警黑名单制度,对列入预警黑名单的食品在进入口岸时即被采取自动扣留的措施。

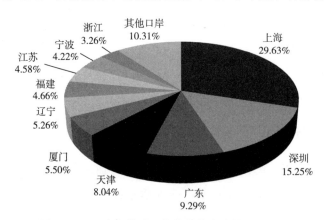

图 7-13　2017 年检测不合格进境食品的主要口岸

资料来源:国家质量监督检验检疫总局进出口食品安全局:《2017 年 1—12 月进境不合格食品、化妆品信息》,并由作者整理计算所得。

（三）推进口岸检验与后续监管的无缝对接

2013 年 3 月,我国对食品安全监管体制实施了改革,口岸监管由国家质量监督检验检疫总局管理,进口食品经过口岸检验进入国内市场后由原来的工商部门监管调整为由食品药品监管部门负责。2018 年,我国食品安全监管体制再次进行了改革,口岸监管改由中国海关总署监管,国家食品药品监督管理总局并入国家市场监督管理总局,进口食品经过口岸检验进入国内市场后由新组建的国家市场监督管理总局负责,进口食品安全监管依然是分段式管理模式。口岸对进口食品安全监管属于抽查性质,在进口食品的监管中具有"指示灯"的作用。然而,进口食品的质量是动态的,进入流通消费等后续环节后仍然可能产生安全风险。因此,必须完善质检与食品药品监管系统间的协同机制,实施口岸检验和流通消费监管的无缝对接,以加强对进口食品流通消费环节的后续监管。

(四)建立具有中国特色的进口食品技术性贸易措施

依靠技术进步、强化技术治理,始终是防范进口食品安全风险最基本的工具。要进一步加大投入,加快突破防范进口食品安全风险的关键共性技术,加大口岸技术装备的更新力度。完善进口食品安全的国家标准,努力与国际标准接轨,有效解决食品安全标准偏低、涵盖范围偏窄的状况。同时依据中国人普适性的健康特点设置具有特色的进口食品技术标准,显示国家主权与文化自信。总之,要通过立法、技术标准等手段将技术治理的本质要求内化为我国监管进口食品安全风险的基本规制,建立形成具有中国特色的进口食品技术性贸易措施。

(五)完善食品安全国际共治格局

在经济全球化、贸易自由化的背景下,全球食品贸易规模屡创新高,供应链体系更加复杂多样,"互联网+"的新业态的出现,增加了防范食品安全风险的难度。任何一个国家均不可能独善其身。加强国际合作,是未来保障食品安全的基本路径。应该采取的策略是,呼应《推动共建丝绸之路经济带和 21 世纪海上丝绸之路的愿景与行动》,以"一带一路"以及与我国签订食品安全合作协议的国家或地区为重点,通过信息通报、风险预警、技术合作、机制对接、联合打击走私等方式,搭建不同层次的食品安全风险治理的合作平台,努力构建食品安全国际共治体系。

案 例

博鳌亚洲论坛与国际共治

2015 年 3 月 26 日至 29 日,博鳌亚洲论坛 2015 年年会在海南博鳌召开,主题是"亚洲新未来:迈向命运共同体"。国家主席习近平出席开幕式并作主旨演讲,详细阐述了人类命运共同体的价值观。在人类命运共同体价值观的指导下,3 月 27 日上午,博鳌亚洲论坛 2015 年年会"食品安全 国际共治"分论坛在博鳌亚洲论坛国际会议中心召开,在国内较早地提出了食品安全国际共治的概念。国家质检总局局长支树平参加分论坛,和与会嘉宾一起围绕新常态下全球食品安全形势与对策、中国进出口食品贸易与安全、跨国食品企业的责任与担当等诸多议题进行了交流。可见,食品安全国际共治是习近平"人类命运共同体"价值观的重要体现。

第八章　2017 年国内主流网络媒体报道的中国发生的食品安全事件研究

　　与发达国家相比较,我国食品工业具有如下特点,一是食品工业的基数大、产业链长、触点多;二是近年来受产业结构调整与气候环境、自然灾害等多种因素的影响,食品进口规模不断扩大,加剧了农产品与食品对国际贸易的依赖程度,进一步拉长了食品产业链;三是由于诚信和道德缺失,燃点低,极易产生食品安全事件;四是农产品生产新技术、食品加工新工艺在为消费者提供新食品体验的同时,潜在的新风险、新问题悄然滋生。同时不法食品生产者通过使用新技术,也衍生出一系列隐蔽性较强的食品安全风险。因此,防范发生区域性、系统性的食品安全事件成为我国食品安全风险治理的基本底线。一直以来,由于政府食品安全风险信息沟通机制滞后,使得公众在食品安全领域的信息获取需求始终难以得到满足,公众不断呼吁政府完善食品安全信息公开机制,加大食品安全信息的公开力度,满足公众需求,但效果并不明显。自 2008 年"三聚氰胺"奶粉事件爆发以来的 10 年间,我国食品安全事件发生频率较高,对食品安全事件的报道成为大众媒介的重要议题,我国食品安全事件报道呈现出"媒体曝光—政府应急"的特点。而且相比于政府公布的食品安全事件而言,媒体报道的食品安全事件具有更强的时效性。未来是历史的延伸与继续,基于大数据的研究方法,在一个较长时间段内研究媒体报道的食品安全事件,总结规律性,对防范未来的食品安全风险,遏制食品安全事件的发生具有重要的价值。

一、相关概念、数据来源与研究方法

　　媒体报道的已经发生的食品安全事件是现实中食品安全风险客观存在的具体

体现。研究过去较长时间周期内发生的食品安全事件数量,是防范未来可能的食品安全风险的逻辑起点。

(一)食品安全事件

截至目前,学术界对食品安全事件并没有严格的定义,多基于食品安全的定义而进行界定。众所周知,食品安全(Food Safety)属于公共卫生(Public Health)的范畴,世界卫生组织(World Health Organization,WHO)将食品安全定义为,食品中有毒、有害物质对人体健康影响的公共卫生问题。基于食品安全的定义,可以认为,食品中含有的某些有毒、有害物质(可以是内生的,也可以是外部入侵的,或者两者兼而有之)超过一定限度而影响到人体健康所产生的公共卫生事件就属于食品安全事件[①]。厉曙光将食品安全事件与食品或食品接触材料关联,认为食品安全事件为涉及食品或食品接触材料有毒或有害,或食品不符合应当有的营养要求,对人体健康已经或可能造成任何急性、亚急性或者慢性危害的事件[②]。实际上,在可观察到的国内外研究文献中,鲜见对食品安全事件的界定,而且近年来中国发生的影响人体健康的食品安全事件往往是由媒体首先曝光,故在目前国内已有的研究文献中,学者们较多地选取媒体报道的与食品安全相关的事件进行研究。

中国饮食文化形态丰富,食物种类繁多,食品加工集中度低,媒体报道的食品安全事件并非严格属于食品安全事件的范畴,但同样能够反映我国现实与潜在的食品安全风险。虽然媒体发布的与食品安全相关的报道所反映的相当数量的食品安全事件对人体健康的影响程度尚待进一步考证,或者可能并不足以危及人体健康,但在现代信息快速传播的背景下,大量曝光的食品安全事件引发了人们食品安全恐慌,由此对人们脆弱的心理产生了伤害[③],而对人们心理所造成的伤害对处于深度转型的中国而言,在某种意义上而言更可怕。

---

① 《食品安全社会共治对话会在京举行媒体发表倡议书》,中国新闻,2014-11-19[2015-3-24],http://finance.chinanews.com/jk/2014/11-19/6793537.shtml。

② 厉曙光、陈莉莉、陈波:《我国 2004—2012 年媒体曝光食品安全事件分析》,《中国食品学报》2014 年第 3 期。

③ 吴林海、钟颖琦、洪巍、吴治海:《基于随机 n 价实验拍卖的消费者食品安全风险感知与补偿意愿研究》,《中国农村观察》2014 年第 2 期。

因此,基于中国的现实,本章的研究将从狭义、广义两个层次上来界定食品安全事件。狭义的食品安全事件是指食源性疾病、食品污染等源于食品、对人体健康存在危害或者可能存在危害的事件,与《食品安全法》(2015 年版)所指的"食品安全事故"完全一致;广义的食品安全事件既包含狭义的食品安全事件,同时也包含社会舆情报道的且对消费者食品安全消费心理产生负面影响的事件。除特别说明外,本章研究中所述的食品安全事件均使用广义的概念。此外,需要特别说明的是,本章均以食品安全事件数量作为衡量标准对我国的食品安全事件状况进行研究。

(二)数据与方法

1. 数据来源

国内学者们较多地选取媒体发布的食品安全事件来收集数据,与食品安全相关的新闻事件作为食品安全事件,即本章所定义的广义食品安全事件,来源主要为主流媒体(包括网络媒体)网站报道。基于现有的研究报道,具有代表性且有较明确食品安全事件数据来源的研究成果如表 8-1 所示。

表 8-1　已有的研究中有关食品安全事件数据来源

论文作者	数据来源	数据量
陈莉莉、董瑞华、张晗、陈波、厉曙光	平面媒体、各大门户网站、新闻网站及政府舆情专报	2013 年 1 月 1 日至 2013 年 12 月 31 日间我国媒体报道的 740 件食品安全事件①
张宏邦	国家统计局公开数据、国家药品食品管理总局、各大门户网站、公开或已发布的社交媒体统计数据和政府舆情专报数据	2007 年 1 月 1 日至 2016 年 12 月 31 日间曝光的中国内地和港澳地区的 6574 件食品安全事件②

---

① 陈莉莉、董瑞华、张晗、陈波、厉曙光:《2013 年我国主流媒体关注的食品安全事件分析》,《上海预防医学》2017 年第 6 期。

② 张宏邦:《食品安全风险传播与协同治理研究——以 2007—2016 年媒体曝光事件为对象》,《情报杂志》2017 年第 12 期。

（续表）

论文作者	数据来源	数据量
李清光、李勇强、牛亮云、吴林海、洪巍	"掷出窗外"网站数据库	2005 年 1 月 1 日至 2014 年 12 月 31 日间,我国发生的有明确时空定位的 2617 起食品安全事件①
罗昶、蒋佩辰	慧科中文报纸数据库及方正 Apabi 报纸资源数据库中双重检索的北京、河北两地的报纸媒体	2008 年北京奥运会后至 2015 年 7 月间由河北生产、制造或加工并输入北京后产生的 86 篇食品安全事件报道②
陈静茜、马泽原	北京市食品药品监督管理局网站中发布的"食品安全信息"、"食品伙伴网"发布的"食品资讯"和"掷出窗外"网站整理的食品安全事件报道	2008—2015 年间媒体首发报道的发生在北京的食品安全事件 101 起③
江美辉、安海忠、高湘昀、管青、郝晓晴	凤凰网、搜狐、腾讯、网易、新浪等主要新闻媒体的报道	2014 年 7 月 20 日至 2015 年 3 月 22 日关于上海福喜事件的 2308 篇报道④
莫鸣、安玉发、何忠伟、罗兰等	中国农业大学课题组所收集的"2002—2012 年中国食品安全事件集"	2002 年 1 月 1 日至 2012 年 12 月 31 日 4302 起食品安全事件,其中超市 359 起⑤⑥

① 李清光、李勇强、牛亮云、吴林海、洪巍:《中国食品安全事件空间分布特点与变化趋势》,《经济地理》2016 年第 3 期。

② 罗昶、蒋佩辰:《界限与架构:跨区域食品安全事件的媒体框架比较分析——以河北输入北京的食品安全事件为例》,《现代传播(中国传媒大学学报)》2016 第 5 期。

③ 陈静茜、马泽原:《2008—2015 年北京地区食品安全事件的媒介呈现及议程互动》,《新闻界》2016 第 22 期。

④ 江美辉、安海忠、高湘昀、管青、郝晓晴:《基于复杂网络的食品安全事件新闻文本可视化及分析》,《情报杂志》2015 第 12 期。

⑤ 莫鸣、安玉发、何忠伟:《超市食品安全的关键监管点与控制对策——基于 359 个超市食品安全事件的分析》,《财经理论与实践》2014 年第 1 期。

⑥ 罗兰、安玉发、古川、李阳:《我国食品安全风险来源与监管策略研究》,《食品科学技术学报》2013 年第 2 期。

（续表）

论文作者	数据来源	数据量
张红霞、安玉发、张文胜	选择政府行业网站、食品行业专业网站和新闻媒体 3 类共 40 个网站，搜集并进行重复性和有效性筛选	2010 年 1 月 1 日至 2012 年 12 月 31 日 628 起涉及生产企业的食品安全事件①。2004 年至 2012 年 3300 起食品安全事件②
厉曙光、陈莉莉、陈波	收集纸媒、各大门户网络、新闻网站及政府舆情专报，并进行整理	2004 年 1 月 1 日至 2012 年 12 月 31 日 2489 起食品安全事件③
王常伟、顾海英；Yang Liu，Feiyan Liu，Jiangfang Zhang	"掷出窗外"网站（http://www.zccw.info）食品安全事件数据库，前期发布（2004—2012 年）和网友后期补充（2013—2014 年）	2004 年至 2012 年 2173 起食品安全事件④。2004 年 1 月 1 日至 2013 年 8 月 1 日 295 起发生在北京的食品安全事件⑤
李强、刘文、王菁、戴岳	选择 43 个我国主要网站及与食品相关的网站，网络爬虫自行爬取，并人工筛选	2009 年 1 月 1 日至 2009 年 6 月 30 日 5000 起食品安全事件⑥
文晓巍、刘妙玲	随机选取国家食品安全信息中心、中国食品安全资源信息库、医源世界网的"安全快报"等权威报道，并进行筛选	2002 年 1 月至 2011 年 12 月 1001 起食品安全事件⑦

---

① 张红霞、安玉发：《食品生产企业食品安全风险来源及防范策略——基于食品安全事件的内容分析》，《经济问题》2013 年第 5 期。

② 张红霞、安玉发、张文胜：《我国食品安全风险识别、评估与管理——基于食品安全事件的实证分析》，《经济问题探索》2013 年第 6 期。

③ 厉曙光、陈莉莉、陈波：《我国 2004—2012 年媒体曝光食品安全事件分析》，《中国食品学报》2014 年第 3 期。

④ 王常伟、顾海英：《我国食品安全态势与政策启示——基于事件统计、监测与消费者认知的对比分析》，《社会科学》2013 年第 7 期。

⑤ Y. Liu, F. Liu, J. Zhang, J. Gao, "Insights into the Nature of Food Safety Issues in Beijing Through Content Analysis of an Internet Database of Food Safety Incidents in China", *Food Control*, Vol. 51, 2015, pp. 206-211.

⑥ 李强、刘文、王菁、戴岳：《内容分析法在食品安全事件分析中的应用》，《食品与发酵工业》2010 年第 1 期。

⑦ 文晓巍、刘妙玲：《食品安全的诱因、窘境与监管：2002～2011 年》，《改革》2012 年第 9 期。

　　特别需要说明的是，由于网络的开放性，新媒体语境下虚假的食品安全信息众多，本章研究的食品安全事件来源于国内主流媒体，包括国家与省部级主管的媒体大型门户网站，但并不包括地市级层面上的媒体与一般的网站，更不包括微信公众号、微博以及自媒体等，以确保所收集的食品安全事件的准确性。

▓▓▓▓ 解读案例 ▓▓▓▓▓▓▓▓▓▓▓▓▓▓▓▓▓▓▓▓▓▓▓▓▓▓▓▓

德国家禽及牲畜中二噁英超标事件

　　2010 年 12 月底，德国食品安全管理人员在一次定期抽检中检测出部分鸡蛋含有致癌物质二噁英超标。随后相关机构又对数千枚鸡蛋进行了检测，结果发现许多农场的鸡蛋二噁英超标。2011 年 1 月 3 日，德国下萨克森州农业局发言人宣布在养鸡场和牲畜农场的饲料中发现二噁英物质超标。为遏制污染扩散，德国于2013 年 1 月 7 日暂停 4700 多家农场生产的禽肉、猪肉和鸡蛋的销售。当年 1 月 8日，德国食品、农业与消费者保护部通报，食品监管人员在部分家禽体内检测发现二噁英含量超标，而且受到二噁英污染的鸡蛋已流入英国和荷兰，有可能已被加工为蛋黄酱、蛋糕等产品。随后德国的禽蛋二噁英污染事件进一步蔓延，在 2013 年 1月 18 日食品安全监管人员又在一家养猪场检测发现猪肉二噁英含量超标，而在2013 年 1 月 19 日发现德国市场已有受二噁英感染的猪肉上市销售。

2. 研究方法

　　由于目前国内尚没有成熟的大数据挖掘工具，故现有研究文献中有关食品安全事件的数据主要来源于学者们根据各自研究需要而进行的专门收集，收集的范围主要是门户网站、新闻网站、食品行业网站等，收集网站的数量一般约在 40 个左右，收集的方法大多为人工搜索或网络扒虫，收集后再人工进行重复性和有效性筛选。部分学者直接选取"掷出窗外"网站（http://www.zccw.info）食品安全事件数据库。该网站 2012 年之前数据系统性较高，2012 年后采用网友补充的方式，新增数据的重复性较高，可靠性明显下降。目前，学者们研究的食品安全事件总量约在5000 起以内，而且在目前的研究文献中，学者们并没有明确指出食品安全事件数量等数据的具体来源，不同数据库得出的结论不尽相同甚至差异很大，故食品安事件数量的准确性、可靠性难以进行有效性考证。

本报告研究的数据来源于江南大学食品安全风险治理研究院、江苏省食品安全研究基地与无锡食安健康数据有限公司联合开发的食品安全事件大数据监测平台 Data Base V2.0 版本。Data Base V2.0 版本是在 Data Base V1.0 版本实现对国内主流媒体食品安全事件报道的实时抓取,根据科学、合理的食品分类及统计分析,完成食品安全的动态预警和行为演绎分析等功能的基础上,进一步完善了食品安全事件分析模型,提出基于事件模板和文本分层结构的语义分析算法,针对项目以食品安全事件为核心的分析目标,构建了食品安全事件模板和数据文本分层结构模型,综合利用关键词匹配和自然语言处理方法,在保证运行效率的同时将准确率提升到 90%,同时实现系统预警和分析的动态可视化展示功能。这是目前在国内食品安全治理研究中最为先进的食品安全事件分析的大数据挖掘平台,并且具有自主知识产权。

Data Base V2.0 系统采用新型模块化分布式架构设计,分别规划采集区域、清洗区域、展示区域三大模块,各模块均实现了统一部署和独立部署两种方式,并在实际部署过程中开发了平台管理软件模块,新型模块化分布式架构的设计满足了大数据环境下的灵活部署和高效处理(如图 8-1)。

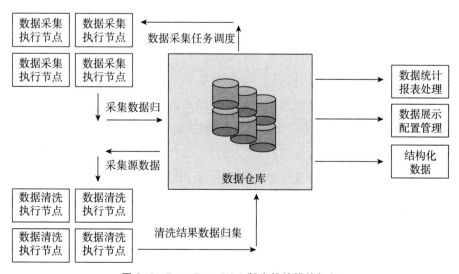

图 8-1　Data Base V2.0 版本软件模块框架

基于数据采集和分析情况的压力,对三大模块进行分步部署、统一管理,实现对采集和清洗部分的并行处理,灵活地增加或减少处理节点,根据各节点的压力灵活地配比任务,各区域的节点数量均可以增加或减少配置,最终实现以合理的资源投入,满足最快的处理速度(如图 8-2 所示)。

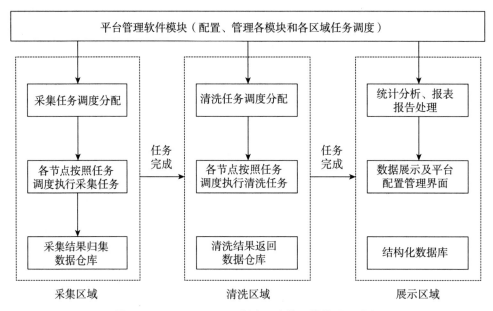

图 8-2 Data Base V2.0 版本平台管理模块处理流程

Data Base V2.0 版本系统针对食品安全类信息数据量庞大、数据重复更新情况较普遍的现象。一方面,针对食品安全事件的核心分析目标,构建食品安全事件模板和数据文本分层结构模型,有效进行数据重复率检测,识别出重复的食品安全事件报道,计算出重复报道的次数和转载及引用关系,事件属性准确率达到80%～90%以上。另一方面,引入搜索引擎领域广泛应用的基于海明距离的simhash 去重算法,将去重效率提高 40 余倍,有效性达 90%以上,显著提升了数据采集的准确性。Data Base 2.0 版本软件在上述 1.0 版本系统基础上,实现"基于分层结构的语义分析网络爬取模型"算法,通过该算法对系统有效进行数据重复率检测,提升采集数据的准确性,通过重复率检测,能够识别出重复的食品安全事件报道,计算出重复报道的次数和转载及引用关系。创新实现了食品安全事件数据的采集、集成整合和加工融合,提升食品安全事件数据的利用价值。数据采集中,实现了对传统的新闻网站、论坛、博客、微博、微信公众号、新闻客户端等新兴的数据通道进行食品安全事件数据的采集,支持责任网站、重点食品类别、突发热点事件的数据监测,及时跟踪全网数据、食品安全舆情事件数据的最新动态。数据集成整合中,实现了对数量多、类别广、分散在不同网站的数据从采集、清洗到展示的自动化、流程化管理。数据加工融合中,实现了异构数据的格式转换、已完成格式转换数据的清洗过滤、异常数据(如比对不一致数据,清洗无效数据等)的反馈机制,达到不同维度的信息聚合切分。

二、2017 年发生的食品安全事件的分布状况

本节研究的时间段是 2008 年 1 月 1 日—2017 年 12 月 31 日,研究的是在此时段内发生的食品安全事件。在抓取过程中,所确定的食品安全事件必须同时具备明确的发生时间、清楚的发生地点、清晰的事件过程"三个要素"。凡是缺少其中任何一个要素,由社会舆情报道的与食品安全问题相关的事件均不统计在内。

(一) 2017 年发生的食品安全事件数量与供应链上的分布

1. 2017 年发生的食品安全事件的数量状况

首先需要特别说明的是,由于研究使用的工具由 Data Base V1.0 版本调整为 Data Base V2.0 版本,实现了新的提升,因此,过去年度出版的《中国食品安全发展报告》中有关 2007—2016 年度相关食品安全事件数量等相关数据与本节的研究是有一定的差异性的。但可以发现,2007—2016 年间发生的食品安全事件基本格局与本节的研究完全一致。

应用 Data Base V2.0 版本大数据挖掘工具(下同,不再一一指出)的研究显示,2008—2017 年 10 年间全国共发生的食品安全事件数量达 408000 起,平均全国每天发生约 111.8 起,处于高发期且近年来呈小幅增长态势。其中,2017 年全国共发生食品安全事件数量达 19603 起,在 2008—2017 年 10 年间全国共发生的食品安全事件数量中占比 4.8%。从时间序列上分析(见图 8-3),在 2008—2012 年间食品安全事件发生的数量呈逐年上升趋势且在 2012 年达到峰值(当年发生了 79932 起)。以 2012 年为拐点,从 2013 年起食品安全事件发生量开始下降且趋势较为明

显,2013 年下降至 42357 起,且在 2014 年出现小幅下降,下降至 40214 起,下降了 2143 起。2015 年则出现小幅上涨,上涨至 42680 起,上涨了 2466 起且与 2013 年基本持平。2016 年再次出现大幅度的下降,下降至 22220 起。2017 年与 2016 年相比继续呈小幅下降,下降至 19603 起,下降了 2617 起。在 2008—2017 年间食品安全事件发生的数量,2013 年、2014 年、2016 年和 2017 年呈现同比下降的态势,2009 年、2010 年、2011 年、2012 年、2015 年则相比上年均有不同程度的增长。其中,同比下降最快的年份为 2013 年,下降 47.01%,同比增长最快的年份为 2010 年,增长 40.71%。

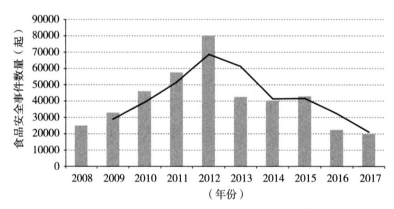

图 8-3 2008—2017 年间中国发生的食品安全事件数的时序分布

就全国平均每天发生的食品安全事件数而言,2008—2012 年间呈上升趋势,2012 年以后呈现下降趋势。其中,同比增长最快的为 2012 年,达 39.22%,每天发生食品安全事件数达 219 起,同比下降最快的年份为 2013 年和 2016 年,分别达 47.03% 和 48.28%(见图 8-4)。

2. 2017 年发生的食品安全事件的供应链分布状况

在食品全程供应链体系中的农产品种养殖、食品生产加工制造、食品流通、食品消费各个环节均存在多种生物性、化学性、物理性风险与管理风险,由于非常复杂的原因,这些风险随食品供应链累积放大并由此产生食品安全事件。因此,以食品全程供应链的视角研究食品安全事件在各环节的分布,对精准把握食品安全事件的整体分布情况具有重要意义。

对食品安全事件在供应链中的分布研究发现,虽然 2008—2017 年间食品供应

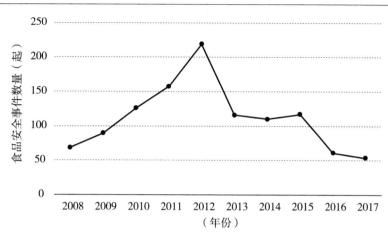

图 8-4　2008—2017 年间中国平均每天发生的食品安全事件数的时序分布

链各个主要环节均不同程度地发生了安全事件,但 43.92% 的事件发生在食品生产加工制造环节,其他环节依次是消费环节、流通环节和种养殖环节,发生事件量分别占总量的 32.82%、12.05% 和 10.34%(如图 8-5 所示)。

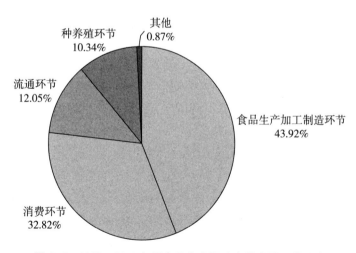

图 8-5　2008—2017 年间食品安全风险在供应链上的分布

图 8-6 显示,2017 年发生的食品安全事件主要集中于食品生产加工制造环节,约占总量比例的 45.16%,其次分别是消费环节、流通环节和种养殖环节,事件发生量分别占总量比例的 32.06%、14.05%、8.42%。与 2016 年相比较,2017 年在各环节发生的食品安全事件占比上下波动较大,波动最大的为生产加工制造环节,

下降 21.75%。其次为消费环节,增加了 10.88%。最后为流通、种养殖环节,分别增加了 2.98%、2.93%。2017 年食品安全风险在供应链上的分布与 2008—2017 年十年间的总体格局并没有根本性的变化,说明最近十年来我国发生的食品安全事件或者说食品安全风险在供应链的分布上具有较为稳定的惯性。

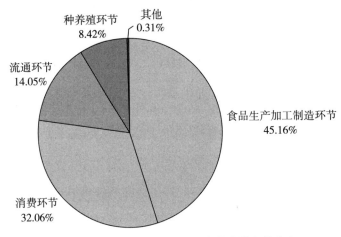

图 8-6　2017 年食品安全风险在供应链上的分布

三、2017 年发生的食品安全事件中涉及的食品种类与数量

(一) 食品分类方法

为实现与市场中食品的有效对接,本章研究使用的 Data Base V2.0 版本采用更加合理的食品分类数据定义,食品安全事件中食品种类分类数据定义方法在食品质量安全市场准入制度食品分类表 28 大类食品基础上,增加 4 类生鲜食品和 1 类餐饮食品,并对 QS 分类中两类食品做了调整,共计 33 类。同时,为弥补食品质量安全市场准入制度食品分类体系中缺少日常消费较多的生鲜食品的缺陷,在二级分类中增加生鲜肉类、食用菌、新鲜蔬菜、水果、鲜蛋、生鲜水产品(见表 8-2),以提高食品安全事件中食品类别的效度。

表 8-2　食品种类的分类方法

序号	一级分类	二级分类
1	食用农产品	生鲜肉类
		食用菌
		新鲜蔬菜
		水果
		鲜蛋
		生鲜水产品
2	粮食加工品	小麦粉
		大米
		挂面
		其他粮食加工品
3	食用油、油脂及其制品	食用植物油
		食用油脂制品
		食用动物油脂
4	调味品	酱油
		食醋
		味精
		鸡精调味料
		酱类
		调味料产品
5	肉制品	肉制品
6	乳制品	乳制品
		婴幼儿配方乳粉
7	饮料	饮料
8	方便食品	方便食品
9	饼干	饼干
10	罐头	罐头
11	冷冻饮品	冷冻饮品

（续表）

序号	一级分类	二级分类
12	速冻食品	速冻食品
13	薯类和膨化食品	膨化食品
		薯类食品
14	糖果制品（含巧克力及制品）	糖果制品
		果冻
15	茶叶及相关制品	茶叶
		含茶制品和代用茶
16	酒类	白酒
		葡萄酒及果酒
		啤酒
		黄酒
		其他酒
17	蔬菜制品	蔬菜制品
18	水果制品	蜜饯
		水果制品
19	炒货食品及坚果制品	炒货食品及坚果制品
20	蛋制品	蛋制品
21	可可及焙炒咖啡产品	可可制品
		焙炒咖啡
22	食糖	糖
23	水产制品	水产加工品
		其他水产加工品
24	淀粉及淀粉制品	淀粉及淀粉制品
		淀粉糖
25	糕点	糕点食品
26	豆制品	豆制品
27	蜂产品	蜂产品

（续表）

序号	一级分类	二级分类
28	特殊膳食食品	其他配方谷粉产品
29	婴幼儿配方食品	婴幼儿配方食品
30	保健食品	保健食品
31	特殊医学用途配方食品	特殊医学用途配方食品
32	食品添加剂	食品添加剂
33	其他食品	

资料来源：基于《食品质量安全市场准入 28 大类食品分类表》，食品伙伴网，2015－02－06 ［2015－03－24］，http://bbs.foodmate.net/thread-831098-1-1.html，并由作者根据本章所确定的相关定义确定形成，并在 Data Base V2.0 系统中实现自动分类，人工智能检索。

（二）涉及的主要食品种类与数量

图 8-7 显示，最具大众化的食用农产品是 2008—2017 年间食品安全事件发生量最多的食品类别；其次为淀粉及淀粉制品，食糖，调味品，饮料，粮食加工品以及食用油、油脂及其制品，事件发生量分别为 103351 起、32133 起、28307 起、27537 起、26915 起、24063 起和 20791 起，占总量比例分别为 25.33%、7.88%、6.94%、6.75%、6.6%、5.9% 和 5.1%，发生事件量之和占总量的 64.5%。

图 8-8 显示了在 2017 年主要发生的食品安全事件数量所涉及的主要食品。事件发生量最多的食品种类分别为食用农产品（4031 起，20.56%）[1]；其次为淀粉及淀粉制品（1820 起，9.28%），饮料（1517 起，7.74%），调味品（1268 起，6.47%），肉制品（1197 起，6.11%），食糖（1137 起，5.8%），粮食加工品（1103 起，5.63%），食用油、油脂及其制品（1065 起，5.43%），这与 2008—2017 年间发生的事件数量最多的食品种类几乎没有差异且食用农产品的食品安全事件发生率都远远高于其他类食品。因此，必须严格监控食用农产品的安全质量。

---

① 括号中的数字是表示该类食品安全事件数量占所有食品安全事件数量的百分比，本章节中均一致。

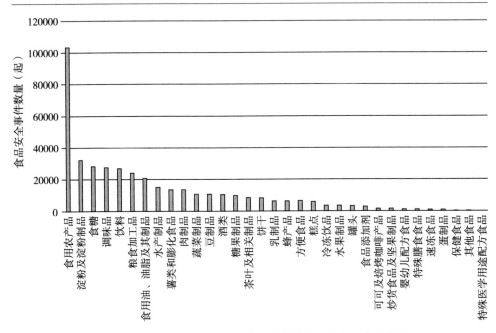

图 8-7　2008—2017 年间中国发生的食品安全事件中食品类别

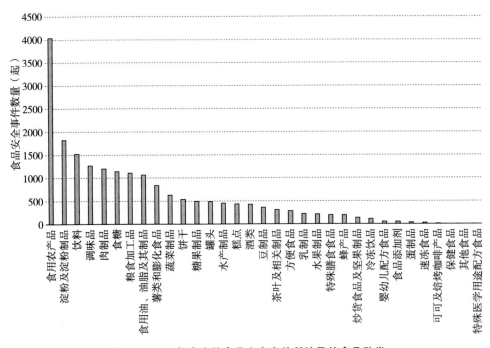

图 8-8　2017 年发生的食品安全事件所涉及的食品种类

四、2017 年发生的食品安全事件的空间分布

本部分空间统计的分析中,以省、自治区、直辖市(以下统一简称为省区市)或食品类别为基本单元,在统计时间区间内发生的食品安全事件及其数量。需特别说明的是,若食品安全事件涉及 N 个省区市或 N 个食品种类,相对应的食品安全事件数则分别记为 N 次。

(一)十年来事件空间分布的总体特点

2008—2017 年间发生的食品安全事件具有明显的区域差异与聚集特点。中国 31 个省区市发生的食品安全事件数量分布如图 8-9 所示,广东、北京、山东、上海、浙江、江苏是发生量最多的六省市,累计总量为 191638 起,占总量的 46.97%;云南、贵州、青海、内蒙古、新疆、西藏等则是发生数量最少的六省区,累计总量为12722 起,占总量的 3.13%。值得关注的是,事件发生量最多的六个省市均是发达地区或地处东南沿海的省市,而发生量最少的六个省区均分布于西北地区,区域空间分布上呈现明显的差异性。

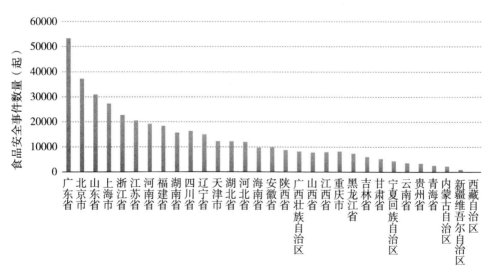

图 8-9　2008—2017 年间中国发生的食品安全事件省区市分布示意图

（二）2017 年事件的空间分布

图 8-10 显示了 2017 年全国 31 个省区市发生的食品安全事件数量，排名前六位的区域分别为北京（1757 起，8.96%）①、宁夏（1720 起，8.77%）、上海（1484 起，7.57%）、广东（1430 起，7.29%）、浙江（1071 起，5.46%）、山东（1053 起，5.37%）；排名最后六位的省区分别为甘肃（154 起，0.79%）、云南（146 起，0.74%）、海南（114 起，0.58%）、新疆（109 起，0.56%）、内蒙古（2 起，0.01%）、西藏（0 起，0.00%）。这与 2008—2017 年间食品安全事件发生量在区域分布的总体状况有一定的差异性，宁夏回族自治区位居发生量第二的省区，江苏排位于第七；发生量最少的六省区，云南、新疆、内蒙古、西藏仍然在列，不过排序有所变化，但变化最大的是海南与甘肃进入了最少的六省区，而贵州与青海则被排除在外。需要说明的是，北京、山东、广东、上海、浙江等经济发达地区发生的食品安全事件数量远远高于经济欠发达的区域，并不能够说明这些省市食品安全状况比云南、贵州、

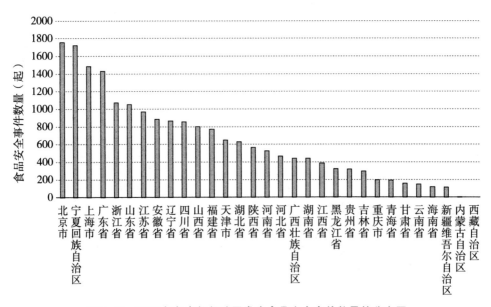

图 8-10　2017 年各省级行政区发生食品安全事件数量的分布图

---

① 括号中的数据分别为发生在该省区市食品安全事件数量与占全国事件总量的比例，本章节中均一致。

青海、内蒙古、新疆、西藏等发生食品安全事件数最少的省区差。一个重要的原因是,经济社会比较发达省区市人口集聚且流动性大、所需食品的外部输入性强,尤其是食品安全信息公开状况相对较好,也更为国内主流媒体所关注,而且这些省区市媒体的自由度大,因此食品安全问题的报道相对更多。对于 2017 年宁夏回族自治区的食品安全发生数量在 31 个省、自治区、直辖市中排位第二的问题,将另行研究。

五、2017 年发生的食品安全事件的因子分析

食品安全事件中风险因子主要是指包括微生物污染、生物毒素污染、昆虫和物理性异物、农药兽药残留不符合标准、重金属等元素污染、源头污染引发的食品污染以及自然与技术因子的其他问题等具有自然特征的食品安全风险因子,以及造假或欺诈、质量指标不符合标准、超范围和超限量使用食品添加剂、生产加工工艺问题、非食用物质和人为因子的其他问题等具有人为特征的食品安全风险因子。

(一)十年来发生食品安全事件的主要因子

大数据挖掘工具的研究表明,2008—2017 年间引发食品安全事件的因素如图 8-11 所示。此十年间发生的食品安全事件 57.14% 的事件是由人源性因素所导致,其中造假或欺诈引发的事件最多,占总数的 28.50%。其他依次为质量指标不符合标准、超范围或超限量使用食品添加剂、生产加工工艺问题、非食用物质、人为因子的其他问题,分别占总量的 14.82%、7.35%、3.33%、2.98%、0.16%。在非人源性因素所产生的事件中,微生物污染引发的事件量最多,占总量的 24.00%。其他因素依次为生物毒素污染,昆虫、物理性异物,农药兽药残留不符合标准,重金属等元素污染,自然与技术因子的其他问题,源头污染引发的食品污染,分别占总量的 6.01%、4.39%、2.95%、2.12%、2.01%、1.38%。

(二)2017 年发生食品安全事件的主要因子

在 2017 年发生的食品安全事件中,由于造假或欺诈、质量指标不符合标准、超范围和超限量使用食品添加剂、生产加工工艺问题、非食用物质和人为因子的其他

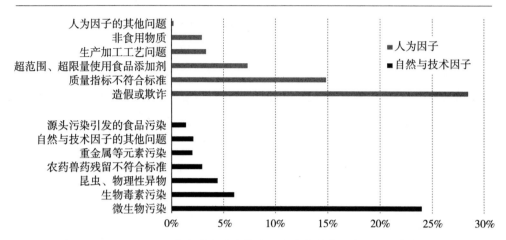

图 8-11　2007—2018 年间中国发生的食品安全事件中风险因子分布与占比

问题等人为特征因素造成的食品安全事件占事件总数的比例为 51.21%。相对而言,自然特征的食品安全风险因子导致产生的食品安全事件仍然相对较少,占事件总数的比例为 48.79%。图 8-12 显示,在人为特征的食品安全风险因子中质量指标不符合标准导致的食品安全事件数量较多,占到事件总数的 21.96%;其他依次为造假或欺诈(14.26%),超范围、超限量使用食品添加剂(7.12%),非食用物质(4.35%),生产加工工艺问题(3.53%)等。在自然特征的食品安全风险因子中,微生物污染产生的食品安全事件最多,占到事件总数的 23.83%;其余依次为生物毒素污染(10.11%),重金属等元素污染(5.29%),农药兽药残留不符合标准(3.79%),源头污染引发的食品污染(3.22%),昆虫、物理性异物(1.94%)以及自然与技术因子的其他问题(0.60%)等。与 2008—2017 年间引发食品安全事件因素相比较,人为特征因素造成的食品安全事件占事件总数的比例有了较大幅度的下降,则主要得益于政府逐步实施的强有力的监管,以及"史上最严"的《食品安全法》的颁布实施等。在 2008—2017 年间引发食品安全事件因素中,虽然也有技术不足、环境污染等方面的原因,但更多的是生产经营主体的不当行为、不执行或不严格执行已有的食品技术规范与标准体系等违规违法行为等人源性因素造成的。人源性风险占主体的这一基本特征将在未来一个很长历史时期继续存在,难以在短时期内发生根本性改变,由此决定了我国食品安全风险防控的长期性与艰巨性。因此,食品安全风险治理能力提升的重点是防范人源性因素,且政府未来有效的监管资源也要向此方面重点倾斜。

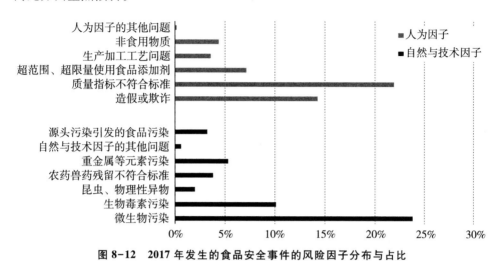

图 8-12　2017 年发生的食品安全事件的风险因子分布与占比

六、食品安全风险治理的路径分析

现阶段我国食品安全事件的发生呈现出人源性因素引发、经济发达地区多发、一线城市高发、日常食用农产品频发的态势。同时,我国食品安全事件的原因主要归结于我国诚信与道德体系的缺失,而社会诚信体系与道德建设并非一日之功,由此决定了中国食品安全风险治理具有特殊性和长期性。此外,由于中国食品工业为 13 亿人口提供消费需求,生产量巨大且食品种类繁多,更造就了中国食品安全风险治理的艰巨性与复杂性。因此,在食品安全风险治理中,应从以下几方面入手:

(一) 持续加大源头治理力度

农产品生产是第一车间,食品安全风险治理必须把住农产品生产的源头环节,治土治水,依托新型经营主体集中连片推进化肥农药减量控害增效;依靠技术创新,突破现有土壤污染修复技术成本高、周期长、难度大的困难,加快土壤污染的综合治理;以县(区)为单位,分类指导,科学规划,建设区域性畜禽粪便集中处理与资源化利用中心,完善畜禽粪便收集处理社会化服务体系。与此同时,以新型经营主体为重点,推进农产品生产标准化。

深度阅读土壤污染状况

2014 年,环境保护部和国土资源部发布的《全国土壤污染状况调查公报》显示,2005 年 4 月到 2013 年 12 月,耕地土壤点位超标率达 19.4%,农业生产等人为活动是造成土壤污染或超标的主要原因之一。该公报同时显示,全国土壤总的超标率为 16.1%,其中轻微、轻度、中度和重度污染点位超标比例分别为 11.2%、2.3%、1.5% 和 1.1%。污染类型以无机污染物为主,其中,无机污染物又以镉、镍、砷、铜、汞、铅、铬、锌等重金属为主要污染物,导致无机污染物超标点位数占全部超标点位的 82.8%。可以看出,镉是最主要的重金属污染物。

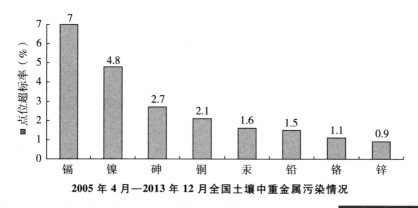

2005 年 4 月—2013 年 12 月全国土壤中重金属污染情况

(二) 进一步大力发展绿色食品

重点是加快供给侧改革,全面淘汰食品产业落后产能,增强有机食品、绿色食品、保健食品、特殊医学用途配方食品等中高端食品市场的供应能力;鼓励以优势农产品与食品行业的重点企业为主体,兼并重组,建设若干个主业突出、结构合理、活力充沛的食品企业群体结构;发挥地域农业的地理、交通、技术等资源优势,发展具有特色的食品产业带;推动食品产业水平向中高端迈进,走高、精、尖的食品品牌化发展道路。

(三) 深入推进全程无缝监管

推进从种养殖开始的跨部门联合监管,实施基于食品供应链全程体系的无缝监管;健全以"双随机、一公开"为基本手段、以重点环节监管为补充、以信用监管为基础的新型食品安全监管机制;合理配置有限的监管资源与力量,科学确定国家、省、市、市(县、区)不同层次的随机监督抽检监测的分工体系,确保不同食品、食品不同环节监督抽检样本批次的相对平衡;突出治理重点,重点监管猪肉、水产品、蔬菜、酒类、水果、冷冻饮品、餐饮食品、糕点、小麦粉等食品与小作坊、小摊贩、小餐饮、网络食品等业态。

(四)继续提高食品安全"违法成本"

依法严厉打击人为因素导致的食品安全问题,特别是造假、欺诈、超范围超限量使用食品添加剂、非法添加化学品、使用剧毒农药与禁用兽药等犯罪行为,坚决铲除制假售假的黑工厂、黑作坊、黑窝点、黑市场;协同监管部门与司法部门的力量,形成执法合力,同时鼓励设区的市制定实施具有地方特色、操作性强的法律规章,形成上下结合绵密规范的法治体系;持之以恒地营造食品生产经营主体不敢、不能、不想违规违法的常态化体制机制与法治环境。

(五)不断深化监管体制改革

重点优化省、市、市(县、区)政府相关监管部门间的职能,形成事权清晰、责任明确,属地管理、分级负责,覆盖城乡的食品安全监管体制。重心下移,优先向县及乡镇街道倾斜与优化配置监管力量与技术装备,形成横向到边、纵向到底的监管体系;以县级行政区为单位,分层布局、优化配置、形成体系,基于风险的区域性差异与技术能力建设的实际,强化县级技术支撑能力建设,将地方政府负总责直接落实到监管能力建设上。

(六)充分形成食品安全风险治理的合力

加快形成以国家市场监督管理总局为龙头的风险治理信息平台,有效解决食品安全信息分散与残缺不全的状况,并规范信息公开行为,特别是主动发布"双随机"抽查监管结果,推进市场治理;大力发展行业性社会组织,完善公众参与举报、企业内部吹哨人制度等。

（七）提升公众健康素养水平

媒体在很大程度上构建了公众对食品安全的认知图景,在科普进程逐渐加快的时代背景下,如何运用媒体力量提升科普效力成为亟须解决的问题。聚焦社区群众,突破传统科普文章的体裁形式,鼓励传统媒体与新媒体的深度融合,充分利用电视广播与互联网等新型载体,丰富传播形式,增强大众传媒的健康传播效果。同时,重构传播规范,突破网络的开放性、自由性、隐蔽性等特征,遵循客观原则,运用法律手段规范媒体从业人员的责任意识以及健康信息的发布与传播,完善网络技术监管体系,提升食品安全信息的真实性与可靠性以及新媒体的公信力。此外,立足食品安全消费知识教育,突破非系统化、非全民化、非义务教育的局限。

第九章　2017 年城乡居民食品安全状况的调查报告

　　有效满足人民美好生活需要对食品安全的新要求,是新时代社会治理的重大任务。在较大范围、较大样本地对城乡居民对食品安全状况展开调查,是了解人民群众新要求、新期待的重要途径,也是系列"中国食品安全发展报告"研究的重点,更是研究的重要特色。本章延续系列"中国食品安全发展报告"的特色,基于江南大学食品安全风险治理研究院组织的对全国 11 个省 68 个地区 4122 个样本的调查,重点分析城乡居民食品安全的满意度与满意度的变化,所担忧的食品安全的主要风险,食品安全风险成因与对政府监管力度的满意度等,努力刻画城乡居民对食品安全状况评价的现实状态。

一、调查说明与受访者特征

　　由于我国各地区经济、社会发展水平、饮食文化等方面具有差异性,城乡居民对食品安全的要求、食品安全的认知、食品安全风险防范意识等也必然存在一定的差异性,对其所在地区食品安全的满意度切身感受不尽相同,甚至具有很大的差异性。同时研究团队也受调查条件、调查经费等方面的限制难以对全国 31 个省、自治区、直辖市层面上展开大范围的抽样调查。因此,与过去的历次调查相仿,《报告2018》对城乡居民食品安全满意度等方面的调查仍然采用抽样方法,选取全国部分省区市的城乡居民作为调查对象,通过统计性描述与比较分析的方法研究城乡居民对当前食品安全状况的评价与食品安全满意度的总体情况,以期最大程度地反映全国的总体状况。

(一) 调查样本的选取与调查区域

本次调查在全国范围内选取了 10 个省,采取随机抽样的方法进行实地的问卷调查。调查的时间为 2018 年 1—2 月间完成(在本章中统称为 2018 年的调查,主要侧重反映的是 2017 年城乡居民对食品安全评价状况)。

1. 抽样设计的原则

调查样本的抽样设计遵循科学、效率、便利的基本原则,整体方案的设计严格按照随机抽样方法,选择的样本在条件可能的情况下基本涵盖全国典型省区,以确保样本具有代表性。抽样方案的设计在相同样本量的条件下将尽可能提高调查的精确度,最大程度减少目标量估计的抽样误差。同时,设计方案同样注重可行性与可操作性,便于后期的数据处理与分析。

2. 随机抽样方法

主要采取分层设计和随机抽样的方法,先将总体中的所有单位按照某种特征或标志(如性别、年龄、职业或地域等)划分成若干类型或层次,然后再在各个类型或层次中采用简单随机抽样的办法抽取子样本。在城乡居民食品安全状况评价的调查方法上,《报告 2018》与已经出版的多本年度发展报告完全一致。

3. 调查的地区

在过去多次调查的基础上,2018 年的调查在福建、河南、湖北、贵州、吉林、江苏、江西、山东、陕西、四川等 10 个省的 68 个地区(包括城市与农村区域)展开。调查共采集了 4122 个样本(以下简称总体样本),其中城市居民受访样本 2057 个(以下简称城市样本),占总体样本比例的 49.9%;农村区域受访样本 2065 个(以下简称农村样本),占总体样本比例的 50.1%,城市与农村的受访样本量相近,取样合理。与过去的历次调查相比较,2018 年调查的样本量相差不大。

4. 调查的组织

为了确保调查质量,在实施调查之前对调查人员进行了专门培训,要求其在实际调查过程中严格采用设定的调查方案,并采取一对一的调查方式,在现场针对相关问题进行半开放式访谈,协助受访者完成问卷,以提高数据的质量。

（二）受访者基本特征

表 9-1 显示了由 10 个省、自治区 4122 个城乡受访者所构成的总体样本的基本特征。基于表 9-1,可分析受访者如下的基本统计性特征。

1. 女性略多于男性

在总体样本中,男性占比为 44.35%,女性占比为 55.65%。在农村样本中,男性占比 44.65%,女性占比 55.35%;城市样本中,男性占比 44.04%,女性占比 55.96%。也就是说,无论是总体样本,还是城市与农村样本,女性受访者均略多于男性,比例适中,样本选取合理。

表 9-1　受访者相关特征的描述性统计

特征描述	具体特征	频数/个			有效比例/%		
		总体样本	农村样本	城市样本	总体样本	农村样本	城市样本
总体样本		4122	2065	2057	100.00	50.10	49.90
性别	男	1828	922	906	44.35	44.65	44.04
	女	2294	1143	1151	55.65	55.35	55.96
年龄	18 岁以下	87	47	40	2.11	2.28	1.94
	18～25 岁	1164	503	661	28.24	24.36	32.14
	26～45 岁	1908	944	964	46.29	45.71	46.86
	46～60 岁	766	455	311	18.58	22.03	15.12
	61 岁以上	197	116	81	4.78	5.62	3.94
婚姻状况	未婚	1393	573	820	33.79	27.75	39.86
	已婚	2729	1492	1237	66.21	72.25	60.14
家庭人口	1 人	53	19	34	1.29	0.92	1.65
	2 人	239	111	128	5.80	5.38	6.22
	3 人	1561	570	991	37.87	27.60	48.18
	4 人	1204	691	513	29.21	33.46	24.94
	5 人或 5 人以上	1065	674	391	25.84	32.64	19.01

（续表）

特征描述	具体特征	频数/个			有效比例/%		
		总体样本	农村样本	城市样本	总体样本	农村样本	城市样本
学历	初中及初中以下	980	731	249	23.77	35.40	12.11
	高中(包括中等职业学校)	922	542	380	22.37	26.25	18.47
	大专	726	295	431	17.61	14.29	20.95
	本科	1332	440	892	32.31	21.31	43.36
	研究生及以上	162	57	105	3.93	2.76	5.10
个人年收入	1 万元及以下	552	354	198	13.39	17.14	9.63
	1～2 万元之间	547	341	206	13.27	16.51	10.01
	2～3 万元之间	669	350	319	16.23	16.95	15.51
	3～5 万元之间	777	384	393	18.85	18.60	19.11
	5 万元以上	806	331	475	19.55	16.03	23.09
	是学生,没有收入	771	305	466	18.70	14.77	22.65
家庭年收入	5 万元及以下	1043	602	441	25.30	29.15	21.44
	5～8 万元之间	1157	590	567	28.07	28.57	27.56
	8～10 万元之间	967	467	500	23.46	22.62	24.31
	10 万元及以上	955	406	549	23.17	19.66	26.69
是否有 18 岁以下的小孩	是	2218	1266	952	53.81	61.31	46.28
	否	1904	799	1105	46.19	38.69	53.72
职业	公务员	127	0	127	3.08	0.00	6.17
	企业员工	819	299	520	19.87	14.48	25.28
	农民	477	392	85	11.57	18.98	4.13
	事业单位职员	705	341	364	17.10	16.51	17.70
	自由职业者	627	367	260	15.21	17.77	12.64
	离退休人员	112	54	58	2.72	2.62	2.82
	无业	121	99	22	2.94	4.79	1.07
	学生	800	315	485	19.41	15.25	23.58
	其他	334	198	136	8.10	9.59	6.61

2. 26～45 岁年龄段的受访者比例最高

如图 9-1 所示,在总体样本、农村样本、城市样本中,26～45 岁年龄段的受访者比例最高,分别为 46.29%、45.71%、46.86%;其次是年龄在 18～25 岁的受访者,在总体样本、农村样本、城市样本中所占比例分别为 28.24%、24.36%、32.14%;年龄在 46～60 岁的受访者,在总体样本、农村样本、城市样本中所占比例分别为 18.58%、22.03%、15.12%;年龄在 18 岁以下和 61 岁以上的比例均较低,在总体样本中所占的比例分别为 2.11% 和 4.78%。总体来说,约有 93% 的受访者年龄在 18～60 岁之间。

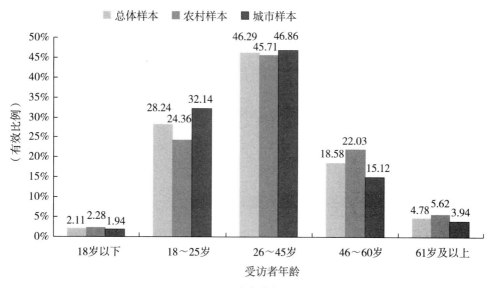

图 9-1　受访者的年龄构成

3. 已婚的受访者占大多数

表 9-1 显示,在总体样本、农村样本、城市样本中的已婚受访者均占大多数,占比分别为 66.21%、72.25%、60.14%,比例均高于 60%。尤其在农村样本中,已婚受访者占 70% 以上。

4. 家庭人口数以 3 人或 4 人为主

城市受访者中,家庭人口数为 3 人的比例最高,占城市样本中的 48.18%;而农村受访者中,则是家庭人口数为 4 人的比例最高,占农村样本数的 33.46%。虽然农村样本与城市样本的家庭人口方面有所差异,但在总体样本中,家庭人数为 3 人的比例最高,为 37.87%;其次为 4 人,占比 29.21%;5 人或 5 人以上的比例为 25.84%;家庭人口数为 1 人和 2 人的比例则相对较低,仅分别为 1.29% 和 5.80%。

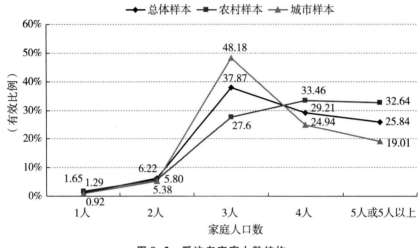

图 9-2　受访者家庭人数结构

5. 在不同的样本类别中受访者学历层次有较大的差距

图 9-3 反映了不同样本类别的受访者的受教育程度。表 9-1 显示,在总体样本中,学历为本科的比例最高,为 32.31%;初中及初中以下、高中(包括中等职业)的比例比较接近,分别 23.77%、22.37%;大专的比例相比较低,为 17.61%;而研究生及以上的比例仅为 3.93%。而在农村样本中,初中及初中以下受访者占比最高,占比 35.4%;城市样本中,本科学历受访者占比最高,占比 43.36%。

6. 城市受访者个人年收入明显高于农村受访者

图 9-4 所示,在总体样本中,受访者的个人年收入在 5 万元及以上的比例略高于其余选项,占比最高,为 19.55%;个人年收入在 3～5 万元之间、没有收入(受访者是学生)的比例基本相同,分别为 18.85%、18.70%;个人年收入在 1 万元及以下、1～2 万元之间、2～3 万元的受访者相对较少,在总体样本中所占比例为分别 3.39%、13.27%、16.23%。在农村样本中,个人收入在 3～5 万元之间的比例最高,为 18.60%,但在城市样本中,个人收入在 5 万元及以上的比例最高,占城市样本数的 23.09%。

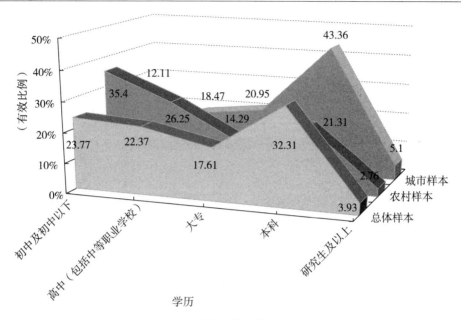

图 9-3　受访者的受教育程度

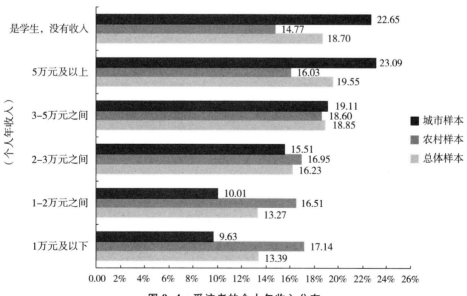

图 9-4　受访者的个人年收入分布

7. 家庭年收入分布均匀

图 9-5 显示,总体样本、农村样本和城市样本的受访者家庭年收入分布较为均匀。就总体样本而言,受访者家庭年收入在 5～8 万元之间的比例相对较高,占比28.07%。

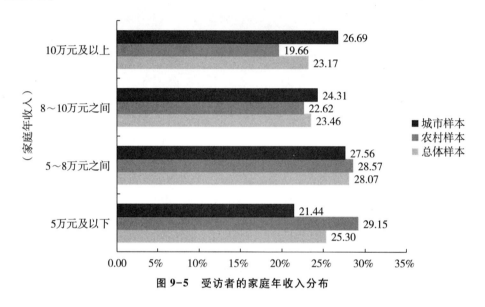

图 9-5　受访者的家庭年收入分布

8. 家中有 18 岁(不含 18 岁)以下小孩的比例较高

大量的研究证实,家庭中是否有未成年人将影响家庭成员对食品安全的关注度与满意度。表 9-1 显示,在总体样本中,53.81% 的受访者家中有 18 岁以下的未成年人。而在农村样本和城市样本中,有 18 岁以下未成年人的家庭占比分别为61.31%,46.28%。

9. 受访者是学生、企业员工的比例较高

在 4122 个总体样本的受访者中,职业分布较为广泛。受访者是企业员工和学生(包括未成年的中小学生、高校学生等,总体样本中未成年的中小学生占比为2.11%,可参见表 9-1)的比例最高,所占比例分别为 19.87% 和 19.41%;职业为事业单位职员、自由职业者的比例基本相同,分别为 15.55% 和 15.21%;受访者身份为农民的比例相比较低,为 11.57%。相比较而言,受访者职业为公务员、离退休人员、无业人员和其他职业的所占的比例更低,均未超过 10%。

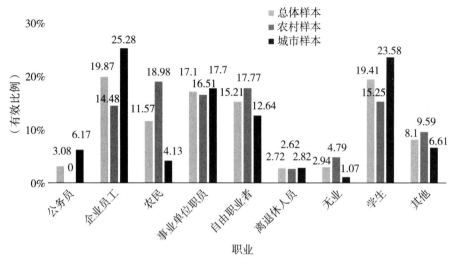

图 9-6 受访者的职业分布

二、受访者的食品安全总体满意度与未来信心

基于调查数据,本部分主要研究城乡受访者对食品安全总体满意度、担忧的主要食品问题、受重大事件影响的食品安全信心、对未来食品安全的信心等问题,并比较城乡受访者相关评价的差异性。

(一)对当前市场上食品安全满意度的评价

表 9-2 不同类别受访者对食品安全的满意度

样本	占 比				
	非常不满意	不满意	一般	比较满意	非常满意
总体样本	9.90%	29.30%	30.98%	25.14%	4.68%
农村样本	9.30%	30.22%	31.42%	26.00%	5.81%
城市样本	10.50%	28.39%	30.57%	24.26%	3.55%

如表 9-2 所示,总体样本中有 29.30% 的受访者对食品安全表示不满意,有 9.90% 的受访者表示非常不满意。分别有 30.98% 和 25.14% 的受访者表示一般和

比较满意。仅有 4.68% 的受访者对当前市场上食品安全表示非常满意。总体而言，39.2% 的受访者对当前食品安全表示出非常不满意或不满意的态度，有29.82% 的受访者表示比较满意或非常满意。也就是说，就总体而言，受访者对当前市场上的食品安全的满意度水平仍处于中等偏下的状况，占比明显低于50%。其中，在农村样本中，有 31.81% 的受访者表示比较满意或非常满意；而在城市样本中，有 27.81% 的受访者表示比较满意或非常满意。可见，相比农村样本而言，城市受访者对食品安全的满意程度相对较低。

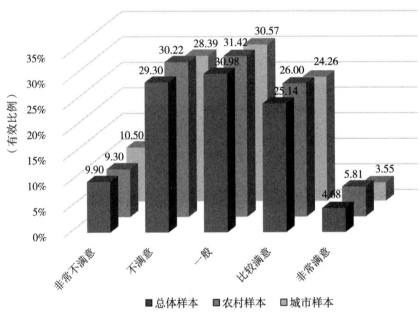

图 9-7 受访者对食品安全的满意度

（二）对本地区食品安全是否改善的评价

表 9-3 及图 9-8 显示，在总体样本中，32.63% 的受访者认为食品安全情况有所好转或大有好转，42.96% 的受访者认为基本上没有变化。可见，总体样本中，70% 以上的受访者不认为食品安全的状况在变差。受访者认为食品安全情况有所好转或大有好转的比例，在农村受访者和城市受访者当中相近，分别为 32.98%、32.28%。在总体样本、农村样本和城市样本中，均有超有四成的受访者认为食品安

全状况基本上没有变化。

表9-3 不同类别样本的受访者对本地区食品安全是否改善的评价

样本	占 比				
	变差了	有所变差	基本上没变化	有所好转	大有好转
总体样本	11.89%	12.52%	42.96%	29.84%	2.79%
农村样本	12.69%	12.35%	41.99%	29.78%	3.2%
城市样本	11.08%	12.69%	43.95%	29.90%	2.38%

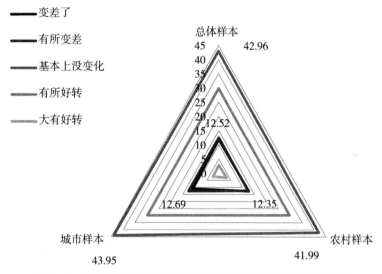

图9-8 受访者对本地食品安全是否改善的评价有效比例(%)

（三）对未来食品安全状况的信心

如表9-4所示,就总体样本而言,当问及"对未来食品安全状况的信心"时,40.78%的受访者的回答为"一般","比较有信心""没有信心""很没有信心"以及"非常有信心"受访者占比分别为27.54%、15.91%、8.59%和7.18%。可以看出,总体样本中接近25%的受访者表示没有信心或很没有信心。

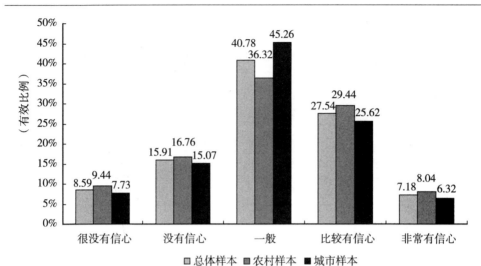

图 9-9 受访者对未来食品安全状况的信心

表 9-4 不同类别的受访者对未来食品安全状况的信心

样本	占 比				
	很没有信心	没有信心	一般	比较有信心	非常有信心
总体样本	8.59%	15.91%	40.78%	27.54%	7.18%
农村样本	9.44%	16.76%	36.32%	29.44%	8.04%
城市样本	7.73%	15.07%	45.26%	25.62%	6.32%

（四）受重大事件影响的食品安全信心

表 9-5 不同类别的受访者受重大事件影响的食品安全信心

样本	占 比				
	严重影响	比较有影响	几乎没有影响	比较有信心	非常有信心
总体样本	17.54%	41.78%	26.01%	10.77%	3.91%
农村样本	18.74%	35.35%	27.94%	12.25%	5.71%
城市样本	16.33%	48.23%	24.06%	9.29%	2.09%

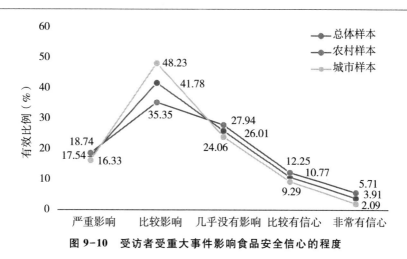

图 9-10　受访者受重大事件影响食品安全信心的程度

如表 9-5 所示，半数以上受访者认为重大事件对食品安全信心有严重的影响或一定程度的影响。其中，41.78% 的受访者认为比较有影响，占比最高。仅有 3.91% 的受访者表示不受重大食品安全事件的影响。其中，城市受访者比较受影响或严重受影响的比例高达 64.56%。因此，城市受访者的食品安全信心更受频发的重大食品安全事件的影响。

三、最突出的食品安全风险与受访者的担忧度

2018 年的调查继续考察了受访者所关注的目前最突出的食品安全风险，以及受访者对这些安全风险的担忧度等。

（一）目前最突出的食品安全风险

表 9-6　不同类别的受访者认为目前最突出的食品安全风险

样本	占 比				
	微生物污染超标	重金属超标	农兽药残留超标	滥用添加剂与非法使用化学物质	食品本身的有害物质超标
总体样本	49.83%	46.53%	66.42%	65.11%	18.15%
农村样本	48.38%	43.24%	68.67%	68.09%	19.85%
城市样本	51.29%	49.83%	64.17%	62.13%	16.43%

如表 9-6 所示,受访者在回答"您认为目前最突出的食品安全风险"的多项选择题时,总体样本中 66.42%、65.11% 的受访者认为是农兽药残留超标、滥用添加剂与非法使用化学物质。其余由高到低依次为微生物污染超标、重金属超标、食品本身的有害物质超标,受访者的占比分别为 49.83%、46.53%、18.15%。在城市与农村受访者中,对于农兽药残留超标是最大的食品安全风险的认同度均为最高,分别占比为 68.67%、64.17%。由此可见,目前受访者普遍认为的最突出的食品安全风险是农兽药残留超标。

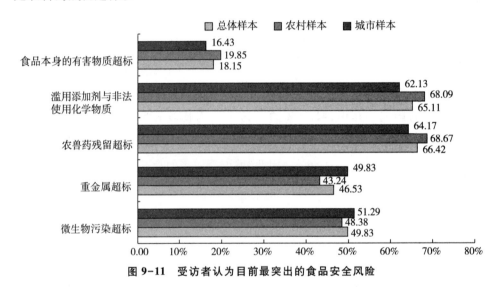

图 9-11　受访者认为目前最突出的食品安全风险

(二) 食品安全风险的担忧程度

本部分主要分析受访者对不当或违规使用添加剂、非法使用添加剂、食品中重金属含量超标、农兽药残留超标、细菌与有害微生物和食品本身有害物质超标的担忧程度。

1. 对不当或违规使用添加剂、非法使用添加剂的担忧程度

图 9-12 显示,调查数据表明,在总体样本中 79.28% 的受访者对不当或违规使用添加剂、非法使用添加剂所引发的食品安全风险表示比较担忧或非常担忧。其中,在城市受访者中,表示比较担忧或非常担忧的受访者比例为 79.93%,略高于农村受访者的 78.64%。

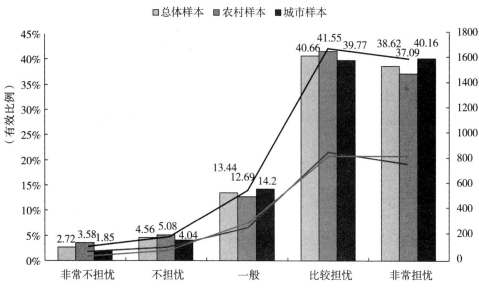

图 9-12　受访者对不当或违规使用添加剂、非法使用添加剂的担忧程度

2. 对重金属含量超标的担忧程度

图 9-13 表明,在总体样本、农村样本、城市样本的多数受访者都对重金属含量超标所引发的食品安全风险表示出比较担忧或非常担忧。其中,总体受访者该项的比例达到 64.97%。

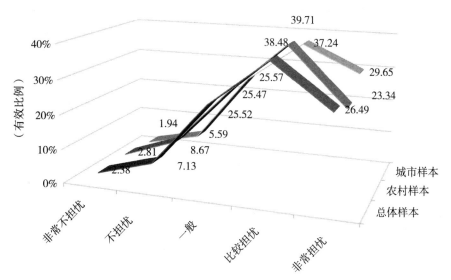

图 9-13　受访者对重金属含量超标的担忧程度

3. 对农兽药残留超标的担忧程度

如图 9-14 所示,70.11% 的城市受访者表示对食品中农兽药残留超标所引发的食品安全风险表示比较担忧或非常担忧,而农村受访者该项的比例为 71.38%。农村受访者对农兽药残留问题的担忧度略高于城市受访者。总体而言,无论是农村还是城市受访者,都有超过 7 成的受访者对农兽药残留表示比较担忧或非常担忧。

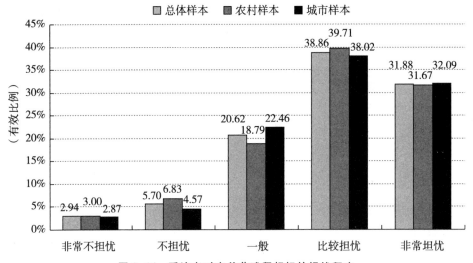

图 9-14 受访者对农兽药残留超标的担忧程度

4. 对细菌与有害生物超标的担忧程度

图 9-15 所示,城市样本中有 61.55% 的受访者对细菌与有害生物超标表示比较担忧或非常担忧,而农村受访者该项比例为 56.61%。城市受访者的担忧程度比农村受访者高出 4.94%。

5. 对食品本身带有的有害物质超标的担忧程度

图 9-16 显示,无论是城市还是农村受访者对于食品本身带有的有害物质超标所引发的食品安全风险表示出比较担忧或非常担忧的比例均在 50% 左右。总体样本中,该项比例达到 50.63%。

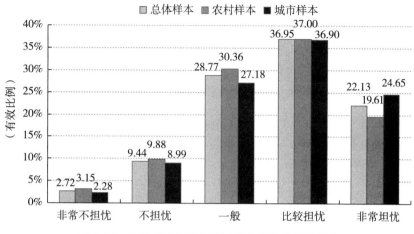

图 9-15　受访者对细菌与有害生物超标的担忧程度

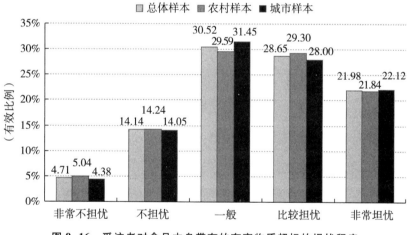

图 9-16　受访者对食品本身带有的有害物质超标的担忧程度

四、食品安全风险成因判断与对政府监管等方面的评价

（一）受访者对食品安全风险成因的判断

表 9-7 显示,在总体样本、农村样本、城市样本中分别有 71.13%、70.85%、71.41%的受访者认为,食品安全风险的主要原因来自"企业追求利润,社会责任意识淡薄"。而认为"政府监管不到位"是主要原因的,受访者占比均在 50% 左右。

受访者则对"国家标准不完善""环境污染严重""企业生产技术水平不高"等原因的认同度相对较低。

表 9-7　不同类别的受访者对引发食品安全风险主要原因的判断

样本	占　比						
	信息不对称，厂商有机可乘	企业追求利润，社会责任意识淡薄	国家标准不完善	政府监管不到位	环境污染严重	企业生产技术水平不高	其他
总体样本	59.53%	71.13%	25.81%	50.7%	32.46%	8.64%	2.55%
农村样本	59.42%	70.85%	25.96%	52.15%	32.3%	10.12%	2.71%
城市样本	59.65%	71.41%	25.67%	49.25%	32.62%	7.15%	2.38%

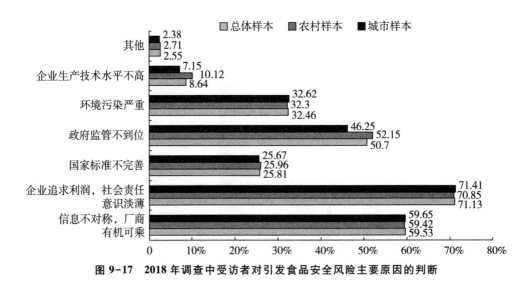

图 9-17　2018 年调查中受访者对引发食品安全风险主要原因的判断

（二）对政府政策有效性与监管力度等评价

主要从受访者就政府政策、法律法规对保障食品安全有效性等六个方面展开调查,研究受访者对政府食品安全监管等方面的满意度。

1. 政府政策、法律法规对保障食品安全有效性评价

在所调查的总体样本、农村样本、城市样本中,大部分受访者认为政府政策、法律法规对保障食品安全的有效性"一般",占比分别为 42.46%、38.89%、46.04%。

从总体样本来看,只有5.22%的受访者对该项评价为"非常满意"。城乡受访者对
该项表示非常满意的,均不足10%(见图9-8)。

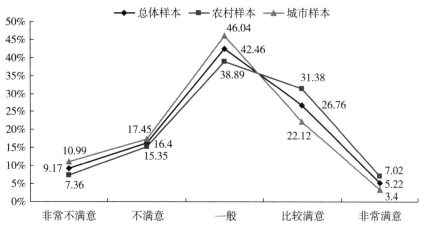

图9-18 受访者对政府政策、法律法规对保障食品安全有效性评价

2. 政府保障食品安全的监管与执法力度的评价

图9-19显示,总体样本中,42.67%的受访者对政府保障食品安全的监管与执
法力度表示"一般",占比最高。表示比较满意和非常满意的比例分别为24.21%和
4.56%。其中,农村受访者表示比较满意的比例在三类样本中最高,为27.8%。

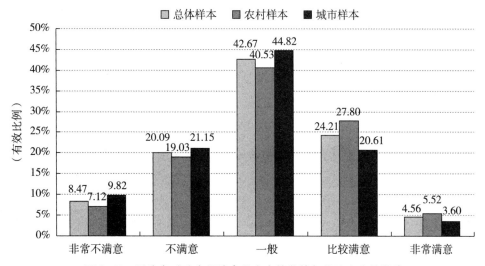

图9-19 受访者对政府保障食品安全的监管与执法力度的评价

3. 政府食品安全宣传引导能力的评价

图 9-20 显示,在所调查的 4122 个总体样本中有 45.34% 的受访者对政府食品安全宣传引导能力表示一般,总体样本、农村样本和城市样本的受访者表示非常满意的比例分别为 5.41%、6.63%、4.18%。

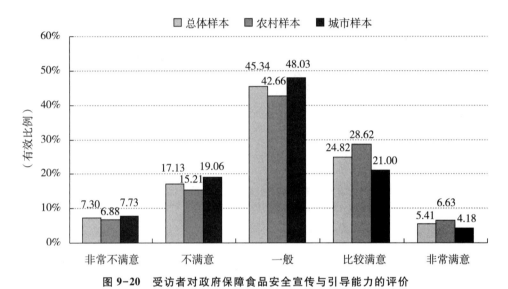

图 9-20 受访者对政府保障食品安全宣传与引导能力的评价

4. 政府食品质量安全认证有效性的评价

图 9-21 显示,就总体样本分析,40.1% 的受访者对政府食品质量安全认证的有效性表示一般,表示非常满意、比较满意和不满意的比例分别为 7.01%、30.52% 和 15.72%。表示非常不满意的较少,在总体样本中占比仅 6.65%。在三类样本中,城市受访者对该项的满意度表示非常满意的比例最低,仅 4.96%。

5. 食品安全事故发生后政府处置能力的评价

图 9-22 中,就总体样本而言,36.88% 的受访者认为发生食品安全事故后政府处置能力的满意度为一般,表示比较满意和不满意的比例分别为 28.34% 和 17.59%。三类样本中,农村受访者对该项表示非常满意或比较满意的比例最高,达到 40.83%。

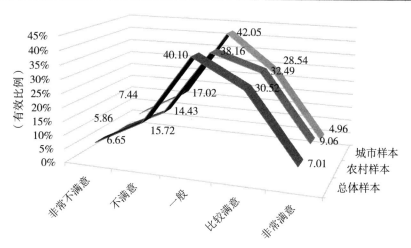

图 9-21　2018 年调查中受访者对政府食品质量安全认证的满意度评价

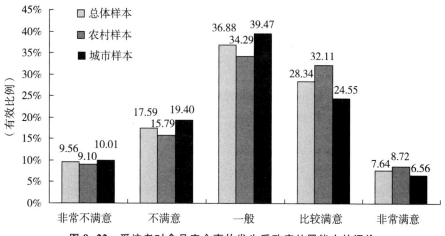

图 9-22　受访者对食品安全事故发生后政府处置能力的评价

6. 政府食品安全新闻媒体舆论监督的满意度

图 9-23 显示,40.93% 的受访者对政府食品安全新闻媒体舆论监督的评价为一般,且城市受访者选择一般的比例最高,达到 45.75%。不仅如此,而且城市受访者选择非常满意的比例最低,仅 3.26%。

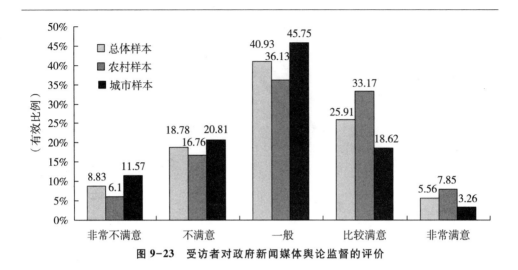

图 9-23　受访者对政府新闻媒体舆论监督的评价

五、综合分析：城乡居民食品安全满意度相对低迷可能将持续一个较长时期

研究团队的研究表明，2011—2015 年间我国的食品安全稳定地处于相对安全的低风险状态。《全球食品安全指数》是依据世界卫生组织、联合国粮农组织、世界银行等权威机构的官方数据，针对 113 个国家的食品安全现状进行综合评估，算出总排名与分类排名。英国经济学人智库发布的《2017 年全球食品安全指数报告》也显示，在 113 个被评估的国家中，中国综合排名位居第 42 位，综合评分 63.7，虽然比上年略有下降，但在全球总体状况处于中上游水平，并处在发展中国家前列。可见，"总体稳定、趋势向好"是目前我国食品安全状况的基本态势。但与此相悖的是，自 2008 年以来公众的食品安全满意度呈相对持续低迷的状态。我们认为，这种相对低迷状态可能将持续一个较长时期。对此，必须有清醒的认识和科学的把握。

（一）公众满意度的基本状态

十年来，公众食品安全满意度的演化状态是：

1. 2005—2008 年间的满意度处于较高的区间

2005—2008 年间，商务部对全国 20 多个省级行政区连续展开了四次跟踪调查,样本量分别达到4507个、6426个、9305个和9329个城乡消费者。数据显示,虽然2008年爆发了影响极其恶劣的三鹿奶粉事件,但公众较为理性,食品安全的满意度仍然保持持续上扬的状态。2008年高达88.5%、89.5%的城市、农村受访者对食品安全状况持满意与基本满意的评价。

2. 2010—2012年间满意度大幅下降

2010年以来,中国全面小康研究中心与清华大学媒介调查实验室连续展开了满意度调查。数据显示,2010年受访者的食品安全满意度仅为33.6%;2011年超过50%的受访者认为当年的食品安全状况比以往更糟糕。2012年受访者食品安全满意度为45.9%。与此同时,2010年英国RSA保险集团发布的《风险300年:过去、现在和未来》的全球风险调查报告则表明,中国受访者最担心的是地震,其次是不安全食品配料和水供应。由于此调查的时间在青海玉树发生地震后不久,显然这是受访者将地震风险排在第一位的重要原因。境外媒体在此阶段对中国的食品安全状况发表了诸多负面的新闻报道。

3. 2014—2017年间满意度仍然低迷但较为稳定且呈小幅上升的态势

江南大学食品安全风险治理研究院于2013年、2014年、2015年、2016年、2017年采用分层的方法对公众食品安全满意度展开了跟踪调查,调查固定在福建、贵州、河南、湖北、吉林、江苏、江西、山东、陕西、四川10个省相对固定的城市或农村地区进行,样本量均在4100个以上。结果显示,2013年、2014年、2015年、2016年、2017年公众对食品安全的满意度分别为52.12%、54.94%、54.55%、58.03%、60.8%。虽然商务部、中国全面小康研究中心、江南大学调查的样本量、区域与采用的方法各不相同,没有绝对的可比性,但大体反映了最近10多年来公众满意度的基本走势:即自2005年以来,公众食品安全满意度持续上扬,约在2008年前后达到最高点,在2010年前后下降至最低点,目前处于约60%相对低迷的水平上,未来的走势是缓慢上升。当然,这个判断是研究团队基于调查样本的分析。

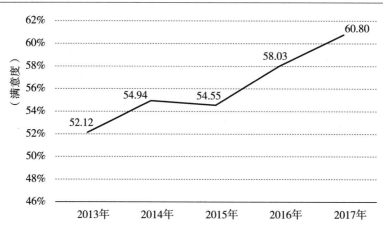

图 9-24　2013—2017 年间研究团队连续调查点受访者食品安全满意度状况

（二）满意度相对低迷的主要原因

1. 频发的食品安全重大事件影响了信心

江南大学食品安全风险治理研究院在 2013 年、2014 年、2015 年、2016 年、2017 年的调查中分别发现，70.2%、67.51%、66.44%、58.05%、65.32% 的受访者认为持续发生的一系列重大品安全事件影响了消费信心。确实，以三鹿奶粉事件的爆发为起点，2008 年以来，我国高频率地连续发生一列食品安全事件，使食品安全成为中国当下最大的社会风险之一，为全球瞩目，令公众难以置信。

2. 复杂的网络舆情环境影响了信心

目前，食品安全谣言在自由、开放的互联网与社交媒体大肆传播。2012 年，国内平均每天约有 1.8 条谣言被报道，其中有六成是与食品、政治、灾难有关的硬谣言。近年来，国内有关食品安全的谣言更达到各类网络谣言的 45%，位居各类网络谣言的第一位。公众面对谣言时真假难辨，往往"宁可信其有，不可信其无"，严重干扰了公众的理性认识。

3. 公众非理性心理与行为

对食品安全问题的认定需要客观的态度、科学的方法，理性的方式应该是摆事实、讲道理。但现实是相当一部分缺乏食品安全科学素养的公众往往用偏见来代替科学或客观事实,在没有明辨是非的情况下,通过自媒体不负责任地发布信息或传播谣言。一个典型的案例是,2012 年 10 月 16 日上午,新浪微博发布一则关于食品安全的信息称:"南京农业大学动物学院研究员随机检测南京市场上的猪肉,发现南京猪肉铅超标率达 38%"。这条微博在短时间内就被疯狂转发。虽然相关部门第一时间介入调查,并及时辟谣,但已造成了极大的负面影响。

(三) 满意度相对低迷可能是未来一个时期的常态

作出这样的预判,主要的依据是:

1. 食品安全事件未来仍将处在高发期。虽然生产方式正在逐步发生变化,但食用农产品生产仍主要以家庭为基本单元,而"点多、面广、量大"仍是食品生产经营的基本格局,且难以在短时期内发生根本性改变。尤其是,我国的食品安全事件尽管也有技术不足、环境污染等方面的客观原因,但是目前更多地表现的是由生产经营主体的违规违法的人源性因素所造成的。这一状况在短时期内难以得到有效改观。食品安全事件仍将处在高发期,因此公众满意度在短时期内难以有根本性的逆转(可参见第八章)。

2. 网络舆情环境的治理具有长期性与复杂性。随着互联网的快速发展与普及,网络已成为公众了解食品安全状况、发表与传播有关食品安全问题的观点、态度的重要平台。由于网络的开放性、自由性、隐蔽性,大量夸大、虚假的食品安全信息得以在网络上广泛传播,并形成了独特的食品安全网络谣言。2012 年,《人民日报》盘点十大网络谣言,其中就有"蛆橘事件"让全国柑橘严重滞销(2008 年)、"皮革奶粉"传言重创国产乳制品(2011 年)、QQ 群里散布谣言引发全国"抢盐风波"(2011 年)、"滴血食物传播病毒"传言引发恐慌(2011 年)4 条有关食品安全的谣言。虽然 2013 年以后产生较大社会影响的食品安全谣言的数量有所减少,但食品安全谣言仍在网络谣言中占有较大比重,中国社会科学院发布的《中国新媒体发展报告》显示,网络谣言中食品安全谣言占 45%,位居第一位。对此,治理难度极大。因此,非理性的网络环境将长期存在,并影响公众的食品安全满意度。

谣言干扰了老百姓对食品安全状况的评价

洪巍(江南大学食品安全风险治理研究院副教授)：由于网络的开放性、自由性、隐蔽性,近年来大量夸大、虚假的食品安全信息在网络上广泛传播,并形成了具有独特特征的食品安全网络谣言。现阶段网络谣言中食品安全谣言约占 45%,位居第一位。食品安全谣言数量庞大且传播广泛,可能的原因是：第一,食品安全治理是一个长期的、艰苦的过程,食品安全问题难以在短期内完全解决,我国食品安全事件时有发生,导致食品安全谣言有机可乘。第二,公众的食品安全知识相对匮乏,面对食品安全谣言时难以甄别真伪,在"宁可信其有,不可信其无"的心态下容易受到食品安全网络谣言的影响。第三,部分媒体食品安全专业知识也相对匮乏,难以准确识别食品安全谣言,但为了吸引公众的眼球,更倾向于报道一些"爆炸性"的新闻,相关媒体就可能会成为食品安全谣言的传播媒介。第四,食品安全谣言主要在微信等平台上传播,信息传播具有较高的隐蔽性,政府监管的难度较大,难以及时辟谣。

3. 部分公众的非理性心理与行为难以在短时期内改变。未来食品安全事件仍将处于高发期,且大多数由人为因素所造成,极易引发公众的愤怒情绪,催生且放大公众的非理性行为。与此同时,政府应对不力、媒体报道夸大扭曲、网络推手推波助澜,公众容易迷失在网络信息的海洋中,容易形成非理性甚至是极端的认识。特别是食品安全谣言具有后果严重性与语言模糊性特征,大多会使用"致癌""有毒""致死"等语言,容易引发公众的恐慌心理,且会使用"长期食用可能致病"等模糊性语言,而不说明标准、剂量等问题。而公众心理与行为主要受其年龄、学历、收入、民族、家庭人口等个体与家庭因素,以及周围群体、法制环境、社会风气等因素影响,在矛盾多元的社会背景下短时期内难以发生显著变化。

(四) 科学应对的建议

公众食品安全满意度相对低迷,是多种复杂问题长期积累而形成的一种势必如此的常态。政府作为治理的最重要的主体,应准确把握、科学应对、主动适应、努力化解。重点是要提升公众的食品安全科学素养。公众的科学素质是客观、公正地认识食品安全问题与防范食品安全谣言的重要基础。根据光明网发布的《全民科学素质行动实施工作电视电话会议精神解读》,我国公众的科学素质快速提升,2015 年我国公民具备科学素质的比例达到 6.2%,比 2010 年提高近 90%,比 2005年提高近 3 倍;科普基础条件明显改善;公民科学素质公共服务能力明显提升。然而,2015 年我国公民科学素质的总体水平仅相当于美国 1991 年(6.9%)、欧盟 1992年(5%)和日本 2001 年(5%)的水平,即使到 2020 年我国成功实现公民具备科学素质的比例超过 10% 的目标,也只是刚刚跨过创新型国家的最低门槛,与世界主要发达国家 20% 甚至 30% 的水平仍存在很大差距。可见,提升全社会科学素质任重而道远。针对公众食品安全知识相对匮乏的现实情况,需要通过坚持不懈的努力。一是建立与完善食品安全知识科普机制,进一步发挥相关高校、科研机构、社会组织在科普过程中的积极作用,以科普推动科研工作的深入。二是综合运用多种传播渠道开展食品安全知识宣传,不断提高传统媒体、网络媒体传播食品安全知识的水平,切实发挥媒体在食品安全科普中的正面作用,传播科学的食品安全知识,传递正能量。三是培养具有正确价值观以及丰富的食品安全知识的意见领袖,充分发挥意见领袖在食品安全知识科普中的重要作用。四是扩大公众参与食品安全风险治理的渠道,满足公众了解食品安全知识的需求,激发和调动公众的积极性与主动性,构建食品安全知识的传播与交流平台,促进公众对食品安全知识的自主学习。

政府应该最大限度地公开信息,引导社会认识问题的正确导向。国家相关部委应该履行其功能,从自身做起,在监督各级政府食品安全监管部门及时、准确地发布信息,遏制谣言传播的同时,应加快制定暂行办法,确定信息公开的负面清单,规范信息公开行为。政府应该或委托第三方公布年度食品安全事件分析报告,最大程度地公开食品安全风险产生的根源,告知全社会治理的关键在于实现政府、生产经营者与公众间的激励相容。与此同时,政府应该加快完善网络环境的治理体系,净化舆情环境。面对迅速发展的食品安全舆情环境,政府必须摒弃传统自由与管制二元藩篱的治理思维。在坚持政府主导的同时,放手让民间社会组织、网络意见领袖发挥其应有作用,形成参与式、互动式的多元治理主体。改变政府与民间两个舆情场相互割裂的状况,政府舆情的传播必须由单向说服模式向互动沟通模式转变,并以互动为重点,推动舆论向着形成社会共识的方向发展。与此同时,推进网络舆情空间治理的法治化。政府应统筹考虑,顶层设计,加快制订相关法律法规,并依法处置违法犯罪事件,发挥法律对规范舆情空间秩序的引领与震慑作用。

第十章　近年来食品安全法治体系
建设进展与执法成效

2015 年 10 月召开的党的十八届五中全会,是在我国全面建成小康社会进入决胜阶段召开的一次重要会议。全会审议通过的《中共中央关于制定国民经济和社会发展第十三个五年规划的建议》深刻总结国内外发展经验,适应人民群众期待,明确提出"实施食品安全战略,形成严密高效、社会共治的食品安全治理体系,让人民群众吃得放心。""食品安全战略"第一次正式进入党中央全会的文件,这一具有里程碑意义的顶层设计向世人表明,食品安全已上升为国家战略,由此开创了具有中国特色的食品安全风险治理的新局面。与此同时,"史上最严"的新修订的《食品安全法》于 2015 年 10 月 1 日起施行,由此形成食品安全国家战略与法治体系的互为一体的格局。以《食品安全法》的修订与实施为标志,我国食品安全风险法治体系建设进入了一个新的历史时期。本章主要回顾了 2013 年以来食品安全法治建设的总体进展、执法成效,考察了 2017 年食品安全法治体系的重要进展,并展望了未来食品安全风险法治体系建设的重点。

一、2013 年以来食品安全法治建设的总体进展

(一) 形成了相对完备且层次清晰的法治体系

从法律法规效力层级的角度分析,党的十八大以来,中国食品安全风险法治体系建设主要围绕以下六个层次展开。

1. "史上最严"的食品安全法全面实施

十一届全国人大常委会七次会议以 158 票赞成、3 票反对、4 票弃权的结果表决通过《食品安全法》，并于 2009 年 6 月 1 日正式施行，《食品卫生法》同步废止。根据新的实践，2015 年 4 月 24 日十二届全国人大常委会十四次会议通过了被称为"史上最严"的新修订的《食品安全法》。《食品安全法》作为我国食品安全风险治理领域的根本大法于 2015 年 10 月 1 日起全面施行，以此为标志，我国食品安全风险法治体系建设进入了一个新的历史时期。

2. 行政法规日趋完备

初步统计显示，2013 年以来，国务院共制修订了 10 个有关食品安全的行政法规。修订后的《农药管理条例》（国务院第 677 号令）于 2017 年 6 月 1 日起施行。新修订的《农药管理条例》强化了农药登记、生产、经营、使用各个环节安全风险的防范，要求将涉及农产品安全的各项具体要求落到实处，而且惩处力度堪称史上最严，以确保老百姓"舌尖上的安全"。修订后的《农药管理条例》颁布实施后，生产销售假劣农药将面临更严厉的惩处，违法成本大大提高。同时，修订后的《条例》要求农药标签必须标注二维码，一瓶农药一个二维码，也就是每瓶农药均拥有一个"身份证"，并规定于 2018 年 1 月 1 日以后生产的农药，如果农药标签上没有二维码，就可以直接判定为假农药。农药二维码制度的实行，将有力地打击假冒伪劣农药产品及假冒证件生产、添加隐性成分等行为。可以预见的是，由提高罚款额度、没收违法所得、吊销相关许可证、列入"黑名单"等一系列组合措施组成的农药管理新政将对违法违规的农药生产经营行为形成强有力的震慑。

3. 部门规章弥补盲点

国家食品药品监督管理总局、农业部、国家卫生计生委、国家质检总局等部门分别依据各自的职能围绕食用农产品与食品日常监管执法、行政处罚、信息公开、生产经营许可、不安全食品召回、投诉举报、抽样检验、网络食品安全违法行为查处、网络餐饮服务食品安全监管、食用农产品市场销售、新食品原料管理、进出口乳制品检验检疫等方面制定了一系列的政府部门规章。初步统计显示，国务院有关部门制订和修订了 40 个食品安全的部门规章，弥补了食品安全全程体系中的监管盲点与法规空白。

4. 司法解释提供可操作性的指导

最高人民法院、最高人民检察院针对食品刑事案件和食品民事纠纷分别出台了两个司法解释。针对食品安全犯罪案件在司法裁判中的法律适用，最高人民法院、最高人民检察院于 2013 年 5 月 2 日联合发布了《关于办理危害食品安全刑事案件适用法律若干问题的解释》，就生产、销售有毒有害食品罪、生产销售不符合食品安全标准的食品罪相关司法适用问题做出可操作性的规定。2013 年 12 月 23 日最高人民法院发布施行《关于审理食品药品纠纷案件适用法律若干问题的规定》（法释〔2013〕28 号），就统一食品民事纠纷的裁判尺度、依法维护消费者的食品安全权益做出了积极尝试，涉及知假买假的法律认定、因赠品产生质量安全问题的责任认定、第三方交易平台提供者的责任等多方面内容。

5. 地方性法规与地方政府规章保障在基层的落实

政府从实际出发，在贯彻落实中央法律法规的基础上，全力推进地方食品安全法律法规的完善。以"小作坊、小摊贩、小餐饮"地方立法为例。对"三小"缺乏有效监管，是长期以来食品安全存在的最大隐忧之一。考虑到"三小"点多面广，各地差异很大，由国家统一规范难度较大，新修订的《食品安全法》明确授权各省、自治区、直辖市根据本地情况，制定具有地方特色、操作性强、能够解决实际问题的管理办法。截至 2017 年 12 月，已有 26 个省（直辖市、自治区）出台"三小"地方立法，其他未出台省份也将于 2018 年内出台相关立法。"徒法不足以自行"。立法虽完美，但如果不能做到广而告之、普遍尊崇、严格执行，就无法达到预期的效果。《食品安全法》（2015 年版）发挥出威力，对"三小"的监管能否真正做到抓铁有痕，地方性立法的出台与全面落地急迫而关键。

图说

"小作坊、小摊贩、小餐饮"——"三小"呈现多、小、散、低等显著特点。国家质检总局曾经对全国小作坊作过一个初步统计，全国各类小作坊有四十余万户。虽然没有关于小摊贩和小餐饮数目的权威统计，但从现实来看，更是遍布大街小巷，数不胜数。大多数小作坊都是 10 人以下，小摊贩和小餐饮绝大多数都是"夫妻店"，人数较少。这些"三小"食品生产经营者，分散在农村街巷、城乡接合部和城市街区。不仅如此,"三小"产业基础薄弱,经营环境较差,设施设备简陋,生产工艺落后,管理体系不健全,从业人员文化水平普遍较低,很多不具备基本的食品安全操作技能,不了解相应的法律知识,不熟悉食品生产经营者应当承担的义务,这给食品安全带来较大的风险和隐患。作为一个美食大国,中国的小摊小贩存在已久,一些地方最出名的吃食都隐匿在小巷的食杂店里。食品"三小"是食品安全隐患的"重灾区",也一直是我国食药监管部门的难题。

6. 规范性文件提供具有可操作性的解释和指导

以各种通知、意见、规定、批复、方案等形式承载的有关食品安全风险治理的具体规范更是数量繁多,这其中既有宏观层面的食品安全风险治理的要求,也有有关执法口径和裁量基准的部署安排,更有个案具体法律适用问题的请示答复。2013年以来,国务院共制修订与食品安全相关的 24 个规范性文件,国务院相关监管部门发布了与食品安全相关的 170 个规范性文件。

由此可见,党的十八大以来,我国已形成了以《食品安全法》《农产品质量安全法》为主轴,行政法规、部门规章、司法解释、地方性法规与地方政府规章为支撑,一系列规范性文件为依托的食品安全风险治理的法治体系。

(二) 食品安全风险治理法治体系的新亮点

回顾党的十八大以来整个食品安全法治建设的历程,可以发现中国食品安全风险法治体系建设呈现如下七个新亮点。

1. 法治体系日益完善与绵密

食品安全风险治理从"食品卫生"向"食品安全"的理念转变在中国仅有 10 余年的时间。从"食品卫生"到"食品安全",除了理念的更新外,更重要的是制度和规则体系的有效供给。结合十八大以来中国食品安全法治建设的进展情况,可以发现,中国食品安全风险治理的法治体系在很短时间内实现了供给侧的快速改革和迅速完善。不管是从法治规范体系的制订和修订速度,还是数量方面,均在短时间内实现了突破式增长。法治体系的日趋完善除了发挥定分止争的作用外,更重要的是它能够通过确定的规则体系的安排来发挥法治体系稳定相关主体行为预期、规范行政权力行使、依法保障行政相对人合法权益等综合效能。纵观欧美等食品安全立法的发展历程,可以说中国食品安全法治体系在制度构建和规则体系完善方面取得的成绩是值得肯定的,这为中国食品安全风险治理提供了基本的制度和规则框架体系,为食品安全风险治理奠定了法制基础。

2. 严刑重处成为食品安全风险法治化的基本理念

自 2008 年"三聚氰胺"奶粉事件以来,食品领域的违法违规行为引发社会各界广泛关注。食品安全违法成本低、处罚力度不够等因素成为各方在分析食品安全问题时的一种普遍论述。坚持用"最严谨的标准、最严格的监管、最严厉的处罚、最严肃的问责"治理食品安全风险,成为中央的明确要求和全社会的普遍共识。2015 年 10 月召开的党的十八届五中全会在党和国家的历史上第一次鲜明地提出了实施"食品安全战略"的重大决策,食品安全上升到国家战略的高度,为新时期的食品安全风险治理工作提出了新的要求。正是在此背景下,《食品安全法》(2015 年版)以加大违法成本作为法律义务和责任体系安排的重要考量因素,细化了食品安全违法行为的类型,大幅提升了违法行为的处罚幅度,丰富了食品安全违法行为声誉罚、行为罚、财产罚、自由罚的处罚体系和种类,食品安全刑事司法解释则重点对食品安全犯罪的具体情形和定罪处罚进行了明确。

3. 回应式监管方式成为食品小微业态监管新选项

《食品安全法》(2015 年版)在第 36 条中明确了小作坊、小摊贩等食品小微业态的立法和管理事权归属地方。食品小微业态的实际经营状况,与食品生产经营许可的获证条件之间存在较大张力,单纯以无证为由加以取缔,一方面存在执法难的现实困扰,另一方面也不符合"放管服"改革的基本精神。近年来,各地充分运用上位法授权,通过制定地方食品安全条例、小餐饮小作坊小摊贩等小微业态管理条例等方式,加强对食品小微业态的管理,积极探索回应式监管方式。从依法将食品小微业态纳入监管视野、促进其规范有序发展的角度出发,各地普遍提出实施小餐饮、小摊贩等小微业态的备案、登记、核准等非许可管理方式,以符合食品安全、环境卫生的基本要求为基本判断依据,对符合相关条件的小微业态发放准许经营的凭证。这种做法是监管主动适应食品业态实际发展水平与积极引导行业规范有序发展的结合,反映出各地开始认识到"许可不等于食品安全"的这一基本事实,也是立法、监管加强回应式监管的一种典型表现,是从"过度重视事前许可管理"向"重视事中事后监管"的积极转变。

4. 网络食品新业态法律规制在全球居于领先水平

党的十八大以来,我国食品安全风险法治建设的一个重要特点是基于"互联网+传统食品行业"的深度融合与发展来展开的。目前,我国网络食品领域的立法可以说走在了世界各国的前列,以《食品安全法》(2015年版)关于网络食品专门条款为指导,在网络食品法律规制建设上不仅形成了总体的规制思路,而且也有了具体可操作的规则体系。这对于依法促进网络食品业态发展、维护各方主体的合法权益具有积极的规则供给效应。以网络食品经营等为代表的食品新业态的法律规制方案和实施路径从模糊到清晰,是伴随新业态的发展而逐步深入的。以网络餐饮服务领域为例,整个网络餐饮服务业态的法律规制方案,与传统的线下餐饮相比,其食品安全的内核没有根本变化,仍然要以餐饮服务过程的规范化操作为基本保障,所变化的是需要更好地保障消费者的知情权、更好地保障配送过程的规范。只有在认识清楚这些新业态的运作逻辑后,法律规制方案才是适合的。

5. 规范性文件仍然是食品安全风险法治建设领域的常态

食品安全风险的法治建设延续了中国立法长期以来的"上位法出台,配套性法规、规章和规范性文件相继出台"的立法特色。从一般的法理层面来看,法的位阶越高,约束力也就越高。但是在法的实际运作过程中,所有的法律规范则都是以行政规范为主,而真正规范人们行为的恰恰会是这些层级最低的规则。食品安全法制领域也同样存在类似的情况,监管部门以各种意见、通知、批复等形式来对食品安全风险治理的各种问题进行更加具有可操作性的解释和指导。

6. 食品安全风险治理成为法治体系建设的重要原则

风险治理是过程控制的概念,其目的不是消灭风险,而是将风险控制在技术能力、科学认知水平所能达到的范围内。《食品安全法》(2015 年版)在总则中规定了食品安全工作要实行"预防为主、风险管理、全程控制、社会共治"的基本原则,提出完善食品安全风险监测和评估制度、建立食品安全风险信息交流制度、增设责任约谈制度、增加风险分级管理要求。《食品安全法》规定,国务院卫生行政部门负责组织食品安全风险评估工作,并在第十八条规定了应当进行食品安全风险评估的六种情形。而且在《食品安全法》中增设食品安全风险交流制度,要求食品药品监督管理部门和其他有关部门、食品安全风险评估专家委员会及其技术机构开展风险交流,实施风险分级管理。《食品安全法》第十条规定,"各级人民政府应当加强食品安全的宣传教育,普及食品安全知识",食品药品监督部门应该把食品安全监管信息按照"科学、客观、及时、公开"的要求进行发布,还要"鼓励社会组织、基层群众性自治组织、食品生产经营者开展食品安全法律、法规以及食品安全标准和知识的普及工作"。《食品安全法》第十条还规定"新闻媒体应当开展食品安全法律、法规以及食品安全标准和知识的公益宣传","并对食品安全违法行为进行舆论监督",同时对食品安全报道提出了明确要求:"有关食品安全的宣传报道,应当真实、公正"。由此标志着风险治理已经成为我国食品安全风险法治体系建设的重要原则。

7. 进口食品安全法律法规形成体系

改革开放以来,我国先后出台了一系列的进口食品安全监管法律法规。随着全球食品供应链条愈加复杂,全球性食品安全问题不断发生,国际贸易向个性化、碎片化方向发展给食品安全带来了一系列新问题,比如信息技术革命催生了跨境电子商务的产生,由此使得进出口食品安全监管面临新的形势与挑战。2016 年 3 月,第十二届全国人民代表大会第四次会议通过的《中华人民共和国国民经济和社会发展第十三个五年规划纲要》明确提出:"加强食品进口监管,建立更为完善的进口食品安全治理体系"。为了对进口食品实行更为有效的监管,我国陆续颁布了一些新的保障进口食品质量安全的法律法规和部门规章,同时结合现实发展需要对已有的相关法律法规进行了相应的修订。通过对一系列法律法规和部门规章的完善,在保障进口食品安全上逐渐建立了较为完善的监管体制机制。

∷∷∷ 深度阅读 ∷∷∷∷∷∷∷∷∷∷∷∷∷∷∷∷∷∷∷∷∷∷∷∷∷∷∷

进出口食品安全法律法规建设的民主化

2017 年 9 月 13 日,国家质检总局在 WTO 发布《进出口食品安全监督管理办法(草案)》(以下简称《办法》)并征求意见,这次修订草案以《中华人民共和国食品安全法》为依据。修订草案共包含六章五十七条,包括总则、食品进口及监督管理、食品出口及监督管理、风险预警、法律责任、附则六部分。

《办法》明确,进出口食品生产经营者包括:向我国境内出口食品的境外出口商或者代理商、境外生产企业,进口食品的进口商,出口食品生产企业及出口商等。

《办法》规定,监管方式为质检总局组织各地出入境检验检疫部门及相关支持部门对进出口食品通过合格评定进行检验检疫监督管理。合格评定活动包括但不限于:出口国(地区)体系评估、境外食品生产企业注册、进出口商备案、检疫审批、出口国(地区)官方证书验证、随附合格证明材料核查、单证审核、现场查验、监督抽检、进口和销售记录检查等。

《办法》要求,进口的食品应当符合我国法律法规以及食品安全国家标准。进口尚无食品安全国家标准的食品,应当符合国务院卫生行政部门决定暂予适用的相关标准。新食品原料或利用新的食品原料生产的食品,应当经过国务院卫生行政部门安全性审查方可进口。

《办法》强调,向我国境内出口食品的境外食品生产企业应获得质检总局注册。需获得境外食品生产企业注册的产品目录由质检总局制定、调整,产品目录以及获得注册的企业名单应当公布。

党的十八大以来,对进口食品安全监管法律法规的完善主要体现在以下两个方面:第一,对已有涉及进口食品安全监管的相关法律法规的修订。主要有:2013 年对《中华人民共和国进出口商品检验法》的修订、2015 年对《中华人民共和国食品安全法》的修订、2016 年对《中华人民共和国食品安全法实施条例》的修订、2017 年对《中华人民共和国进出口商品检验法实施条例》的修订等。这些相关法律法规的修订与完善为新形势下更好地对进口食品安全进行有效监管奠定了基础。第二，相继出台了一系列涉及进口食品安全监管的新的部门规章。比如 2012 年出台了《进出口食品安全管理办法》《进口食品境外生产企业注册管理规定》、2013 年出台了《进出口乳品检验检疫监督管理办法》《有机产品认证管理办法》(2015 年修订)、2014 年出台了《进口食品不良记录管理实施细则》、2015 年出台了《进出境粮食检验检疫监督管理办法》《进境动植物检疫审批管理办法》《食品检验机构资质认定管理办法》、2016 年出台了《进境水生动物检验检疫监督管理办法》、2017 年WTO 通报的国家质检总局提交的《进出口食品安全监督管理办法(草案)》等。这些新的部门规章的出台丰富了我国对进口食品安全的监管方式，为我国建立立体式、全覆盖的进口食品安全监管网络奠定了法治基础。

二、2017 年食品安全法治体系的重要进展

2017 年是党的十九大召开之年，也是食品安全法治建设持续深入推进的一年。总体而言，2017 年，我国不仅从理论层面对食品安全相关的法律法规进行了完善，防范食品安全欺诈和虚假宣传新规出台、特殊食品注册和备案制全面启动，而且在食品安全相关的实践中也取得了很大的成就，食品安全国家标准清理整合工作取得阶段性成效、项目式风险评估成为食品新业态监管重要选项，《"十三五"国家食品安全规划》出台引领了新时代食品安全风险治理新格局。我国食品安全风险治理体系建设进一步加快，法律法规进一步完善。本节在此主要列举2017 年较为重要的法规、规范性文件来展开必要的分析。

(一) 即将出台食品安全欺诈和虚假宣传治理新规

防范食品安全欺诈和虚假宣传是食品安全风险治理的顽疾。为加强对食品安全欺诈行为查处工作，2017 年 2 月，国家食品药品监督管理总局发布《食品安全欺诈行为查处办法(征求意见稿)》。为全面落实现行的《食品安全法》和"四个最严"的要求，进一步加强对食品、保健食品生产、经营和进口单位履行主体责任的监管，严厉打击误导和欺骗消费者等违法行为，推动各地落实属地管理责任，强化企业守法诚信意识，营造健康有序的市场经营环境，切实保障消费者合法权益，2017 年 7

月,国务院食品安全委员会办公室、工信部等 9 部门联合发布《食品、保健品欺诈和虚假宣传整治方案》①,全面开展食品、保健品欺诈和虚假宣传的整治(可参见本书第五章中流通与餐饮环节食品安全专项执法检查的有关内容)。

国家食品药品监督管理总局于 2017 年 2 月 13 日向全社会公开征求《食品安全欺诈行为查处办法(征求意见稿)》的意见与建议。《食品安全欺诈行为查处办法(征求意见稿)》明确规定了产品欺诈、食品生产经营行为欺诈、标签说明书欺诈、食品宣传欺诈、信息欺诈等十项食品安全欺诈行为以及应当承担的法律责任。该《办法》规定使用"纯绿色""无污染"等夸大宣传用语、虚假标注"酿造""纯粮""固态发酵""鲜榨""现榨"等字样的情形均属于欺诈行为,应当承担相应的法律责任。中国消费者协会副会长、中国人民大学教授刘俊海接受媒体采访时表示该《办法》"正抓住了百姓在食品安全事故中经常会遭遇侵害的一些法律风险点、抓住了企业经营当中的短板和痛点,有助于倒逼企业诚信经营"②。2017 年 7 月,国务院食品安全委员会办公室、国家食品药品监督管理总局等 9 部门部署在全国开展为期一年的食品、保健食品欺诈和虚假宣传整治行动。在联合发布的《食品、保健食品欺诈和虚假宣传整治方案》中列举了利用网络、会议营销、电视购物、直销、电话营销等方式违法营销宣传、欺诈销售食品和保健食品等多种欺诈和虚假宣传违法违规行为,并要求各地监管部门按照区域为主、层级为辅的原则,加强监督检查,进一步明确食品、保健食品生产、经营、进口单位以及第三方平台经营者的主体责任。根据国务院食品安全委员会办公室、工信部等 9 部门联合发布的整治方案的要求,为确保地方各级食品药品监管部门积极开展工作、认真整治,2017 年 11 月 9 日,国家食品药品监督管理总局办公厅随后发布了《关于印发食品、保健食品欺诈和虚假宣传整治工作实施方案的通知》。与此同时,全国各地积极响应,对整治工作进行细化安排部署。

即将出台的《食品安全欺诈行为查处办法》,实则是完成了食品安全立法的最后一块拼图。就刑事犯罪层面而言,刑法中有关"生产、销售不符合卫生标准的食

---

① 参见《关于印发食品、保健食品欺诈和虚假宣传整治工作实施方案的通知》,引自国家食品药品监督管理总局网站,http://www.gov.cn/xinwen/2017-07/13/content_5210170.htm,检索日期:2008 年 4 月 20 日。

② 参见《全面解读〈食品安全欺诈行为查处办法(征求意见稿)〉》,引自个人图书馆,http://www.360doc.com/content/17/0713/11/39233206_671007244.shtml,检索日期:2008 年 4 月 20 日。

品罪""生产、销售有毒、有害食品罪"等相应法条;而在行政违法层面,《食品安全法》等法律也制定了一系列的一般性约束条款。随着《食品安全欺诈行为查处办法》等行政法规、部门规章的生效,食品安全执法的最后短板也有望就此补全。

(二) 推行特殊食品注册和备案制

特殊食品是食品的一个重要门类,特殊食品管理是食品安全法治的重要环节。保健食品是区别于药品和普通食品的一类特殊食品,需要严格管理保健食品原料、标签标识和广告、规范功能声称,落实申请人研发主体责任,由注册或备案申请人以及生产经营企业对申请材料的真实性负责,稳步推进备案工作、规范注册审批行为、严格生产经营监督管理。为此,2017 年 4 月,国家食品药品监督管理总局发布了《关于进一步加强保健食品监管工作的意见(征求意见稿)》,并于同年 5 月发布了《保健食品备案工作指南(试行)》,对保健食品的备案制度进行了明确规定。《指南》从备案主体、备案流程及要求、国产、进口保健食品备案材料项目及要求等多个方面作了规定,明确了对保健食品的备案要求。2017 年 11 月,国家质检总局、国家食品药品监督管理总局出台《关于进口婴幼儿配方乳粉产品配方注册执行日期的公告》,要求境外生产企业 2018 年 1 月 1 日(含)后生产的输华婴幼儿配方乳粉应当依法取得国家食品药品监督管理总局产品配方注册,并在产品销售包装的标签上注明注册号。

(三) 出台食品安全谣言整治新规

由于公众对食品安全的敏感,同时现代社会中传播媒介的多样性、舆论环境的复杂性,导致围绕食品安全的各类谣言时有发生,不同程度地引发了社会公众的担忧与恐慌,影响了食品产业健康发展和社会公共安全。为树立正确舆论导向,营造一个科学健康的消费环境,2017 年 7 月,国务院食品安全委员会、国家食品药品监督管理总局等 10 部门联合发布《关于加强食品安全谣言防控和治理工作的通知》。该《通知》从以下几个方面就防范食品安全谣言进行了规制:对于行政机关,要求各级食品安全监管部门(指农业、卫生计生、质检、食品药品监管等部门)应当严格执行"公开为常态、不公开为例外"的要求,采取多种方式,及时公开准确、完整的食品安全监管信息,挤压谣言流传的空间。对于新闻媒体、网站,要求以食品安全监管权威信息为依据,及时准确客观做好关于食品安全的新闻报道和舆论引导①。要求任何组织和个人未经授权不得发布国家食品安全总体情况、食品安全风险警示信息,不得发布、转载不具备我国法定资质条件的检验机构出具的食品检验报告,以及据此开展的各类评价、测评等信息②。《通知》并明确规定了谣言涉及的当事企业是辟谣的第一责任主体,对谣言明确指向具体企业的,食品安全监管部门要责成相关企业发声澄清;指向多个企业或者没有具体指向的,要组织研判,采取措施制止谣言传播,并采取适当方式澄清真相。如果发现有造谣或传播行为,将严惩食品安全谣言的造谣者和传播者。在该《通知》实施后,2017 年网络上所流传的"塑料紫菜""棉花肉松""塑料大米""SK5 病毒""蒙牛黄曲霉菌""金龙鱼回收地沟油"等谣言,造谣者均已被依法追究责任,严重者如"塑料紫菜"的造谣者王某某因敲诈勒索罪被法院判处有期徒刑 1 年 10 个月,并处罚金③。

(四) 出台网络餐饮服务食品安全监管办法

随着互联网的发展,近年来我国的网络餐饮服务市场可谓是发展迅速,无论是学生还是在职人员,在任何地点都可以随时获得网络餐饮服务,满足不同消费者的需求。移动大数据监测平台 Trustdata2018 年 1 月 25 日发布的《2017 年中国移动互联网行业发展分析报告》显示,外卖行业 2017 年全年的市场交易规模近 2000 亿元,保持稳定增长态势,但是,在网络餐饮服务市场中出现了一系列新问题,主要有:一是网络餐饮服务第三方平台责任落实不到位,对入网餐饮服务者审查把关不严;二是部分入网餐饮服务提供者的食品安全意识不强、经营管理水平有限、经营条件较简陋,食品安全存在隐患;三是与传统餐饮服务的一手交钱一手交货相比,网络餐饮服务由于经营主体和经营环节增加,涉及信息发布、第三方平台、线上线下结算、餐食配送等,法律关系更加复杂;四是监管难度较大。由于网络餐饮的虚拟性和跨地域特点,对行政管辖、案件调查、证据固定、行政处罚、消费者权益保护

---

① 参见《国务院食品安全办等 10 部门关于加强食品安全谣言防控和治理工作的通知》,引自北大法宝,http://www.gov.cn/xinplien/2017-02/26/cotent.5213553.htm.检索日期:2018 年 2 月 3 日。

② 同上。

③ 参见《2017 年度食品安全法治十大事件》,引自《中国食品安全报》,http://www.tech-food.com/news/detail/n1381119.htm,检索日期:2018 年 2 月 12 日。

等带来一些问题。为此,国家食品药品监督管理总局于 2017 年 11 月 6 日颁布了
《网络餐饮服务食品安全监督管理办法》(以下简称《办法》),自 2018 年 1 月 1 日
起正式实施。该《办法》共四十六条,包括立法宗旨,适用范围,网络餐饮服务交易
第三方平台提供者、通过第三方平台和自建网站提供餐饮服务的餐饮服务提供者
义务,监督管理以及法律责任等内容。该《办法》的实施为入网餐饮服务提供者、
网络餐饮服务第三方平台提供者依法经营提供了更加精细、更具操作性的指引,并
对送餐人员也规定了相关的要求。总的来说,《办法》的出台对于规范我国的网络
餐饮食品安全具有重要意义,坚持以不断提升食品安全水平为核心的同时,着力推
动落实食品安全的主体责任,积极构建食品安全社会共治格局,为餐饮商户和第三
方平台依法经营提供了更具操作性的行动指导,有利于促进行业规范有序向前
发展。

三、2013 年以来食品安全执法成效的简要回顾

党的十八大以来,尤其是《食品安全法》(2015 版)的颁布与实施以来,食品安
全监管的行政机关与司法机关通力合作,通过各种有效途径,依法严厉打击危害食
品安全犯罪行为,对保护百姓舌尖上的安全等发挥了重要作用。

(一) 食品药品监管部门严惩重罚

2014—2017 年四年间,全国食品药品监管系统共查处食品(含保健食品)案件
93.39 万件,涉及物品总值 21.8 亿元,罚款金额 59.77 亿元,查处无证生产经营户
75496 户,捣毁制假窝点 2818 个,吊销许可证 1204 件,移交司法机关 7019 件。四
年间,罚款金额增长 180%,移交司法机关增长 114%。

表 10-1　2014—2017 年间全国食药监系统食品安全执法整治情况

年份	查处案件 (万件)	罚款金额 (亿元)	查处无证 (户数)	捣毁制假窝点 (个)	吊销许可证 (件)	移交司法机关 (件)
2014	25.46	8.53	34 925	1 106	637	1 149
2015	24.78	10.8	30 903	779	235	1 761

（续表）

年份	查处案件（万件）	罚款金额（亿元）	查处无证（户数）	捣毁制假窝点（个）	吊销许可证（件）	移交司法机关（件）
2016	17.45	16.54	7 816	365	146	1 655
2017	25.7	23.9	1 852	568	186	2 454
合计	93.39	59.77	75 496	2 818	1204	7 019

资料来源：国家食品药品监督管理总局：《全国食品药品监管统计年报（2014—2017年）》。

（二）公安部门出重拳下猛药

近年来，全国公安机关年均破获食品安全犯罪案件近2万起。2013年，全国公安机关破获食品犯罪案件3.4万起、抓获嫌疑人4.8万名，捣毁黑工厂、黑作坊、黑窝点1.8万个。2014年，全国公安系统在深入推进"打四黑除四害"工作的基础上，全面开展"打击食品药品环境犯罪深化年"活动，破获一系列食品药品重特大案件，共侦破食品药品案件2.1万起，抓获犯罪嫌疑人近3万名。2015年全国公安系统侦破食品安全犯罪案件1.5万起，抓获犯罪嫌疑人2.6万余名，公安部先后挂牌督办重大案件270余起。2016年，公安部部署各地公安机关开展以食品药品领域为重点的打假"利剑"行动，全年共破获食品犯罪案件1.2万起，公安部挂牌督办的350余起案件全部告破，及时铲除了一批制假售假的黑工厂、黑作坊、黑窝点、黑市场，有效摧毁了一批制假售假的犯罪网络。

（三）法院系统依法审判

近五年来，全国各级人民法院审结食品药品相关案件4.2万件，努力保障人民群众生命健康权和"舌尖上的安全"。2013年，全国法院系统受理危害食品安全犯罪案件2366件，审结2082件，生效判决人数2647人，分别比2012年上升91.58%、88.42%、75.07%。2014年，新收涉嫌食品药品犯罪案件1.2万件，比上年上升117.6%；其中，生产、销售有毒、有害食品犯罪案件4694件，比上年上升157.2%；生产、销售不符合安全标准的食品犯罪案件2396件，比上年上升342.8%。2015年全年各级人民法院共审结相关案件1.1万件。

（四）检察机关依法从严打击

全国检察机关与食品药品监管、公安等部门共同制定食品药品行政执法与刑事司法衔接工作办法，健全线索通报、案件移送、信息共享等机制，紧盯问题奶粉、地沟油、病死猪肉等人民群众反映强烈的突出问题，近五年来来开展专项立案监督，挂牌督办 986 起重大案件；办理食品药品领域公益诉讼 731 件；起诉有毒有害食品等犯罪嫌疑人 6.3 万人，是前五年的 5.7 倍。2013 年，全国各级检察机关起诉制售有毒有害食品、制售假药劣药等犯罪嫌疑人 10540 人，同比上升 29.5%；2014年，起诉制售有毒有害食品、假药劣药等犯罪嫌疑人 16428 人，同比上升 55.9%；2015 年，建议食品药品监管部门移送涉嫌犯罪案件 1646 件，监督公安机关立案877 件，起诉危害食品药品安全犯罪嫌疑人 13240 人；2016 年，建议食品药品监管部门移送涉嫌犯罪案件 1591 件，起诉危害食品药品安全犯罪嫌疑人 11958 人。

链接

公安部公布 2015 年打击食药犯罪十大典型案例

2016 年 2 月 4 日，公安部公布了 2015 年打击食药犯罪十大典型案例。其中，食品安全犯罪 5 起：（1）浙江海宁杨某等制售有毒有害蔬菜案，抓获犯罪嫌疑人 9名，捣毁制售有毒有害蔬菜窝点 4 个，查扣有毒有害蔬菜 10 余吨、违禁农药 80 余瓶，案值达 50 余万元。（2）重庆垫江熊某等制售地沟油案，捣毁制售窝点 7 个，抓获涉案人员 43 名，查获生产线 4 条，查扣成品、半成品地沟油及加工废弃物原料 80吨，案值 8000 余万元。（3）山西晋城张某等制售病死猪肉案，抓获犯罪嫌疑人 257名，打掉犯罪团伙 3 个，捣毁宰杀病死猪窝点 8 个，查封病死猪肉 3700 公斤，案值400 余万元。（4）陕西渭南崔某等制售毒面粉系列案，抓获犯罪嫌疑人 42 名，现场查获过氧化苯甲酰 2200 余公斤，查扣含过氧化苯甲酰面粉 34 万余公斤，案值 700余万元。（5）上海虹口制售"宁老大"牌假牛肉案，抓获犯罪嫌疑人 21 名，打掉宁老大公司位于山西万荣县的制假工厂，查获疑似掺假牛肉制品及过期牛肉干、猪肉脯等 10 余吨，案值 1000 余万元。

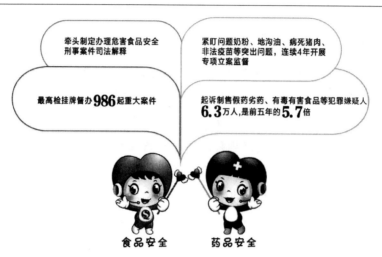

图 10-1 近五年来全国检察院系统惩治食品药品安全犯罪的新成效

资料来源:国家食品药品监督管理总局:《全国食品药品监管统计年报(2014—2017 年)》等相关资料整理形成。

(五)"食药警察"作用显著

2011 年 5 月,辽宁省公安厅食品药品犯罪侦查总队正式成立,这是在全国省级公安机关中第一个成立的打击食品药品领域犯罪的专门机构。为贯彻习近平总书记食品安全"四个最严"的要求,2014 年,包括上海、山西在内各地纷纷推进食药打假专业侦查力量建设,打击食品药品犯罪专门机构如雨后春笋涌现。到 2017 年年底为止,全国省级公安机关专业食品药品犯罪侦查机构已达到 23 个,并且普遍在市级公安机关组建食品药品犯罪侦查支队,在县级公安机关成立食品药品侦查大队,初步形成了自上而下的专业化打击食品药品犯罪的工作体系。以山东为例,山东省公安厅于 2012 年 8 月组建了"食品药品犯罪侦查总队",于 2013 年 1 月更名为"食品药品与环境犯罪侦查总队"。目前,山东省 137 个县(市、区)编制部门共批复设立县级公安机关食品药品与环境犯罪侦查机构 120 个,全省共有专职民警866 人、兼职民警 100 余人,山东全省、市、县三级专业化打击体系逐步健全和强化。随着省、市、县三级专业化打击体系的建立,各级食品药品与环境犯罪侦查部门主动打击、密切协作,不断深化"两法衔接",最大限度发挥了打击食药犯罪的"尖刀"作用,侦办食药刑事案件数量逐年提升,以实际行动维护了人民群众的健康安全。

专门的食药犯罪侦查办案人员，被百姓形象地称为"食药警察"，这一新警种的设立使公安机关更加专业有效地打击食品药品制假售假行为。我国"食药警察"专业队伍从无到有，发展迅速，成为打击食品安全犯罪行为的专门力量。以山东省为例，"食药警察"专业队伍建设取得显著成效：(1)向基层延伸形成大格局，实现了食品犯罪侦查工作与公安基础工作的有机融合、与行政监管部门的有机结合、与社会治理体系的有效契合。一是融入派出所基层，依托派出所开展食品犯罪侦查安全宣传、基础信息摸排、情报信息搜集。二是融入立体化社会治安防控体系，依托"天网工程"建设，会同行政监管部门共同研判本地违法犯罪重点区域，主动对接新型城乡社区治安防控网建设，将相关企业、场所纳入网格管理范畴。三是与相关监管部门建立了公安机关主动介入式的联勤联动工作机制，在县级及乡镇、街道建立"联打办"和联勤联动办公室，实现了食药犯罪侦查工作在最基层扎根。(2)破解执法办案难题以形成有力保障，积极开展具有食品犯罪侦查特色的实战保障建设。一是解决检验鉴定"瓶颈"难题，在全国率先协调解决了涉案食品检验鉴定这一制约打击食品犯罪的瓶颈问题，筛选了9家机构作为省公安厅协议鉴定单位，依托警务云开发了"涉案食品检验鉴定委托申报系统"。二是推进食品犯罪侦查"快检技术室"建设，形成了"快速抽检、锁定目标、固定证据、立案侦办"的工作模式，为公安机关及时打击食品犯罪提供决策依据。全省已有56个县级公安机关建设了"快检技术室"，据此筛查线索2000余条，破获案件300余起，有力保障了工作的开展。三是切实发挥信息化支撑实战作用，研发了全省公安机关食品药品与环境犯罪侦查实战应用平台，开发了互联手机 APP 数据采集端口，向基层行政监管部门开放应用，提高了线索研判能力。

案例

山东省"食药警察"打击惩治食品安全犯罪成效显著

2015 年山东省食药警察共立案侦办食品刑事案件 2230 起，比 2014 年上升 16.7%，抓获犯罪嫌疑人 2219 人，涉案价值 9823 万元。其间，联合开展了食品安全违法犯罪"百日行动"，重点打击肉制品、豆制品、调味品等 8 类问题较为突出的食品违法犯罪行为，共侦办食品犯罪案件 505 起，抓获犯罪嫌疑人 623 人，打掉"黑窝点"285 个;针对老年人等特殊群体使用的保健食品存在的问题,组织全省开展了打击保健食品非法添加犯罪"利剑·Ⅰ号行动",共侦破非法添加违禁药物成分的保健食品犯罪案件 26 起,涉案价值 5520 万元;根据秋冬季假劣肉制品犯罪高发的特点,组织全省开展了打击制售伪劣肉制品犯罪"利剑·Ⅱ号行动",共发现制售假劣牛羊肉犯罪线索 115 条,据此侦破制售假劣肉制品犯罪案件 14 起,移交行政监管部门处罚 19 起,查扣假劣肉制品 10 余吨,提高了网络餐饮的监管效果。

四、食品安全风险法治体系建设展望

党的十八大以来,随着国家食品安全监管体制的变革和"互联网+经济"的迅速发展,中国的食品安全风险法治建设也随之发生变化,2013 年 5 月启动《食品安全法》的修订工作,2015 年 10 月 1 日实施新的《食品安全法》。与此同时,国家相关部门紧锣密鼓地开展了规章、规范性文件的制订和修订工作,内容涵盖农业投入品管理、食用农产品市场销售、食品生产经营许可管理、日常监督检查、食品抽样检验、不安全食品召回、信息公开、行政处罚等各个方面。而地方层面也从实际出发,以贯彻落实中央层面的法律法规等为重点,出台地方性法规、规章与规范性文件,以《食品安全法》《农产品质量安全法》为核心、具有中国特色的食品安全法治体系基本完成,基本实现了中国食品安全风险治理的法制化、规范化。

同时,还需要看到,由于中国食品安全法治建设的历程较短,中国食品业态发展又呈现出明显的行业差异、地区差异特征。食品安全风险法治体系建设还存在着可操作性有待进一步增强、法律规范体系过于庞杂、重要法律的理解与适用问题有待形成共识等需要进一步优化的地方。精细化立法仍将是食品安全风险法治建设的重要努力方向。2013 年全国人大法工委在立法计划中,曾经提出要进一步增强法律的可操作性和可执行性,改变配套性法规规章和规范性文件叠床架屋、过于冗杂的立法现状。从多年的立法实践历程来看,怎样克服"有法律就必须有法规,有法规就必须有规章,有规章就必须有规范性文件"的重复立法、反复立法的问题,这是包括食品安全在内的国民经济与社会发展各领域法治建设共同面临的课题。

法律法规体系过于冗杂,不仅对行政执法、司法带来困扰,也会对行政相对人的守法、合规带来负面影响。与此同时,依法严格执法与贯彻落实行政处罚法教育和惩罚相结合的原则之间的关系仍应加强指导和认知。此外,对于食品经营者责任范围与限度的理解、对食品安全惩罚性赔偿制度的理解与适用,实践中也发生了大量的观点迥异的执法、司法案例,这都是中国食品安全风险法治建设未来待解的难题。2018 年,食品安全监管体制面临新的改革任务,国家市场监管体制初步确立。食品安全监管成为市场监管体系中的一个重大子课题,食品安全风险法治体系面临新的挑战。无论是法律法规的制订和修订,还是法律法规的具体实施,都不得不考量制度成本和执行成本的问题。"法令不可数变,数变则烦"。中国食品安全风险法治体系如何在保持稳定、不大修大改的前提下,积极加强具体细节的调适,以更加适应"放管服"改革背景下市场综合监管执法的新要求,这是党的十九大以后中国食品安全风险法治建设面临的又一重要课题。

第十一章　食品安全监管体制改革的
新进展

　　食品安全监管体制，主要是指关于食品监管机构的设置、管理权限的划分及其纵向、横向关系的制度，在国家的食品安全风险治理体系中具有基础性的重要作用。习近平总书记指出："面对生产经营主体量大面广、各类风险交织形势，靠人盯人监管，成本高，效果也不理想，必须完善监管制度，强化监管手段，形成覆盖从田间到餐桌全过程的监管制度。我们建立食品安全监管协调机制，设立相应管理机构，目的就是要解决多头分管、责任不清、职能交叉等问题。定职能、分地盘相对好办，但真正实现上下左右有效衔接，还要多下气力、多想办法。"①为全面贯彻习近平总书记的要求，党的十八届三中、四中、五中全会对推进食品安全风险治理体系与监管体制改革均提出了明确的要求。尤其是党的十八大以来，以 2013 年 3 月启动的食品安全监管体制改革为起点，以新修订《食品安全法》的实施为契机，我国提出了食品安全社会共治的新理念，在坚持纵向改革的同时，开始探索横向治理的改革，在推进市场取向改革的前提下，努力发挥市场机制与社会组织和公众参与机制作用，致力于进一步厘清政府与市场各自的边界，塑造政府和市场在各自领域的"双强"，创建了食品安全风险治理的新局面。随着我国食品安全风险治理体系与治理能力现代化建设的全面推进，食品安全监管体制改革的大格局、大脉络日益清晰，初步搭建了新时代食品安全风险治理体系改革大厦的梁柱。"中国食品安全报告"系列年度报告均十分关注食品安全监管体制的改革。本章延续历年来的研究，

---

　　①　《习近平总书记在中央农村工作会议上的讲话全文》，中国农村综合改革研究中心，2013 年 12 月 23 日，http://znzg.xynu.edu.cn/a/2017/07/20024.html。

主要是深入研究党的十八大以来我国食品安全监管体制的新实践,剖析地方政府食品安全监管机构设置的四种典型模式,总结食品安全监管体制改革的新成效,展望改革新征程并提出了相应的建议。

一、党的十八大以来食品安全监管体制改革的新实践

新中国成立以来,我国的食品安全监管体制经历了从简单到复杂的发展变化过程,尤其是改革开放以来,伴随着市场经济体制的建立与不断完善,我国的食品安全监管体制一直处于变化和调整之中。2013 年 3 月启动的食品安全监管体制改革,是党中央在十八大后推进实施的具有全局性意义的重大改革举措,是以习近平同志为核心的党中央开始为推进食品安全风险治理体系与治理能力现代化建设而作出的重大部署。党的十八大以来的五年间,以职能转变为核心的大部制改革所形成的食品安全监管新体制,基本实现了由"分段监管为主,品种监管为辅"的监管模式向相对集中监管模式的转变,对探索与最终解决食品安全多头与分段管理、权责不清的"顽症"迈出了坚实的步伐,为深化食品安全监管体制改革积累了可贵经验。

(一) 中央高度重视食品安全监管体制的改革

党的十八大以来,以习近平同志为核心的党中央始终关注食品安全监管体制的改革,习近平总书记发表了一系列的重要讲话。2013 年 12 月 23 日,习近平总书记在中央农村工作会议上说:"必须完善监管制度,强化监管手段,形成覆盖从田间到餐桌全过程的监管制度",要"建立食品安全监管协调机制,设立相应管理机构","解决多头分管、责任不清、职能交叉等问题",要"真正实现上下左右有效衔接,还要多下气力、多想办法"。2016 年 1 月 28 日,习近平总书记指出,要牢固树立以人民为中心的发展理念,坚持党政同责、标本兼治,加强统筹协调,加快完善统一权威的监管体制和制度。在 2016 年 8 月召开的全国卫生与健康大会上,习近平总书记又强调:"严把从农田到餐桌的每一道防线。要牢固树立安全发展理念,健

全公共安全体系,努力减少公共安全事件对人民生命健康的威胁"。① 2016 年 12 月 21 日,习近平在中央财经领导小组第十四次会议上再次要求:"完善食品药品安全监管体制,加强统一性、权威性"。② 2017 年 1 月 3 日,习近平对食品安全工作又一次作出重要指示:"加强基层基础工作,建设职业化检查员队伍,提高餐饮业质量安全水平,加强从'农田到餐桌'全过程食品安全工作"。③ 习近平总书记的一系列重要讲话与论述均从不同角度、不同层面阐释了食品安全监管体制改革的极端重要性,充分体现了党中央对构建统一权威的食品安全监管体制的坚强意志和坚定决心,为食品安全监管体制的改革指明了方向。

(二) 2013 年政府食品安全监管体制改革的顶层设计

改革开放以来,食品安全监管体制一直处于变化和调整之中,平均约五年为一个改革周期。从 1993 年到党的十八大之前,食品安全监管体制虽然历经多次改革,但是仍未能从本质上改变分段监管的模式,只是对多部门分段监管体制进行了局部调整,难以适应市场经济发展的要求,也不符合食品安全风险治理的基本规律,与食品安全风险治理的国际惯例存在着相当的差距。核心的问题是没有从根本上改变食品安全多头与分段监管的状况,没能彻底解决"相互推诿扯皮、权责不清"的顽症。

2013 年 2 月,党的十八届二中全会通过了《国务院机构改革和职能转变方案》。3 月,第十二届全国人民代表大会第一次会议通过的《国务院机构改革和职能转变方案》,作出了深化食品安全监管体制改革,组建国家食品药品监督管理总局的重大决定,启动了新一轮的食品安全监管体制改革。

---

① 《习近平:完善食品安全体系,严把从农田到餐桌的每一道防线》,郑州市食品药品监督管理局,2016 年 8 月 23 日,http://zzfda.zhengzhou.gov.cn/xwtt/278663.jhtml。

② 《中央财经领导小组会:完善食品药品安全监管体制》,网易财经,2016 年 12 月 21 日,http://money.163.com/16/1221/20/c8RAKKTQ002580S6.html。

③ 《习近平对食品安全工作作出重要指导 强调严防严管严控食品安全风险 保证广大人民群众吃得放心安心》,央广网,2017 年 1 月 3 日,http://news.cnr.cn/native/gd/20170103/t20170103_523431137.shtml。

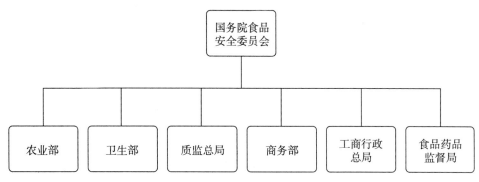

图 11-1　2013 年改革之前的我国食品安全监管体制框架

提高食品安全监管的效率,关键在于改变"九龙治水"的监管格局。2013 年进行的新一轮食品安全监管体制改革,是改革开放以来第七次食品安全监管体制改革,与以往历次改革相比较,具有大部制改革的基本特点,初步解决了"九龙治水""分段管理"式的监管体制,标志着我国的食品安全监管体制初步形成了以"职能转变"为核心的大部制模式,开始进入相对集中监管体制的新阶段。

改革后的食品安全监管体制较以前的体制有了根本性的变化,形成了农业部门和食品药品监管部门集中统一监管,以卫生和计划生育委员会为支撑,相关部门参与,国家与地方各级食品安全委员会综合协调的体制。从食品安全监管模式的设置上看,重点由三个部门对食品安全进行监管,食品药品监督管理部门对食品的生产、流通以及消费环节实施统一监督管理,农业部门负责初级食用农产品生产的监管工作,卫生计生委负责食品安全标准制定与风险监测、评估与预警等工作,基本形成了"三位一体"的监管总体框架。改革后形成的新体制由"分段监管为主,品种监管为辅"的监管模式转变为相对集中监管模式,更好地整合了原来分散在各个部门的监管资源,初步解决了监管重复和监管盲区并存的尴尬,对探索与最终解决食品安全多头与分段管理、相互推诿扯皮、权责不清的顽症迈出了新的一步,对形成统一权威的食品安全监管体系具有积极的作用,尤其是很多地方政府食品安全监管体制推行的大市场监管实践,有利于精简执法机构、压缩行政成本,避免多头执法、重复执法,为 2018 年食品安全体制深化改革提供了若干可贵经验,奠定了重要的基础。

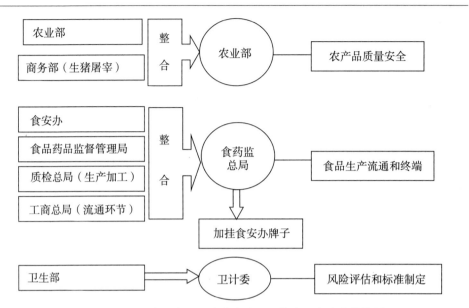

图 11-2　2013 年改革后形成的中央层面的食品安全监管体制

二、地方政府食品安全监管体制改革的新探索

自 2008 年"三鹿奶粉事件"爆发以及《食品安全法》(2009 年版)实施以来,地方政府在食品安全监管中的角色和责任越来越重要,"食品安全地方政府负总责"的基本思路逐渐明确。为了推进改革,根据党中央的战略安排,国务院于 2013 年 4 月发布了《关于地方改革完善食品药品监督管理体制的指导意见》(国发〔2013〕18号),对改革完善地方食品药品监督管理体制提出了更为明确的要求,并进一步强调"地方各级政府要切实履行对本地区食品药品安全负总责",地方政府在食品安全监管机构改革与创新方面被赋予更大的权力。在食品安全监管地方政府责任强化与地方政府机构数、机构编制的刚性约束的双重背景下,地方政府激发了食品安全监管机构改革先行先试和大胆创新的积极性,形成了各具特色的改革模式。

(一)"直线型"食药监单列模式

自 2013 年 4 月起,大多数省份参照国发〔2013〕18 号文件的要求,在省、市、县三级政府层面上将食品安全委员会办公室、食品药品监管部门、工商行政管理部门、质量技术监督部门的食品安全监督管理职能进行整合,组建食品药品监督管理局,对食品药品实行集中统一监管,同时承担本级政府食品安全委员会的具体工作。这一模式可称为"直线型"食药监单列模式。2013年改革之初,除浙江等个别省份外,广西、北京、海南等绝大多数省份均采用了上述"直线型"的食药监单列模式。该模式整合了各相关监管部门原来承担的食品生产、流通和餐饮服务等环节的监管职责,通过对相关部门间职能的整合将原来的多部门管理转变为食品药品监管机构的内部管理与协调,使职能更加互补,责任更可追究,有利于提升风险治理水平。然而,由于各种复杂原因,在机构改革中实际划转的人员、经费和设备十分有限,而监管对象大幅增加,质监、工商、卫生部门基本退出食品安全监管工作,很多地方在机构改革后可调动的食品安全监管资源甚至少于分段监管时期,监管能力与技术支撑资源不仅没有得到增强,甚至还出现了不同程度的弱化。

案例

　　2013年启动新一轮食品安全监管体制改革以来,广西壮族自治区以推进食品安全风险治理体系与治理能力现代化为基本目标,初步形成了事权清晰、责任明确、覆盖城乡的食品安全风险治理体系。

　　1. 统一设置机构。在县级食药监管部门中,明确统一设置行政管理、稽查执法、投诉举报、综合协调等专业机构;统一按照"一乡镇(街道)一所"原则设立乡镇食药监管所。通过改革,全区食药监管新增了1245个乡镇(街道)监管所,基本形成了覆盖城乡、统一权威的食药安全监管机构体系。

　　2. 统一明确编制的刚性指标。明确要求县级食药稽查执法机构、乡镇街道监管所编制原则上分别不低于15名、3—5名,并规定对人口较多或产业发达、网点密集、监管任务重的地方,可以根据当地实际情况再适当增加人员编制。通过改革,全区系统核定编制共11128名,比改革前增加8066名。其中行政编制2579名、使用事业编的市县级稽查队伍编制2256名、乡镇(街道)监管所核编5004名、检验检测等技术支撑机构有编制1289名。县乡食药监管机构人员编制占全系统的81.4%,实现了监管力量的重心下移。同时,每个行政村、城镇社区至少聘任食品药品安全协管员1名。

　　3. 统一规定乡镇(街道)监管所的建设标准。从实际出发,要求按照"十个一"

标准(一处相对独立的办公场所、一辆执法车、一套快检设备、一部投诉电话、一部传真机、一台复印机、一台摄像机、一部照相机、每人一台电脑、一台打印机)建设乡镇(街道)监管所,为全区所有乡镇街道监管所解决了办公场所、配备执法设备等方面存在的困难,初步打通了监管能力配置的"最后一公里"。

(二)"倒金字塔形"的浙江模式

2013 年 12 月,浙江省实施了食品安全监管机构的全面改革,省级层面设立食品药品监督管理局,地市级层面自主进行机构设置,如舟山、宁波等市设立市场监督管理局,而金华、嘉兴等市设立食品药品监督管理局,而在县级层面则整合了原工商、质检、食药监部门职能,组建市场监督管理局,保留原工商、质检、食药监局牌子。与浙江模式类似,安徽省也采取了这种基层统一、上面分立的"倒金字塔形"的机构设置模式。"倒金字塔形"的食品安全监管体制结构,既可以发挥各部门优势,又有利于整合市场监管执法资源,尤其是发挥原有乡镇工商所的优势以较低的成本较为巧妙地解决了乡镇食药监管派出机构的设置与人员问题。然而在权责同构的行政架构中,由于上级对口部门未同步改革,影响政策一致性,下级部门不得不将大量行政资源投入到会议、报表等事务性工作。

(三)"纺锤形"的深圳模式

早在 2009 年的大部制机构改革探索中,深圳市就整合了工商、质检、物价、知识产权的机构和职能,组建了市场监督管理局,后来又在市场监督管理局中加入食品药品监管职能。2014 年 5 月,深圳进一步深化改革,组建市场和质量监督管理委员会,下设深圳市市场监督管理局、食品药品监督管理局与市场稽查局,相应在区一级分别设置市场监管和食品监管分局作为市局的直属机构,在街道设立市场监管所作为两个分局的派出机构形成典型的上下统一、中间分开的"纺锤形"结构。深圳模式的特色在于,以行政分权为基础,将决策权和执行权相分离,在统一市场监管执行机构上设置相应的委员会,由委员会行使决策与监督权,统一的市场监管机构行使执行权,采取分类监管模式,突出食品药品监管专业性,同时统一了政策制定和监管执法队伍,有助于解决多头执法问题,从而减轻市场主体负担,并且可以提升监管公平性。上海、吉林等地在基层市场监管局下单独设置专门的食品药品监管分局(稽查大队),其作为直属的二级局集中专业力量监管食品安全,亦属于"纺锤形"统分结合模式。

(四)"圆柱形"的天津模式

2014 年 7 月,天津实施食药、质检和工商部门"三合一"改革,成立天津市市场和质量监督管理委员会,并从市级层面到区、街道(乡镇)自上而下地全部进行"三合一"改革,整合了市食药监局、市工商局、市质监局的机构和职责,以及市卫生局承担的食品安全监管的有关职责,街道(乡镇)设置市场监管所作为区市场监管局的派出机构,原所属食药、质检和工商的执法机构由天津市市场监管委员会垂直领导,形成了全市行政区域内垂直管理的"圆柱形"监管模式。天津改革是在简政放权、放管结合、优化服务的大背景下实施的,目标是在"一个部门负全责、一个流程优监管、一支队伍抓执法、一个平台管信用、一个窗口办审批、一个中心搞检测、一条热线助维权"七个重点方面下功夫、见成效。天津模式较之于浙江模式和深圳模式,具有更高的整合程度,实现了从市级到区县、乡镇街道垂直统一的市场监管。然而机构"物理叠加"并不意味着职能"化学融合",在改革过程中,制服公章、审批要件、法律文书、执法标准存在差异,内部行政流程需要再造。此外,该模式实行市场综合监管,可能会冲淡食品安全监管专业化。

政策

国发〔2014〕20 号文件的主要精神

2014 年 6 月 4 日,国务院印发《关于促进市场公平竞争维护市场正常秩序的若干意见》(国发〔2014〕20 号),要求"贯彻落实党中央和国务院的各项决策部署,围绕使市场在资源配置中起决定性作用和更好发挥政府作用,着力解决市场体系不完善、政府干预过多和监管不到位问题,坚持放管并重,实行宽进严管,激发市场主体活力,平等保护各类市场主体合法权益,维护公平竞争的市场秩序,促进经济社会持续健康发展。"国发〔2014〕20 号文件提出了完善市场监管体系,促进市场公平竞争,维护市场正常秩序的总体目标:"立足于促进企业自主经营、公平竞争,消费者自由选择、自主消费,商品和要素自由流动、平等交换,建设统一开放、竞争有序、诚信守法、监管有力的现代市场体系,加快形成权责明确、公平公正、透明高效、法治保障的市场监管格局,到 2020 年建成体制比较成熟、制度更加定型的市场监管体系。"国发〔2014〕20 号文对完善县级政府市场监管体系提出了明确要求:"加快县级政府市场监管体制改革,探索综合设置市场监管机构,原则上不另设执法队伍。乡镇政府(街道)在没有市场执法权的领域,发现市场违法违规行为应及时向上级报告。经济发达、城镇化水平较高的乡镇,根据需要和条件可通过法定程序行使部分市场执法权。"

随着中国特色社会主义市场经济改革的不断深入,为了全面贯彻以习近平总书记为核心的党中央的战略意图,2014 年 6 月,国务院印发《关于促进市场公平竞争维护市场正常秩序的若干意见》(国发〔2014〕20 号),提出要加快县级政府市场监管体制改革,探索综合设置市场监管机构。伴随着地方政府职能转变和机构改革,本着加强基层政府市场监管能力的需要,地方政府在贯彻执行国发〔2013〕18号文件精神的同时,进一步探索食品安全大市场监管模式,组建统一的市场监管机构,为 2018 年实施新的改革奠定了极其重要的实践基础。

三、我国食品安全监管体制改革的新成效

改革开放以来,我国的食品安全监管体制经历了 1982 年、1988 年、1993 年、1998 年、2003 年、2008 年、2013 年七次改革,基本上每五年为一个周期。与历次改革相比较,2013 年启动的食品安全监管体制改革迈出了全程无缝监管的新步伐,标志着我国食品安全监管体制初步进入了相对集中监管体制的新阶段。改革形成的农业部和食品药品监督管理总局集中统一监管体制,更好地理顺了部门职责关系,有助于强化和落实监管责任,实现全程无缝监管,形成整体合力,提高行政效能。历经五年,食品监管体制改革取得了一系列新的成效,探索了具有中国特色的食品安全风险治理体系的新道路。

（一）统一权威的食品安全监管机构初步建立

食品安全监管"九龙治水"的格局初步得到改变。从全国范围来看,各地新的食品药品监管体系初步建立,省、市、县三级职能整合与人员划转已基本到位,覆盖省、市、县、乡(镇)的四级纵向监管体系基本形成,乡镇、社区普遍建立食品安全协管员队伍。虽然地方政府食品安全监管机构设置模式存在较大差异,但均成立了专门机构或队伍承担食品安全监管工作,实施"三合一"或"多合一"的市场监管局均将食品安全监管作为其首要的监管任务,统一权威的食品安全监管体系初步建立。

案 例

拥有土地面积 23.76 万平方公里的广西壮族自治区是全国唯一的具有沿海、沿江、沿边优势的少数民族自治区,其特殊的地理位置决定了食品安全风险治理所面临的内外部环境较为复杂。然而,近年来广西全区食品安全抽检合格率始终保持高水平。2017 年,全区完成食品安全抽检监测样品 579747 批次,超额完成 18.97万批次,年度任务完成率 148.65%,年度抽检监测样品量达 10.4 批次/千人,提前实现并超过"十三五"期间"食品检验量达到每年 4 份/千人"的目标,样品总体合格率为 98.76%。之所以取得如此骄人的成绩,一个重要的原因就是得益于食品安全监管体制的改革。通过改革,广西基本形成了覆盖城乡、统一权威的食药安全监管机构体系,实现了监管力量的重心下移,初步打通了监管能力配置的"最后一公里",逐步形成了事权清晰、责任明确,覆盖城乡的统一权威的食品安全监管体系。

（二）食品安全"地方政府负总责"得到有效贯彻

地方政府普遍将食品安全纳入各自国民经济和社会发展规划,纳入党委和政府年度综合目标考核之中,而且在很多地区食品安全考核权重在地方政府考核体系中的权重占有重要地位。尤其是在国家食品安全示范创建城市,所占权重均不低于 3%。地方党委和政府均能定期专题研究食品安全工作,研究解决食品安全工作存在的突出问题,并普遍将食品安全监管经费纳入财政预算,近年来各地食品安全监管经费预算增幅普遍高于同期经常性财政收入增长幅度。

(三)食品监管队伍不断壮大

经过 2013 年的新一轮食品安全监管体制改革,全国食品药品监管机构有所增长,尤其是基层监管机构数量增长较快,截至 2015 年 11 月底,全国共有食品药品监管行政事业单位 7116 个,乡、镇(街道)食品药品监管机构 21698 个。食品监管队伍不断壮大,区县级以上食品药品监管行政机构共有编制 265895 名,比上年增长 95.6%。其中,省、副省、地市和区县级(县级含编制在县局的乡镇机构派出人员)分别比上年增长 7.1%、96.9%、33.1% 和 107.7%,有效保障了监管能力的提升。

(四)确立了监管重心下移的体制

在改革后的食品安全监管体制中,县级食品监督管理部门普遍在乡镇、街道或区域设立派出机构,基层监管力量实现了从无到有,填补了历史上基层食品安全监管的空白,基层食品监管能力在监管资源整合中得到加强。在农村行政村和城镇社区普遍建立起食品安全协管员队伍,承担协助执法、隐患排查、信息报告、宣传引导等职责,推进了食品安全风险治理关口前移、重心下移,逐步形成了食品监管横向到边、纵向到底的工作体系。

(五)食品综合协调能力不断提升

完善了食品安全监管部门间信息共享机制、专项整治联合行动机制、风险监测通报会商机制、应急处置协同机制等,部门间配合协作能力有很大提升,监管职责交叉和监管空白并存的局面基本得到改善。行政部门间、司法部门间、行政与司法部门间的协调配合机制初步形成,基本建立起食品案件线索共享、案件联合查办、联合信息发布等工作机制,初步建立了地方行政执法和刑事司法衔接的机制,行政执法与刑事司法衔接协调性实现提升。如,山东省建立起的"三安联动"机制,实行"食安、农安、公安"三大系统资源共享、行刑衔接、检打联动,效果显著。

案例

山东省建立食品安全"三安联动"监管工作机制

2016 年 1 月,山东省食品安全委员会全体会议研究通过《山东省食安办等八部门关于建立食品安全"三安联动"监管工作机制的意见》,该《意见》由省食安办牵头,会同省公安厅、农业厅、海洋与渔业厅、林业厅、卫生计生委、食品药品监管局、畜牧兽医局共同研究制定,旨在进一步强化部门间衔接与配合,提高监管工作效能。《意见》提出充分发挥各方职能作用和技术优势,建立食安、农安、公安"三安联动"监管工作机制,推进监管、执法、检测、信息等资源共享与合作,实现无缝衔接,提高食品安全保障水平。山东省建立食品安全"三安联动"监管工作机制的工作重点包括:一是构建全程监管制度,进一步加强监管职责衔接,农业、海洋与渔业、林业、畜牧兽医和食品药品监管部门要强化收贮运行为监管对接,建立健全食用农产品全程追溯体系,推进产地准出和市场准入机制的建立。二是构筑资源共享平台,强化食用农产品质量安全监管信息共享制度,加强检验检测资源共享和风险交流合作,开展食用农产品质量安全(食品安全)突发事件应急处置合作和经验交流,建立研讨、宣传和培训合作机制。三是要强化监管执法联动。在专项整治和执法监管过程中强化统筹协调、统一调度和统一行动,成立联合执法小组,建立健全违法违规案件线索发现和通报、案件协查、联合办案、大要案奖励等机制。

四、新时代食品安全监管体制改革的新征程

2013 年以来推进的食品安全监管体制的改革虽然取得了显著的成效,但随着社会主义市场经济体制改革的不断深化,食品安全监管体制深层次的问题不断显现。如,食品安全监管中"多头分管、责任不清、职能交叉"等监管碎片化问题仍未彻底解决,基层监管"人少事多""缺枪少炮"的矛盾仍然较为突出,而且由于食品监督机构设置模式的多元化,仍然存在监管体制不顺畅、机构设置和职责划分不科学、职能转变不到位等现象。新时代推进食品安全监管体制改革的新思路、新局面

和新思考,仍然要在市场取向改革的大背景下进一步解放思想,切实厘清政府和市场的边界,塑造政府和市场在各自领域中"双强"的食品安全风险治理体制。因此,将食品安全监管纳入统一的市场监管体系,有望解决多年来食品安全监管体制改革长期悬而未决的难题,有助于建立统一开放竞争有序的现代市场体系。全面深化改革的方向,在坚持纵向改革的同时,重点转向横向治理的改革,全面致力于构建食品安全风险的社会共治体系。在推进市场取向改革的前提下,努力发育社会组织、民间机构、市场机制和企业家群体,把大量的集中在政府的权利分散到市场、企业、社会这些主体上去。在食品安全风险治理中充分发挥市场机制作用,真正建立"政府监管、行业自律、企业负责、公众参与"的食品安全社会共治格局。

(一)顶层架构变革中的新升级

在中国特色社会主义进入新时代的关键时期,党的十九大站在历史和全局的新高度,做出了深化机构和行政体制改革的决定,这是推进国家治理体系和治理能力现代化的一场深刻变革。2018 年 2 月 28 日,党的十九届三中全会审议通过了《中共中央关于深化党和国家机构改革的决定》,中共中央印发了《深化党和国家机构改革方案》,要求各地区各部门结合实际认真贯彻执行。2018 年 3 月 21 日,国务院机构改革方案正式公布,组建国家市场监督管理总局,不再保留国家食品药品监督管理总局、工商总局和质检总局。国家食品药品监督管理总局的食品安全监管职责和国务院食品安全委员会的具体工作由国家市场监督管理总局承担。此轮改革食品安全监管体系,实行统一的市场监管,有助于建立统一开放竞争有序的现代市场体系,营造诚实守信、公平竞争的市场环境,让人民群众买得放心、用得放心、吃得放心。

1. **市场监督管理部门的组建与职责**

改革市场监管体系,实行统一的市场监管,是建立统一开放竞争有序的现代市场体系的关键环节。2018 年 4 月 10 日,国家市场监督管理总局正式挂牌成立,作为国务院直属机构。新组建的市场监管机构专司市场监管和行政执法,执行国家竞争政策,上下对口设置。新组建的市场监管部门的主要职责是,负责市场综合监督管理,统一登记市场主体并建立信息公示和共享机制,组织市场监管综合执法工作,承担反垄断统一执法,规范和维护市场秩序,组织实施质量强国战略,负责工业产品质量安全、食品安全、特种设备安全监管等。市场监管实行分级管理，不实行垂直管理，省级及以下机构被赋予了更多自主权，地方政府可以根据本地区经济社会发展实际，在规定限额内因地制宜设置机构和配置职能。《深化党和国家机构改革方案》进一步要求整合工商、质检、食品、药品、物价、商标、专利等执法职责和队伍，组建市场监管综合执法队伍。

2. 国务院食品安全委员会的调整

2018 年 6 月 27 日，国务院办公厅发布《关于调整国务院食品安全委员会组成人员的通知》，国务院副总理韩正担任国务院食品安全委员会主任，国务院副总理胡春华、国务委员王勇担任委员会副主任，国务院副秘书长、中宣部、中央政法委、网信办、发改委、公安部、农业农村部、卫生健康委、海关总署、市场监管总局等政府机构的 24 位相关负责人出任委员会委员，名单阵容庞大。国务院食品安全委员会的主要职责包括：分析食品安全形势，研究部署、统筹指导食品安全工作；提出食品安全监管的重大政策措施；督促落实食品安全监管责任。国务院食品安全委员会办公室设在市场监管总局，承担日常工作。这样的"顶层设计"扫平了食品安全监管中可能会出现的制度难题，将更有利于提升监管效率，使得全国的食品安全监管再上新台阶。

3. 新一轮改革的时序安排与要求

按照党中央的统一部署，中央和国家机关机构改革将在 2018 年年底前落实到位。省级党政机构改革方案将在 2018 年 9 月底前报党中央审批，并在 2018 年年底前机构调整基本到位。省以下党政机构改革，由省级党委统一领导，在 2018 年年底前报党中央备案。所有地方机构改革任务在 2019 年 3 月底前基本完成。国家市场监督管理总局局长张茅《在全国市场监管工作座谈会上的讲话》指出，要"积极稳妥做好机构改革工作"[1]。各级市场监管部门要提高政治站位，强化大局意识，按照中央部署和地方党委的安排，精心做好机构改革工作。按照中央机构改革方案的总体要求和总局"七个统一"精神，认真制定"三定"方案，有序做好职能整合、人员转隶、机构组建等工作。围绕职能转变，优化职能布局，合理划分各级市

---

[1]　张茅：《在全国市场监管工作座谈会上的讲话》，2018 年 7 月 5 日，http://samr.saic.gov.cn/xw/zyxw/201807/t20180705_274924.html。

场监管部门的执法权限,着力解决基层监管力量薄弱的问题。严守改革纪律,做好干部队伍思想工作,引导广大干部理解改革、支持改革,努力做到改革和工作"两不误、两促进"。

(二) 新一轮市场监管体制改革的重大意义

改革市场监管体制,加强市场综合监管,推进市场监管综合执法,是党中央、国务院作出的重大决策,必将对我国市场监管格局的重塑和市场体系的构建带来深远的影响,对食品安全保障水平的提高具有重大意义。

1. 优化政府机构职能、推进国家治理体系和治理能力现代化的迫切需要

市场监管是发展市场经济进程中政府的重要职能,加强和改善市场监管是政府机构职能调整优化的重要方向。发展市场经济,更需要加强市场监管,更加需要构建完善的市场监管机构和监管体制。当前我国深化市场监管体制改革的基本取向,是从计划经济条件下的政府机构职能,转向构建与社会主义市场经济发展方向相适应的体制机制。这次机构改革,对市场监管体制进行顶层设计,将分散的监管机构职能进行整合,将食品安全监管纳入统一的市场监管,就是按照市场化改革方向,对政府机构职能进行重新塑造,突出了市场监管在政府架构中的重要作用。这是完善社会主义市场经济体制的内在要求,是重构政府与市场关系的新的探索,是推进国家治理体系和治理能力现代化的重要任务。

2. 坚持以人民为中心、服务人民对美好生活向往的迫切需要

人人都是消费者,广大人民群众对消费品质、消费服务的更好要求,对维护消费者权益的更好期望,是人民对美好生活需要的重要体现,确保食品安全更是满足人民对美好生活需要的基本保障。由于长期以GDP增长为导向,以外需出口为导向,忽视消费者的权益,形成出口产品与内销产品质量差距大,同一品牌产品国内与国外质量差距大,线上产品与线下产品质量不一致,跨国公司召回产品对中国市场与国外市场不一致,带来消费者维权难、消费者权益保护难等问题。近年来消费者大量出国购物、出国消费,既是生活水平提高的表现,也是消费环境不理想、消费产品和服务品质不适应消费需求的表现,"三聚氰胺"奶粉事件之后引发的"洋奶粉"抢购,更是消费者信心受挫后的应激反应。从国际经验看,保护消费者权益,形成良好的消费环境,是许多市场经济国家市场监管的重要方向和最终目的。这次机构改革,对多个部门消费维权职责进行整合,就是要进一步加强对消费者权益的保护,让百姓买得放心、用得放心、吃得放心。

3. 推进监管改革创新、提升监管效能的迫切需要

政府监管要有成本意识,要有效能观念,这是国际上市场监管改革的普遍趋势。维护市场运行效率,必须提高政府监管效率。交叉重复、烦苛低效的市场监管,既浪费行政资源,增加制度性成本,又加重企业负担,降低经济运行效率。具体到食品安全监管来看,相对有限的监管资源与相对无限的监管对象之间长期存在着尖锐的矛盾。在消费维权领域,有这么多投诉平台,消费者不知怎么选择,如买到假冒伪劣食品,不知是应向工商部门投诉,是应向质监部门投诉,还是应向食药监管部门投诉,不知道该拨打"12315"电话还是该拨打"12331"电话,并且容易出现不同部门相互推脱扯皮,增加了消费者维权的困难,挫伤了消费者参与食品安全社会共治的积极性。顶层设计源于基层改革实践。近年来,综合执法体制改革在各地进行了大量实践探索,为整体改革提供了有益经验。通过改革,构建优化、协同、高效的市场监管体制和运行机制,优化资源配置,形成监管合力,提高监管效能,是推进市场监管现代化的重要举措。

(三) 新一轮"大市场"监管体制改革的战略意图

在我国经济社会正在发生深刻变革的背景下,组建国家市场监管总局的主要战略意图是从根本上解决原有市场监管体制与新时代市场经济发展不相适应问题,强化市场监管、完善政府治理,推动从政府单方面支配社会,转变到政府与社会的有效互动与互相制衡。通过体制改革进一步整合优化行政资源,维护市场经济高效运行,推动统一开放、竞争有序的现代市场体系建设。具体到食品安全治理上来看,有助于整合基层食品安全监管力量,提高食品安全监管能力,有助于培育市场与社会主体,重构政府与社会、政府与市场、政治权力与经济权利等各种治理关系,进而推进国家食品安全风险治理体系和治理能力现代化。

1. 新的改革源自于基层实践

新时代深化食品安全监管体制的新改革,也是基层实践转化为顶层设计的成

功探索。这一轮食品安全监管机构改革的一个最大的特点是充分吸收基层的改革经验。2014 年 6 月以来,为了全面贯彻执行《关于促进市场公平竞争维护市场正常秩序的若干意见》(国发〔2014〕20 号)精神,越来越多的地方政府开始探索在县级及以下层面将工商、质监、食药等部门采取"二合一"或"三合一"(甚至"多合一")的模式,组建统一的市场监管机构。到 2017 年 2 月,已经有三分之一以上的副省级城市、四分之一的地级市、三分之二以上的县实行了市场综合监管模式。与此同时,2015 年 4 月,中央机构编制委员会办公室确定在全国 22 个省、自治区、直辖市的 138 个试点城市开展综合行政执法体制改革试点。地方政府在基层进行的食品安全大市场监管实践,138 个试点城市开展的综合行政执法体制改革试点,较好地统合工商、质监、食药等市场监管领域的多个执法力量,初步解决了基层食品安全多头执法、重复执法的问题,加强了基层食品安全监管力量,推进了食品安全风险治理关口前移、重心下移。这次机构改革充分吸收基层经验,整合优化市场监管重要领域监管职能,完善了国家层面制度设计。

2. 期待新的改革解决长期以来悬而未决的基层执法力量不足的难题

新的改革有助于解决多次改革仍未能很好解决的食品安全监管"最后一公里"难以打通等难题。工商部门的管理体制相对完善,队伍体系比较完整,基层工商所工作规范化、标准化程度较高。但是随着市场经济制度体系的日益完善,原工商部门的管理和执法职能相较以前弱化趋势明显。2013 年食品安全监管体制改革后,食品安全基层监管力量不足等短板仍然未能得到彻底解决,而基层工商部门沉淀了大量工作力量,人力资源闲置问题非常突出。因此,依托较为完备的工商队伍,借助基层工商所原有延伸到城市街道与农村乡镇的力量,推动基层组建大市场监管机构,可以在编制总量控制的前提下,实现人员编制的低成本转移,整合组建基层监管机构,有效解决基层执法力量不足问题,进一步落实食品安全监管"重心下移、力量下沉、保障下倾"。同时,实现"三局合一"之后,食品安全存在监管漏洞、盲区及真空地带等问题将得到一定缓解,当然,由于农产品安全还涉及农业及环保部门,也不能过于乐观,仍然需要进一步筑造监管合力,提升监管公信,改善监管效能。

3. 期望建立统一的市场监管以提高行政效率

从此次改革来看,大市场监管"比想象中的更大了",既将工商、质监、食药监的职能囊括其中,又将发改委的价格监督检查与反垄断执法职责、商务部的经营者集中反垄断执法以及国务院反垄断委员会办公室等职责整合,在一定程度上真正实现了除金融之外的一般性市场监管的大统一,成为事实意义上的一个综合的市场监管机构,使市场形成一个"拳头",形成一种合力,有利于加强对市场的监管。改革的优势在于,今后的市场监管将会更加趋于统一和协调,市场监管的行政许可和事中事后监管环节也将会更加紧密协调,监管执法的成本也将进一步降低。国家市场监督管理总局合并工商、质检、食药的全部职能以及发改委、商务部的部分职能,是坊间热议多年的"大部制"模式。在政府管理体系里,大部制的特点是把多种内容有联系的事务交由一个部管辖,以最大限度地避免政府职能交叉、政出多门、多头管理,提高行政效率。但作为深入行政体制改革的重要步骤,大部制改革的关键不是最终设置了哪些部门,而是政府职能的改变。相对于建立有效有限可问责的服务型政府这一最终目标,无论何种形式的大部制都只是手段和过程而已。改革的最终目标,还是要在包括食品在内的统一市场监管领域,进一步探索如何界定政府和市场各自的领域,在各自的领域中成为"双强",应该成为市场监管体制改革乃至于中国未来经济体制改革的取向。

调 查

统一的市场监管体制改革有望理顺上下贯通等问题

统一的市场监管体制改革有助于理顺上下贯通的问题。在 2013 年食品安全监管体制的改革中,地方政府自主创新,但各地改革方案不统一,产生了监管机构名称标识不统一、执法依据不统一、执法程序不统一、法律文书不统一等问题,直接影响了监管效果。同时,很多地方在县级层面建立了市场监管部门,上一级仍是食品药品监管、工商、质检等部门,上级多头部署,下级疲于应付,存在不协调等情况。国家食品药品监督管理总局综合司于 2016 年上半年在县级食药局长培训班所展开的调查显示,某县级政府"三合一"后成立的市场监管局一年接到食品药品监管、工商、质检 3 个上级部门下发的各种文件 1784 件,工作疲于应付,直接影响到了基层日常监管工作的有效开展。党的十九届三中全会通过的《中共中央关于深化党和国家机构改革的决定》要求,市场监管局专司市场监管和行政执法,执行国家竞争政策,属于涉及市场统一的机构,宜上下对口设置,确保上下贯通、执行有力。因此,统一的市场监管体制改革完成后,这些问题都有望得到根本性改善。

(四)新一轮"大市场"综合监管模式改革带来的新机遇

五年来,"放管服"改革推动大市场监管的观念更加深入人心,市场监管综合改革的重要性成为改革的指导思想,食药监管职能不可避免地要被纳入市场监管的大范畴。在此背景下,食品作为一类特殊的商品,"大市场"综合监管模式改革给食品安全监管带来了一些新的机遇。

1. 有利于降低监管部门间的协调成本

虽然2013年的机构改革已经在很大程度上理顺了食品安全监管体制,但是在食品广告管理、食品相关产品监管、食品消费者维权方面,仍然存在一些需要部际协调的地方。此次大综合监管模式的调整,将原来的这些相关职能进行了大整合,食药监管总局虽然撤销,但仍然保留了国务院食品安全委员会。这些举措将有助于有效降低这些工作中的部门间协调成本,提高行政效率,进行科学分工,明确监管责任。

2. 有利于促使地方政府更加重视食品安全监管工作

改革之前,虽然食品安全监管工作非常重要,但食药监管局在很多地方政府的工作序列中并不太靠前,受重视的程度不够,分管领导排名普遍靠后,编制经费的到位情况存在问题。改革之后,在很多地方,市场监管局在人数和规模上将有望成为仅次于公安局的第二大部门,政府分管领导的排名也相对会更加靠前,所掌握的行政和监管资源将会更加充分,综合监管部门将能够获取相对更加多的地方政府的重视和资源投入,若能够充分考虑食品安全在市场监管中的特殊性与重要性,食品安全治理将有望得到更大改善。

3. 有利于拓宽基层食品监管的覆盖面

在当前的食品安全监管环境下,监管全覆盖甚至要比监管专业性更加具有迫切性和优先性,因为在监管资源有限的情况下,只有先实现把所有地区监管对象都纳入到有效监管网络中,才谈得上提高监管专业性的问题,即先要有人监管,才能做到专业的人监管。随着市场经济制度体系的日益完善,工商部门的管理和执法职能弱化趋势明显,但由于体制调整的滞后性,基层沉淀了大量工作力量,工商管理部门人力资源闲置问题非常突出。在此前提下,推动基层组建统一的市场监管机构,可以在编制总量控制的前提下,将基层原来分散的多个部门的执法人员集中起来,实现人员编制优化配置,既有利于提高行政效能,也有利于增加基层食品安全监管力量,实现监管队伍对监管对象的全面覆盖。

4. 有利于降低企业负担和消费者的维权成本

改革之前,许多食品生产经营企业反映监管部门的交叉执法、重复抽检等现象依然存在,导致企业应付监管检查的成本较高,效果也并不明显。同时,消费者也反映,由于搞不清楚多个部门的分工,投诉电话也五花八门,维权需要大量时间成本,容易遇到扯皮推诿的现象。此次改革之后,综合性的市场监管部门将在最大程度上有效避免交叉执法、重复抽检等问题,有效降低企业的负担,同时也将进一步整合消费者投诉的渠道和方式,从而让消费者的维权成本能够随之降低,提高消费者参与食品安全社会共治的积极性。

(五)"大市场"体制下加强食品安全监管的政策建议

"大市场"综合监管模式在监管协调、受重视程度、机关覆盖面以及降低成本方面给食药监管工作带来了巨大的新机遇,在总体上是有利于推进食品安全监管工作的。但如果一些配套或相关的改革措施不到位,也有可能给食品安全监管工作带来一些新的挑战。因此,继续规范市场监管执法行为,进一步推进"放管服"改革,打造良好营商环境,建成高效服务型政府,助力市场经济又好又快健康发展,加快统一市场监管法律法规、统一市场监管办案程序、统一市场监管执法体系等已刻不容缓,在深化体制改革过程中切实加强食品安全监管迫在眉睫。鉴于此,我们提出如下建议:

1. 立足监管实践,充分认识食品安全监管的专业性

"顶层要专业,基层要覆盖",此次综合监管模式的确立对基层覆盖可能会有改善作用,但令人担心的是在改革过程中食品安全监管的专业性是否会削弱抑或增强。食品安全监管本质上是风险管理,需要专业化的队伍。不能否认,在基层市

场监管改革过程中,某些地方食品安全监管专业队伍数量呈现了"量增质降""专业稀释"的状况。数据显示,截止到2016年6月底,全国食品药品监督管理整个系统(含市场监管局),有食品药品相关专业背景的从业人员仅占4%左右,发达国家平均为20%以上;现有监管人员中2/3为大学本科以下学历,专业技术人员比例不足一半,专业技术人员比例由改革前的65%下降到不足50%,越到基层问题越突出。划转人员中,普遍缺乏与食药有关的专业知识,日常检查难以发现问题,难以适应监督检查工作的需要。

必须充分认识到,食品仍然是市场监管相对风险较高的领域,在国家市场监督管理总局成立之后,中央及省级层面的食药监管职能可得到凸显,尤其是在特殊食品、药品、医疗器械和化妆品等健康类产品的监管方面能否得到加强至关重要。省以下地方,则可以根据自身的市场经济产业以及安全监管风险来因地制宜设置自己的市场监管模式。例如食品产业相对比较发达,或者食品安全风险相对较高的地区,可以考虑在市场监管局下仍然分设相对独立的食品监管局,或者采取"三块牌子(工商、质检、食药监)、一套人马"的合署办公模式,同时在内设机构设置时,充分保障食品安全监管相关职能处(科、股)室的设置和编制配备。

2. 缩短改革过渡期,迅速解决"里合外不合"现象

改革固然是食药监管职能整合与体系优化的必由之路,但行动迟缓乃至"翻烧饼式"的改革,会导致人心浮动与"等、靠"思想,挫伤监管人员的工作积极性与精神风貌,致使大量工作被搁置甚至陷入混乱。在此前的地方综合监管模式改革中,曾经出现过基层监管机构人员来自不同部门,因监管理念和文化上的差异而导致监管工作中出现不少分歧和矛盾的情形,例如在"三局合一"后,在适用《食品安全法》《产品质量法》《消费者权益保护法》《商标法》《反不正当竞争法》等法律条文方面,相关规定存在交叉重复,有的甚至出现矛盾冲突,导致执法人员无法正确理解,难以准确把握,严格依法执法办案存在较大困惑。原食品药品监管、工商行政管理、质量技术监督三个部门均出台有行政执法的办案程序,并且其规定各有不同之处,存在差异,特别是在执法文书、自由裁量、减轻处罚、申请听证等方面未及时进行统一整合,严重影响了基层市场监管执法人员查办案件的效率。这些执法文书、流程、制服等不统一所带来的一些问题在改革过渡期必然会困扰基层监管人员。根据我们的实地调研,某市实行"三合一"改革试点后,原已计划配备的制服、

执法车辆、部分执法装备与办公经费等全部暂停;原有执法文书与执法规范无法使用,亟须重新规范;部分人员存在抵触情绪或改革会再次"翻烧饼"的顾虑等。

因此,综合监管模式得以正式确立之后,从中央到地方的各级市场监管部门,应当在机构合并如何由"物理合并"转变为"化学合并"上下功夫,不仅要统一名称和制服,更要在监管理念、监管风格、执法文书等深层次实现有机整合,个别地方因为特殊情况即便可以单设一些二级机构或合署办公,但也必须在统一的市场监管体系下进行,杜绝解决"里合外不合"现象,否则不但会使改革效果大打折扣,甚至会增加新的监管风险和问题。

3. 以"大市场"综合监管改革为契机,夯实基层监管力量

基层是食品安全监管的关键部位,点多、线长、面广、任务繁重。此次机构改革之后,基层市场监管机构,尤其是乡镇市场监管所在监管职能上将全面扩张,执法领域加宽,范围扩大,工作量增多,基层市场监管部门需要听从上级三个乃至多个部门安排布置的各项工作,不仅是原来简单的"三合一"的职能合并,还增加了反垄断、物价监管等许多新的职能,如果监管能力无法得到充实,特别是监管人手无法适度增加的话,基层监管机构人员的工作可能更加繁忙,疲于应付,无法突出重点,在众多职能履行的时候更加无暇顾及食品安全监管,在客观上造成不同程度的食品安全监管资源和力量的弱化现象。

因此,要督促地方政府党政主要领导高度重视食品安全监管的重要性与专业性,在职能划分、机构设置、人员配备、执法装备与技术能力保障等方面要提出刚性标准与硬性约束。要全面落实"四有两责",重点是将"党政同责"首先直接落实到当地食品安全监管的能力建设上,切实保障基层食品安全监管能力,切实提高食品安全监管水平,夯实基层基础,打通"最后一公里"。一是要"强队伍"。"十三五"末,全国各地基层监管机构人员到岗率要普遍达到 95% 以上,重点充实乡镇(街道)派出机构监管力量,逐步形成"小局大所"的合理布局。建立基层骨干队伍的常态化培训机制,建设一支高素质、复合型的基层监管队伍。二是"强装备"。在"十三五"期间,示范城市的基层食品安全监管机构规范化建设要逐步达到 100%,市、县、乡(街道)三级监管机构基础设施全部达标,执法装备配备实现标准化。同时,要着力提升县级食品安全实验室检验检测能力,加快基层食品安全快检室和企业检测室建设。

4."大市场"综合监管框架下,保证食品监管职能的核心地位和资源比重

纵观全球,尽管各国的政治体制和监管模式不同,但都将食品药品等健康产品作为特殊商品进行监管。而市场监管部门通常负责保护消费者权益和促进公平竞争等事务。例如,美国政府设有监管一般市场秩序的联邦贸易委员会,同时专门设置监管健康产品的食品药品监管局(FDA);英国政府设立专门的食品标准局以及药品和健康产品监管局,此外专设公平贸易办公室;日本则由厚生劳动省监管除食用农产品之外的食品药品安全,同时设消费者厅维护市场秩序。从我国地方市场监管体制改革实践来看,某些地方的市场监管局虽然增加了监管资源,但在覆盖面、靶向性和专业化等方面却可能会削弱监管能力。由于市场秩序监管和公共安全治理存在理念差异,食品监管事权被下放到基层,但监管资源并未相应下沉,两者形成纵向错配。类似地,基层主要监管力量用于事前审批和专项整治,无力顾及安全风险集中的事中事后环节,从而出现横向错配。当前,在监管人员总量约束下,专业监管人员比例大为减少,监管专业性被稀释(表 11-1)。[①] 因此,食品安全监管应该成为新组建的市场监管局的第一位核心职能,并从上到下保障一定的监管资源与力量。

表 11-1　监管资源、监管体制、监管能力作用机理一览

项目	指标	测量	结果
监管资源 (前提性)	人力	编制总数和每万人口监管人员占比	总数从 10.36 万增加到 26.59 万,监管人员万人比从万分之 0.76 上升到万分之 1.93
	财力	各级财政监管经费投入	工作经费和专项资金随人员编制总数增加
	物力	检验检测等装备	整合检验检测资源,发挥质监部门技术优势,协同提升综合执法科学性
监管体制 (过程性)	目标定位	政策协同性和改革一致性	一般市场秩序与食品药品公共安全存在差异,上下改革不同步导致政策目标内生冲突
	组织结构	监管职能与监管资源相匹配	监管事权和监管力量形成纵向错配,组织结构与监管理念不兼容,阻碍监管能力提升
	监管行为	专业监管针对主要风险类型	综合执法对食品药品专业监管产生稀释

① 胡颖廉:《综合执法体制和提升食药监管能力的困境》,《国家行政学院学报》2017 年第 2 期。

（续表）

项目	指标	测量	结果
监管能力 （结果性）	覆盖面	年度办案总量	从 17 万件减少到 8.9 万件
	靶向性	安全风险与监管力量匹配度	65% 的监督检查力量配置到低风险监管环节，仅发现 15% 的案件线索
	专业化	专业监管人员占比	从 52.3% 下降到 26.8%

　　食品安全仍然是市场监管的相对风险较高的领域，在统一的"大市场"综合监管模式下，要将食品监管的职能予以更加独立地体现出来，特别是婴幼儿食品等特殊食品的监管更应常抓不懈。因此，必须要在肯定统一的市场监管体制改革本身的前提下，区分看待体制改革对监管资源和能力带来的差异化影响，"顶层要专业，基层要覆盖"，监管力量适当下沉，以市场综合监管改革为契机，适度扩充食品安全监管队伍，保证食品监管职能在市场监管部门的核心地位和资源比重。

第十二章　近年来我国食品安全标准体系的建设进展

食品安全标准,是对食品、食品相关产品及食品添加剂中存在或者可能存在对人体健康产生不良作用的化学性、生物性、物理性等物质进行风险评估后制定的技术要求和措施,是食品进入市场的最基本要求,是食品生产经营、检验、进出口、监督管理应当依照执行的技术性法规,是食品安全监督管理的重要依据。在食品安全风险治理体系中,食品安全标准具有不可缺少的独特作用。世界各国政府均把食品安全标准作为食品安全监管的最重要措施之一,在保证食品安全、预防食源性疾病以及维护食品的正常贸易中都有着非常重要的意义。长期以来,我国通过不断完善食品安全标准体系,帮助社会各界人士对食品安全标准的了解和实施,在保证食品安全和维护食品经济的发展过程中发挥了强大的作用。本章重点回顾近年来我国食品安全标准法律法规体系建设、食品安全国家标准进展等方面的情况。

一、食品安全标准法律法规体系的建设进展

食品安全标准在食品安全风险治理中具有十分重要的基础性、技术性、规范性作用,是保障食品安全的技术性法规。国家通过建立与完善法律法规体系推进食品安全标准体系建设。

(一) 食品安全标准法律法规体系

我国食品安全标准的法律法规通过吸收国际食品法典所长,学习其他国家在食品安全标准制定方面的做法,基于国情将有关食品安全标准的概念、需求与信息

等加以科学地规范、修正,形成具有自身特色的食品安全标准的法律法规体系。通过多年来持之以恒的努力,目前我国的食品安全标准法律法规体系初步满足了保障我国食品安全的需要,又符合卫生和动植物检疫措施协定以及贸易伙伴的需要。我国食品安全标准法律法规体系主要包括以下层级:法律、行政法规、地方法规、部门规章、国家标准、地方标准、企业标准。食品安全国家标准根据约束力进一步分为强制性标准和推荐性标准。在我国加入 WTO 文件中,我国制定的强制性标准与WTO/TBT 协定所规定的技术法规作等同处理,即强制性标准等同于技术法规,获得国际范围内认同。自 2015 年 10 月 1 日起施行的《食品安全法》明确规定"食品安全标准是强制执行的标准。除食品安全标准外,不得制定其他食品强制性标准"。这一条款规定了食品安全标准一经批准发布,就是必须遵循的依据。食品安全标准属于技术法规,在其效力范围内必须严格贯彻执行,任何单位或个人不得擅自更改或降低食品安全标准要求。《食品安全法》对没有食品安全国家标准的地方特色食品,要求省、自治区、直辖市人民政府卫生行政部门制定并公布食品安全地方标准,报国务院卫生行政部门备案。如果制定了食品安全国家标准,该地方标准即行废止。国家鼓励食品生产企业制定严于食品安全国家标准或者地方标准的企业标准,在本企业适用,并报省、自治区、直辖市人民政府卫生行政部门备案。

解 说

食品安全标准

现行的《食品安全法》专门设立"食品安全标准"作为第三章,规定食品安全标准是强制执行的标准。除食品安全标准外,不得制定其他食品强制性标准。要求制定食品安全标准应当以保障公众身体健康为宗旨,做到科学合理、安全可靠。食品安全标准包括下列内容:(1)食品、食品添加剂、食品相关产品中的致病性微生物,农药残留、兽药残留、生物毒素、重金属等污染物质以及其他危害人体健康物质的限量规定;(2)食品添加剂的品种、使用范围、用量;(3)专供婴幼儿和其他特定人群的主辅食品的营养成分要求;(4)对与卫生、营养等食品安全要求有关的标签、标志、说明书的要求;(5)食品生产经营过程的卫生要求;(6)与食品安全有关的质量要求;(7)与食品安全有关的食品检验方法与规程;(8)其他需要制定为食品安全标准的内容。

目前我国与食品安全密切相关的法律约十四部,行政法规十九部,部门规章八十一项。"食品安全法实施条例"已经完成相关起草工作,正在征求各方面意见。近期发布和起草的部门规章还有十一部,包括"网络食品安全违法行为查处办法""保健食品原料目录与功能目录管理办法""食品安全事故调查处理办法""食品标识管理办法""学校食堂食品安全管理办法""食品安全管理人员抽查考核办法""食品安全执法人员培训与考核办法""特殊食品广告审查管理办法""食品生产经营责任约谈管理办法""铁路运营食品安全管理办法""食品安全信息公布管理办法"。

(二) 食品安全标准制修订的法定程序

我国的食品安全国家标准的制修订是有规范而严格的法定程序。现行的《食品安全法》规定,食品安全国家标准由国务院卫生行政部门会同国家食品药品监督管理部门制定、公布,国务院标准化行政部门提供国家标准编号。食品安全国家标准的制定范围是:食品、食品添加剂、食品相关产品中的致病性微生物,农药残留、兽药残留、生物毒素、重金属等污染物质以及其他危害人体健康物质的限量规定;食品添加剂的品种、使用范围、用量;专供婴幼儿和其他特定人群的主辅食品的营养成分要求;对与卫生、营养等食品安全要求有关的标签、标志、说明书的要求;食品生产经营过程的卫生要求;与食品安全有关的质量要求;与食品安全有关的食品检验方法与规程;其他需要制定为食品安全标准的内容。与此同时,食品中农药残留、兽药残留的限量规定及其检验方法与规程由国务院卫生行政部门、国务院农业行政部门会同国务院食品药品监督管理部门制定。屠宰畜、禽的检验规程由国务院农业行政部门会同国务院卫生行政部门制定。

食品安全国家标准制修订工作包括规划、计划、立项、起草、审查、批准、发布以及修改与复审等。我国食品安全国家标准的审查工作由国家卫生健康委员会(原国家卫生计生委、卫生部)负责。国家卫生健康委员会通过组织成立食品安全国家标准审评委员会,负责审查食品安全国家标准草案,对食品安全国家标准工作提供咨询意见。审评委员会设专业分委员会和秘书处。政府部门、任何公民、法人和其他组织都可以提出食品安全国家标准立项建议。立项建议应当包括要解决的重要问题、立项的背景和理由、现有食品安全风险监测和评估依据、标准候选起草单位。食品安全国家标准制修订项目计划批准后,食品安全国家标准审评委员会秘书处按照专业领域分工分别组织落实。秘书处根据食品安全国家标准年度制修订计划确定的项目,向国家卫生健康委员会提出标准经费分配建议,并协助国家卫生健康委员会与项目承担单位(起草单位)签订食品安全国家标准制修订项目协议书。秘书处协助国家卫生健康委员会承担食品安全地方标准备案工作,按照规定的备案条件对地方卫生行政部门报送的标准予以备案。

起草食品安全国家标准,应当以食品安全风险评估结果和食用农产品质量安全风险评估结果为主要依据,充分考虑我国社会经济发展水平和客观实际的需要,参照相关的国际标准和国际食品安全风险评估结果。食品安全国家标准草案按照规定履行向世界贸易组织(WTO)的通报程序。秘书处将收到 WTO 成员提交的评议意见反馈给标准起草单位,并督促起草单位及时提出处理意见。2010 年 12 月 1 日起施行的《食品安全国家标准管理办法》要求食品安全国家标准自发布之日起 20 个工作日内在卫生部网站上公布,供公众免费查阅。

食品安全标准跟踪评价是食品安全标准实施的重要环节。国家食品安全风险评估中心通过建立食品安全国家标准跟踪评价及意见反馈平台(以下简称国家标准跟踪评价平台,http://bz.cfsa.net.cn/db/yjfk),负责标准跟踪评价的技术工作,各地卫生健康行政部门会同同级食品药品监督管理、质量监督、检验检疫、农业行政等相关部门对当地食品安全标准执行情况进行跟踪评价。通过此项工作,全面了解食品安全标准执行情况,判断标准实施后在保障食品安全方面发挥的作用,了解标准各项要求的科学性、合理性和可行性,为食品安全国家标准的制定、修订,进一步完善标准体系提供依据。

二、食品安全国家标准的建设进展

我国食品安全标准体系正在逐步完善,本章节重点回顾近年来食品安全国家标准的建设状况。

（一）总体建设状况

截至 2018 年上半年,食品安全国家标准现行有效标准共 12 大类 1191 项①,其中食品添加剂质量规格及相关标准占 50%,理化检验方法标准占 19%,农药残留检测方法标准占 10%,标准类别与数量统计结果见表 12-1。

表 12-1　2017 年和 2018 年我国现行有效食品安全国家标准类别和数量

序号	标准类别	2018 数量（项）	2017 数量（项）
1	通用标准	12	11
2	食品产品标准	71	64
3	特殊膳食食品标准	9	9
4	食品添加剂质量规格及相关标准	591	586
5	食品营养强化剂质量规格标准	40	29
6	食品相关产品标准	15	15
7	生产经营规范标准	27	25
8	理化检验方法标准	227	227
9	微生物检验方法标准	30	30
10	毒理学检验方法与规程标准	26	26
11	兽药残留检测方法标准	29	29
12	农药残留检测方法标准	114	106
	合计	1191	1157

（二）"十二五"以来食品安全国家标准建设状况

2017 年 2 月,国务院批准并实行《"十三五"国家食品安全规划》。《"十三五"国家食品安全规划》总结了"十二五"期间食品安全国家标准建设状况,主要是由

---

① 中华人民共和国国家卫生健康委员会:《食品安全国家标准目录》[EB/OL](2018-07-01),http://www.nhfpc.gov.cn/sps/spaqmu/201609/0aea1b6b127e474bac6de760e8c7c3f7.shtml。

国家卫生计生委清理食品标准 5000 项,整合 400 项,发布新的食品安全国家标准 926 项、合计指标 1.4 万余项。农业部新发布农药残留限量指标 2800 项,清理 413 项农药残留检验方法,食品安全国家标准体系进一步得到完善。

在 2015 年国家卫计委发布 191 项新的食品安全国家标准和修订 2 项国家标准的基础上,2016 年国家卫生计生委再次发布了 436 项新的食品安全国家标准,而 2017 年则发布了 2 项新的污染物质限量国家标准和 9 项食品安全理化检验方法国家标准(参见表 12-2)。特别需要指出的是,2017 年,国家卫生计生委(国卫办食品函〔2017〕697 号)确定 1082 项农药兽药残留相关标准转交农业部进行进一步清理整合,对另外 3310 项食品标准,一是通过继续有效、转化、修订、整合等方式形成 1224 项食品安全国家标准,二是建议适时废止 67 项标准,三是确定 1913 项国家标准和行业标准不纳入食品安全国家标准体系。

表 12-2　2017 年发布的食品安全国家标准清单

标准号	标准名称
GB 2761—2017	食品安全国家标准　食品中真菌毒素限量
GB 2762—2017	食品安全国家标准　食品中污染物限量
GB 5009.12—2017	食品安全国家标准　食品中铅的测定
GB 5009.13—2017	食品安全国家标准　食品中铜的测定
GB 5009.14—2017	食品安全国家标准　食品中锌的测定
GB 5009.91—2017	食品安全国家标准　食品中钾、钠的测定
GB 5009.93—2017	食品安全国家标准　食品中硒的测定
GB 5009.138—2017	食品安全国家标准　食品中镍的测定
GB 5009.182—2017	食品安全国家标准　食品中铝的测定
GB 5009.241—2017	食品安全国家标准　食品中镁的测定
GB 5009.242—2017	食品安全国家标准　食品中锰的测定

资料来源:由中国标准化研究院提供。

2018 年上半年共发布 34 项新食品安全国家标准,其中包括 1 项食品安全通用标准,8 项农药残留检测方法标准,4 项生产经营规范标准,5 项食品添加剂质量规格标准,11 项食品营养强化剂质量规格标准,7 项食品产品标准(参见表 12-3)。

表 12-3 2018 年上半年发布的食品安全国家标准清单

标准类别	标准号	标准名称
通用标准	GB 2763.1—2018	食品安全国家标准 食品中百草枯等 43 种农药最大残留限量
农药残留检测方法标准	GB 23200.108—2018	食品安全国家标准 植物源性食品中草铵膦残留量的测定 液相色谱-质谱联用法
	GB 23200.109—2018	食品安全国家标准 植物源性食品中二氯吡啶酸残留量的测定 液相色谱-质谱联用法
	GB 23200.110—2018	食品安全国家标准 植物源性食品中氯吡脲残留量的测定 液相色谱-质谱联用法
	GB 23200.111—2018	食品安全国家标准 植物源性食品中唑嘧磺草胺残留量的测定 液相色谱-质谱联用法
	GB 23200.112—2018	食品安全国家标准 植物源性食品中 9 种氨基甲酸酯类农药及其代谢物残留量的测定 液相色谱-柱后衍生法
	GB 23200.113—2018	食品安全国家标准 植物源性食品中 208 种农药及其代谢物残留量的测定 气相色谱-质谱联用法
	GB 23200.114—2018	食品安全国家标准 植物源性食品中灭瘟素残留量的测定 液相色谱-质谱联用法
	GB 23200.115—2018	食品安全国家标准 鸡蛋中氟虫腈及其代谢物残留量的测定 液相色谱-质谱联用法
生产经营规范标准	GB 8953—2018	食品安全国家标准 酱油生产卫生规范
	GB 19304—2018	食品安全国家标准 包装饮用水生产卫生规范
	GB 31646—2018	食品安全国家标准 速冻食品生产和经营卫生规范
	GB 31647—2018	食品安全国家标准 食品添加剂生产通用卫生规范
食品添加剂质量规格标准	GB 1886.297—2018	食品安全国家标准 食品添加剂聚氧丙烯甘油醚
	GB 1886.298—2018	食品安全国家标准 食品添加剂聚氧丙烯氧化乙烯甘油醚
	GB 1886.299—2018	食品安全国家标准 食品添加剂冰结构蛋白
	GB 1886.300—2018	食品安全国家标准 食品添加剂离子交换树脂
	GB 1886.301—2018	食品安全国家标准 食品添加剂半乳甘露聚糖

（续表）

标准类别	标准号	标准名称
食品营养强化剂质量规格标准	GB 1903.28—2018	食品安全国家标准　食品营养强化剂硒蛋白
	GB 1903.29—2018	食品安全国家标准　食品营养强化剂葡萄糖酸镁
	GB 1903.31—2018	食品安全国家标准　食品营养强化剂醋酸视黄酯（醋酸维生素 A）
	GB 1903.32—2018	食品安全国家标准　食品营养强化剂 D-泛酸钠
	GB 1903.34—2018	食品安全国家标准　食品营养强化剂氯化锌
	GB 1903.35—2018	食品安全国家标准　食品营养强化剂乙酸锌
	GB 1903.36—2018	食品安全国家标准　食品营养强化剂氯化胆碱
	GB 1903.37—2018	食品安全国家标准　食品营养强化剂柠檬酸铁
	GB 1903.38—2018	食品安全国家标准　食品营养强化剂琥珀酸亚铁
	GB 1903.39—2018	食品安全国家标准　食品营养强化剂海藻碘
	GB 1903.41—2018	食品安全国家标准　食品营养强化剂葡萄糖酸钾
食品产品标准	GB 2716—2018	食品安全国家标准　植物油
	GB 2717—2018	食品安全国家标准　酱油
	GB 2719—2018	食品安全国家标准　食醋
	GB 8537—2018	食品安全国家标准　饮用天然矿泉水
	GB 25595—2018	食品安全国家标准　乳糖
	GB 31644—2018	食品安全国家标准　复合调味料
	GB 31645—2018	食品安全国家标准　胶原蛋白肽

资料来源：由中国标准化研究院提供。

（三）重要的食品安全国家标准简要介绍

为了解决食品安全国家标准中存在的突出问题，相关部门加快了制修订的步伐，形成了符合我国经济社会发展状况与食品安全实际的国家标准。

《GB 8537—2018 食品安全国家标准饮用天然矿泉水》是《GB 8537—2008 饮用天然矿泉水》标准的修订版。与原标准相比，主要变化在原料要求、部分感官要求、部分限量指标以及微生物指标。结合国际通行做法和我国行业实际情况，删除了矿泉水源水中对锰、耗氧量的要求,删除了界限指标中的碘化物指标。考虑到作为天然矿泉水的深层地下水不易受有机物污染的实际情况,结合行业调查数据,耗氧量指标进行了下调。对大肠菌群和铜绿假单胞菌的要求及采样方案的规定,与《GB 19298—2014 食品安全国家标准包装饮用水》基本协调一致。同时将粪链球菌、产气荚膜梭菌的要求修改为 5 个样品均不得检出。

新发布的食品国家标准《GB 8953—2018 食品安全国家标准酱油生产卫生规范》是《GB 8953—1988 酱油厂卫生规范》的修订版,新版标准适用于酿造酱油,增加了酱油加工过程微生物监控程序指南等内容。《食品安全国家标准包装饮用水生产卫生规范》代替《GB 19304—2003 定型包装饮用水企业生产卫生规范》和《GB 16330—1996 饮用天然矿泉水厂卫生规范》,修订后的标准适用于饮用天然矿泉水、饮用纯净水、其他饮用水,增加了源水采集卫生要求及加工过程微生物监控程序指南等内容。《GB 31646—2018 食品安全国家标准速冻食品生产和经营卫生规范》为新制定实施的标准,对速冻食品的原料采购、加工、包装、贮存、运输和销售等环节的场所、设施和设备、人员提出了基本要求和管理准则,明确了其贮存和运输的温度控制要求。《GB 31647—2018 食品安全国家标准食品添加剂生产通用卫生规范》为新制定实施标准,适用于食品添加剂(包括食品营养强化剂、食品用香精和复配食品添加剂等)生产过程的原料采购、加工、包装、标识、贮存、运输等,并对其生产场所、设施、人员等提出了基本要求和管理准则。

《GB 2716—2018 食品安全国家标准植物油》是对《GB 2716—2005 食用植物油卫生标准》和《GB 7102.1—2003 食用植物油煎炸过程中的卫生标准》的整合修订。与原标准相比,新修订的标准完善了术语和定义、删除了煎炸过程中植物油的羰基价指标、根据不同品种植物油的特点,参照国际食品法典委员会(CAC)相关标准,结合我国实际情况,修改了酸价、将浸出工艺生产的食用植物油(包括调和油)的溶剂残留量(下调为 ≤20 mg/kg),并增加"压榨油溶剂残留量不得检出"要求、增加了对食用植物调和油命名和标识的要求等。该标准的附录 A 为资料性附录,生产者可自愿标示。

《GB 2717—2018 食品安全国家标准酱油》和《GB 2719—2018 食品安全国家标准食醋》分别是对《GB 2717—2003 酱油卫生标准》和《GB 2719—2003 食醋卫生标准》的修订。与原标准相比,适用范围仅限于传统酿造工艺生产的酱油和食醋,不再适用于采用配制工艺生产的酱油和食醋。对采用配制工艺生产的酱油、食醋将按照复合调味料管理，对标准中部分理化指标和微生物指标也进行了调整，以保证食品安全国家标准体系的整体协调性。

《GB 31644—2018 食品安全国家标准复合调味料》是新制定的食品安全国家标准，主要内容包括定义、原料要求、感官要求，食品添加剂使用、污染物限量和致病菌限量分别引用相应的基础标准。配制工艺生产的酱油和食醋适用该标准。

《GB 25595—2018 食品安全国家标准乳糖》是对《GB 25595—2010 食品安全国家标准乳糖》的修订。新标准结合市场上日益丰富的乳糖产品，删除了原标准中的 pH 值，并对乳糖定义进行了完善。《GB 31645—2018 食品安全国家标准胶原蛋白肽》是新制订的食品安全国家标准，适用于食品加工用途的胶原蛋白肽产品，对羟脯氨酸这一特异性指标提出要求，并规定了铅、镉、总砷、铬和总汞的限量要求。

新发布的聚氧丙烯甘油醚等 5 项食品添加剂质量规格标准和硒蛋白等 11 项食品营养强化剂质量规格标准为《GB 2760—2014 食品安全国家标准食品添加剂使用标准》、《GB 14880—2012 食品安全国家标准食品营养强化剂使用标准》和《GB 26878—2011 食品安全国家标准食用盐碘含量》标准中允许使用的食品添加剂、营养强化剂。新标准规定了各食品添加剂、营养强化剂的范围（包括生产工艺等）、分子式、结构式、相对分子质量、感官要求、理化指标、微生物限量以及配套的检验方法等内容，对指导和规范行业生产、保障食品安全和监管提供依据。

（四）"十三五"时期食品安全国家标准体系建设的重点

2017 年 2 月 14 日，国务院批准并实行《"十三五"国家食品安全规划》（国发〔2017〕12 号），该《规划》指出，我国仍处于食品安全风险隐患凸显和食品安全事件集中爆发期，食品安全形势依然严峻，食品安全标准与发达国家和国际食品法典标准尚有差距。食品安全标准基础研究滞后，科学性和实用性有待提高，部分农药兽药残留等相关标准缺失、检验方法不配套。为了解决这些问题，"十三五"时期要加快食品安全标准与国际接轨。重点是建立最严谨的食品安全标准体系。加快制修订产业发展和监管急需的食品基础标准、产品标准、配套检验方法标准、生产经营卫生规范等。加快制修订重金属、农药残留、兽药残留等食品安全标准。密切跟踪国际标准发展更新情况，整合现有资源建立覆盖国际食品法典及有关发达国家食品安全标准、技术法规的数据库，开展国际食品安全标准比较研究。加强标准跟踪评价和宣传贯彻培训。鼓励食品生产企业制定严于食品安全国家标准、地方标准的企业标准，鼓励行业协会制定严于食品安全国家标准的团体标准。依托现有资源，建立食品安全标准网上公开和查询平台，公布所有食品安全国家标准及其他相关标准。整合建设监测抽检数据库和食品毒理学数据库，提升标准基础研究水平。

政　策

食品安全国家标准提高行动计划

2017 年 2 月 14 日，国务院批准并实行《"十三五"国家食品安全规划》（国发〔2017〕12 号），该《规划》指出，在"十三五"期间，要严格实施从农田到餐桌全链条监管，建立健全覆盖全程的监管制度、覆盖所有食品类型的安全标准、覆盖各类生产经营行为的良好操作规范，全面推进食品安全监管法治化、标准化、专业化、信息化建设，并提出在"十三五"期间要积极实施"食品安全国家标准提高行动计划"，制修订不少于 300 项食品安全国家标准，加快生产经营卫生规范、检验方法等标准制定。制修订农药残留量指标 3987 项，评估转化农药残留限量指标 2702 项，清理、修订农药残留检验方法 413 项；研究制定农药残留国家标准技术规范 7 项，建立农业残留基础数据库 1 个；制定食品中兽药最大残留限量标准，完成 31 种兽药 272 项限量指标以及 63 项兽药残留检测方法标准制定。与此同时，依托国家和重点省份食品安全技术机构，设立若干标准研制核心实验室，加强食品安全国家标准专业技术机构能力建设。

三、农产品质量安全标准的发展变化

食品安全涉及的环节和因素很多，但源头在农产品，基础在农业，农产品标准在整个食品安全标准体系中具有举足轻重的地位。农药残留是影响我国食用农产品、食品安全的重要因素，从根本上解决我国农药残留标准缺失和滞后问题刻不容缓。

（一）农药残留标准体系建设的主要进展

早在 2009 年 9 月,国家卫生部和农业部印发了《食品中农药、兽药残留标准管理问题协商意见》(卫办监督函〔2009〕828 号),意见明确由农业部负责农兽药残留标准的制定工作,并由卫生部和农业部两个部门联合发布。2010 年 1 月,卫生部成立第一届食品安全国家标准审评委员会,主要负责审评有关食品安全国家标准,委员会下设 10 个专业分委员会,农药残留专业分委员会是其中一个。2010 年 4 月,农业部成立国家农药残留标准审评委员会,由 42 个委员和 7 个单位委员组成,与农药残留专业分委会相互衔接并合署运行,秘书处设在农业部农药检定所,主要负责审评农产品及食品中农药残留国家标准,提出制修订、实施和废止农药残留国家标准的建议,对农药残留国家标准的重大问题提供咨询(可参见本书第二章的相关内容)。

2005 年,我国时隔 24 年后首次修订食品农药残留监管的唯一强制性国家标准——《食品中农药最大残留限量(GB2763-2005)》,GB2763-2005 代替并废止了 GB 2763-1981 等 34 个食品中农药残留限量标准,在原有基础上扩大了标准覆盖范围;2012 年,我国对 GB2763-2005 展开修订,形成的新标准涵盖了 322 种农药在 10 大类食品中的 2293 个残留限量,较原标准增加了 1400 余个,改善了之前许多农药残留标准交叉、混乱、老化等问题;2014 年,国家卫计委、农业部联合发布了涵盖 387 种农药在 284 种(类)食品中 3650 项限量标准的 GB2763-2014,其中 1999 项指标国际食物法典已制定限量标准,我国有 1811 项等同于或严于国际食物法典标准。"十二五"期间,我国在农产品的标准制(修)订上,共制订了农药残留限量标准 4140 项、兽药残留限量标准 1584 项、农业国家标准行业标准 1800 余项,清理了 413 项农残检测方法标准。与此同时,各地因地制宜制定了 1.8 万项农业生产技术规程和操作规程,加大农业标准化宣传培训和应用指导,农业生产经营主体安全意识和质量控制能力明显提高。2016 年,农兽药残留标准制(修)订步伐进一步加快,修订发布的《GB 2763—2016 食品中农药最大残留限量》,新制订农兽药残留限量标准 1310 项、农业国家行业标准 307 项,标准化生产水平稳步提升。农业部于 2016 年还组织制定了《加快完善我国农药残留标准体系工作方案(2015—2020)》,

提出力争到 2020 年我国农药残留限量标准数量将达到 1 万项,形成基本覆盖主要农产品的完善配套的农药残留标准体系,初步实现"生产有标可依、产品有标可检、执法有标可判"的目标。

截至 2017 年年底,我国农药残留检测方法标准近 1000 项,其中,国家标准 303 项,包括强制性标准 106 项,推荐性标准 197 项,比如:《GB 23200.101—2016 蜂王浆中多种杀螨剂残留量的测定气相色谱 - 质谱法》代替《SN/T 2571—2010 进出口蜂王浆中多种杀螨剂残留量检测方法气相色谱 - 质谱法》;将原行业标准适用范围"进出口蜂王浆"改为"蜂王浆";《GB 23200.11—2016 桑枝、金银花、枸杞子和荷叶中 413 种农药及相关化学品残留量的测定液相色谱 - 质谱法》;《GB/T 19648—2006 水果和蔬菜中 500 种农药及相关化学品残留的测定气相色谱—质谱法》和《GB/T 20769—2008 水果和蔬菜中 450 种农药及相关化学品残留量的测定液相色谱—串联质谱法》等。行业标准已超过 500 项,例如,出入境检验检疫行业标准《SN/T 2151—2008 进出口食品中生物苄呋菊酯、氟丙菊酯、联苯菊酯等 28 种农药残留量的检测方法气相色谱—质谱法》,农业行业标准《NY/T 1379—2007 蔬菜中 334 种农药多残留的测定气相色谱质谱法和液相色谱质谱法》和《NY/T 1616—2008 土壤中 9 种磺酰脲类除草剂残留量的测定液相色谱 - 质谱法》等。还有地方标准 54 项和农业部公告等。从发展趋势上来看,行业标准、地方标准、企业标准等逐渐废止,统一采用现行国家标准作为检测方法标准,检测方法多以高效液相色谱、气相色谱以及两者与质谱串联为主。它们的发布和实施,为我国农药残留的检测提供了技术依据[①]。

政策

2018 年农药残留限量标准推进目标

2018 年 2 月 9 日,农业部办公厅发布了关于印发《2018 年农产品质量安全工作要点》的通知,通知紧紧围绕"农业质量年"这个主题,要求全面推进农业绿色发展,全面清理过去制定的农业国家标准、行业标准和地方标准,废止与农业绿色发展不适应的标准;重点制定蔬菜水果和特色农产品的农药残留限量标准和畜禽屠

---

① 朱玉龙、陈增龙、张昭、郑永权:《我国农药残留与监管标准体系建设》,《植物保护》2017 年第 2 期。

宰、饲料卫生安全、冷链物流、畜禽粪污资源化利用、水产养殖尾水排放等国家标准和行业标准;发布兽药最大残留限量和2018年版农药残留最大限量食品安全国家标准;新制定农药残留限量标准1000项、兽药残留标准100项、其他行业标准200项;制定农业标准制修订管理办法及相关制度,对已列入农业国家标准和行业标准制修订计划的项目实施督导检查;启动开展农产品品质、营养标准的研制;制定《农作物种子质量标准制修订工作方案》和《进口农产品的农药残留限量标准制定指南》,编制《加快完善我国兽药残留标准体系的工作方案(2018—2025年)》;鼓励和规范有条件的社会团体制定农业团体标准。

(二) 农药残留标准体系的国际比较

目前国际上通用最大农药残留限量(MRLs)作为判定农产品质量安全的标准。国际MRLs标准体系主要包括国际食品法典委员会(Codex Alimentarius Commission, CAC)、美国、欧盟、日本、澳大利亚和新西兰以及我国的MRLs体系。与CAC和发达国家相比,我国农药残留限量标准的研究和制订水平仍然有一定的差距,一是有些MRLs偏高,标准过宽,不适应现在食品及农产品质量安全需要。例如,果菜类蔬菜中甲氰菊酯的MRLs,我国国家标准是1 mg/kg,而CAC、美国、欧盟等均为0.2mg/kg,如果按这种标准去判定检测结果,食品安全就存在潜在威胁;二是有些MRLs偏低,标准过严。例如,克百威我国规定在蔬菜上为不得检出,CAC、欧盟等国均为0.1mg/kg,这种制定MRLs的方法不仅缺乏科学性,而且提高了我国判定农产品中农药残留超标的门槛,导致有关部门抽检时经常出现农产品严重超标现象,不但不能真实可靠地反映我国农产品质量安全状况,而且给我国农产品出口创汇制造了障碍。

解　说

国内外农产品最大农药残留限量(MRLs)标准体系

农药残留是指农药使用后残存于生物体、农副产品和环境中的微量农药原体、有毒代谢物、降解物和杂质的总称。目前国际上通常用最大农药残留限量作为判定农产品质量安全的标准。目前我们接触到较多的 MRLs 标准体系主要有：国际食品法典委员会（CAC）的 MRLs 体系、欧盟、日本、澳大利亚和新西兰以及中国的 MRLs 体系。其中，CAC 的 MRLs 体系最具有影响力。国际食品法典委员会是由联合国粮农组织和世界卫生组织共同建立，以保障消费者的健康和确保食品贸易公平为宗旨的一个制定国际食品标准的政府间组织。现有的食品法典标准都主要是由其各分委员会审议、制定，然后经 CAC 大会审议通过，食品及农产品中农药最大残留限量（MRLs）标准由其下属分委员会——国际食品法典农药残留委员会（CCPR）负责制定。

我国的粮食、蔬菜和水果的农药残留限量标准也不如欧盟及其他发达国家和组织那样分类具体。如，我国的粮食是指原粮产品，而欧盟进一步细分为大麦、小麦、黑麦、燕麦、大米；我国的蔬菜包括叶菜、果菜和块根类等，而日本等国将蔬菜细分为黄瓜、菜花、甘蓝等；在我国水果只是一大类，而欧盟分为干果、鲜果、硬果和软果等，其中鲜果又分苹果、葡萄、柑橘等，我国基本都是对每类作物规定一个统一的 MRLs，而欧盟等国家每一种农产品都对应各自不同种农药的 MRLs。我国农药残留限量指标过于单一，使生产上农药使用受到限制，不利于科学、合理安排农药使用，容易造成单一农药品种大量使用。同时，由于国际上对不同种类的农药要求细化，有松有紧，我国的指标单一化现象不利于分类指导出口农产品生产。

第十三章 近年来食品安全风险监测、评估与预警体系建设的新进展

食品安全风险监测、评估与预警体系对防范食品安全风险具有基础性的作用，在国家食品安全风险治理体系中具有举足轻重的地位。自 2009 年《食品安全法》中明确国家建立食品安全风险监测和评估制度以来，2010 年国家卫生部就开始制定并实施"年度国家食品安全监测计划"，2011 年国家成立食品安全风险评估专家委员会，组建并正式运行国家食品安全风险评估中心等，经过坚持不懈的努力，2011—2016 年间国家食品安全风险监测网络体系建设不断深化，评估技术不断完善，预警能力不断提升，我国已建成覆盖全国并逐步延伸到农村地区的食品安全风险监测评估与预警体系。本章主要考察近年来我国食品安全风险监测、评估与预警体系建设进展，并提出相应的思考。

一、食品安全风险监测体系建设

食品安全风险监测是《食品安全法》及其《实施条例》的法定工作，对促进我国食品安全形势总体稳定，提高食品中污染物标准制修订的科学性具有重要意义。随着依法治国的深入，食品安全风险治理的工作也逐步深化，2009 年版《食品安全法》从法律层面上规定了食品安全风险监测工作，2015 年版《食品安全法》则进一步确立了"食品安全工作实行预防为主、风险管理、全程控制、社会共治，建立科学、严格的监督管理制度"的总要求，顺应时代潮流，不断创新，食品安全风险治理体系与能力建设中均有了长足进步。

（一）食品安全风险监测的新进展

长期以来,我国食品安全风险监测工作围绕风险监测体系建设与风险监测能力提升两个层面深入开展。

1. 食品安全风险监测体系建设历程

为掌握我国食品污染和食源性疾病状况,2000 年国家卫生部参照全球环境监测规划/食品污染监测与评估计划(Global Environment Monitoring System-Food Contamination Monitoring and Assessment Programme, GEMS/FOOD),在全国开始启动"两网"建设试点,对消费量较大的食品中常见的化学污染物和致病菌进行常规监测。截至 2009 年年初,全国已有 22 个省、自治区、直辖市建立了食源性疾病监测网,与此同时,食品污染物监测网扩大到 17 个省、自治区、直辖市,覆盖全国 80% 以上的人口[1]。自 2009 年食品安全风险监测工作成为法定工作以来,在《食品安全法》(2009 年版、2015 年版)构建的法制框架下,我国食品安全风险监测体系不断深化。近年来,初步建立了国家、省级、地市级和县(区)级 4 层架构形成的立体化食品安全风险监测网络;风险监测品种涉及粮食、蔬菜、水果、水产品等百姓日常消费的 30 大类食品,囊括 300 多项指标;基本形成了涵盖食品污染和食品有害因素监测以及食源性疾病监测,包含常规监测、专项监测、应急监测和具有前瞻性的监测的国家风险监测计划体系;基本形成了涵盖农业生产、食品加工、产品流通、餐饮消费、网购食品等全面覆盖、重点突出的风险区域监测格局;基本形成了涵盖食品污染物与食源性致病菌的动态风险监测数据库。截至 2015 年年底,全国设置食品安全风险监测点 2656 个,哨点医院 3883 家,覆盖所有省、自治区、直辖市和 92% 的县级行政区域。通过系统性、分层次和连续性的监测,累计获得 1000 万个监测数据和 60 万份食源性疾病病例信息,基本明确食品污染物和食源性疾病分布状况等[2]。同时,食物消费调查和总膳食研究工作不断推进,建立了国家风险监测、食

---

[1]　唐晓纯:《国家食品安全风险监测评估与预警体系建设及其问题思考》,《食品科学》2013 年第 15 期。

[2]　中华人民共和国国家卫生和计划生育委员会:《2016 年全国卫生计生系统食品安全工作会议资料》,2016 年。

物消费量、毒物、食源性疾病等数据库,创建了食品与食源性疾病溯源和关联性分析系统,为下一步监测评估工作奠定了坚实基础。

解 说

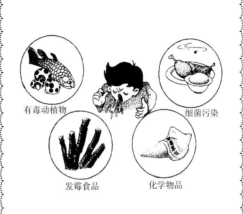

在我国,食物中毒是指食用了被生物性、化学性有毒有害物质污染的食品或者食用了含有有毒有害物质的食品后出现的急性、亚急性食源性疾患。

有毒动植物

细菌污染

发霉食品

化学物品

在我国,食源性疾病是指食品中致病因素进入人体引起的感染性、中毒性等疾病,包括食物中毒。

2. 食品安全风险监测能力的新进展

为全面提升我国食品安全风险监测能力,增强省级监测水平,2013年国家卫生计生委在全国31个省、自治区、直辖市和新疆生产建设兵团设置了"国家食品安全风险监测(省级)中心"机构,以省级疾病预防控制中心为挂靠单位,承担省级食品安全风险监测方案的制订与组织实施和数据分析,并提交辖区内食品安全风险监测报告。根据国家卫生计生委《关于省级疾病预防控制机构加挂国家食品安全风险监测(省级)中心及参比实验室牌子的通知》(国卫食品发〔2013〕36号),国家卫生计生委于2013年在全国32个省级疾病预防控制机构挂牌"国家食品安全风险监测(省级)中心",建立了8家国家食品安全风险监测参比实验室和21家食源性疾病病因学鉴定国家实验室,主要负责承担全国食品安全风险监测的质量控制、监测结果复核等相关工作,同时承担技术培训、新方法新技术等科学研究的研究工作①;并且通过对《食品安全法》进行修订,进一步强化监测评估工作的作用。

(1)食品污染物和有害因素监测。主要监测食品及食品相关产品中化学污染物和有害因素的污染情况等,涵盖农业种植、生产加工、销售流通以及餐饮消费的各个食物链环节,囊括食品中的重金属、食品添加剂、非法添加物、农药残留、生物毒素及食品包装材料中的荧光增白剂等各类风险物质。从监测结果来看,化学污染物和有害因素污染虽整体污染情况较轻,但污染物超标涉及的食品种类较多,食品加工储藏过程产生的污染物、有机污染物、元素、食品添加剂类超标率较高,是食品安全工作的重点。具体而言,2010—2017 年间的重金属污染物的各项监测项目表明,鳞茎类蔬菜污染问题最为突出,其次是茎类蔬菜;甲壳类尤其是海蟹中镉的污染状况仍未得到改善;大米中镉污染分布呈明显的地域性差异且传统污染区未见好转;畜类肾脏与肝脏中分别呈现地域性的镉污染与稀土元素污染,浙江省临安市 2014—2016 年间的食品安全风险监测结果表明,重金属污染依然严重,镉、铅、总汞、总砷、铬、镍、铝的检出率均超过了 50%,且所有重金属污染中镉的超标率达 10%②。对农产品质量安全风险监测的"菜篮子"和"米袋子"的专项评估中发现,食品中农药残留风险多以农贸市场销售的本地产品为主,总体状况控制良好,风险水平不断降低,深圳市 2016 年对本地农贸市场市售蔬菜中的 29 种(有机磷类 16 种、氨基甲酸酯类 6 种、拟除虫菊酯类 7 种)农药残留进行抽检发现,农药残留总检出率为 22.86%,农药残留总超标率为 10.95%,且检出率和超标率最高的农药均为国家禁用农药久效磷;但是多数禁用药物的检出率仍呈上升趋势,新的食品安全隐患也不断显现③。农贸市场、餐饮场所及网店是风险较高的场所,食品添加剂的含量较高,甜味剂的检出率最高,其次为防腐剂,以苯甲酸、山梨酸、甜蜜素、安赛蜜、

---

① 《国家卫生计生委关于省级疾病预防控制机构加挂国家食品安全风险监测(省级)中心及参比实验室牌子的通知》,国家风险评估中心网,2013 - 12 - 11 [2014 - 3 - 16],http://www.nhfpc.gov.cn/sps/s5853/201312/cff064ad808144f1b3576d7b3fcc772b.shtml。

② 陈双燕、翁健、骆立勇等:《2014—2016 年临安市食品安全风险监测结果分析》,《实用预防医学》2018 年第 3 期。

③ 李思果、张锦周、王舟等:《2016 年深圳市市售蔬菜农药残留检测结果分析》,《华南预防医学》2018 年第 1 期。

糖精钠均有超标检出。餐饮店和饮品店中自制饮料、淀粉类制品、焙烤食品等存在铅污染的隐患,街头流动摊点的风险最高。

解　说

　　食品安全风险监测、风险评估与风险交流是食品安全风险分析的重要组成部分。其中,食品安全风险监测是指通过系统和持续地收集食源性疾病、食品污染以及食品中有害因素的监测数据及相关信息,并进行综合分析和及时通报的活动。食品安全风险评估是指对食品、食品添加剂中生物性、化学性和物理性危害对人体健康可能造成的不良影响所进行的科学评估,包括危害识别、危害特征描述、暴露评估、风险特征描述等。食品安全风险交流是在风险分析全过程中,风险评估人员、风险管理人员、消费者、企业、学术界和其他利益相关方就某项风险、风险所涉及的因素和风险认知相互交换信息和意见的过程,内容包括风险评估结果的解释和风险管理决策的依据。镍、砷、铜、汞、铅、铬、锌等重金属为主要污染物,导致无机污染物超标点位数占全部超标点位的 82.8%。可以看出,镉是最主要的重金属污染物。

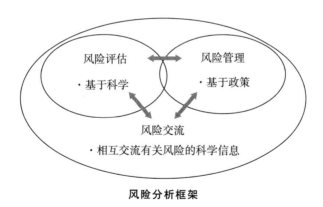

风险分析框架

　　(2)食品微生物及其致病因子监测。它包括卫生指示菌、食源性致病菌、病毒等指标。监测的微生物病菌中,主要检出菌落总数及大肠菌群超标,少数样品检出金黄色葡萄球菌、大肠埃希菌、副溶血性弧菌、霍乱弧菌、蜡样芽孢杆菌、单核细胞增生李斯特菌、铜绿假单胞菌等致病菌。菌落总数及大肠菌群超标反映出卫生状况差,而致病菌污染是引起食物中毒的首要原因。监测的不同食品类别中,水产品样品阳性率较高,主要受副溶血性弧菌、霍乱弧菌的污染,是引起细菌性食物中毒的主要原因。首次,流通环节污染严重,淡水动物性水产品中存在不同程度的副溶血性弧菌、创伤弧菌和溶藻弧菌等嗜盐性弧菌污染,生食贝类水产品中副溶血性弧菌和诺如病毒的污染情况呈上升趋势。其次为养殖环节,淡水鱼霍乱弧菌的检出率较高。最后为消费环节,冷冻鱼糜制品中检出少量单核细胞增生李斯特氏菌、副溶血性弧菌和沙门氏菌。肉与肉制品中金黄色葡萄球菌、沙门氏菌、单核细胞增生李斯特氏菌阳性检出率较高。肉食类制作业、餐饮服务业及家庭厨房必须严格生熟分开、防止交叉污染,避免细菌性食物中毒的发生。

（3）食源性疾病监测。指系统持续地收集食源性疾病信息,通过对疾病信息进行汇总、分析和核实,以识别食源性疾病暴发和食品安全隐患,掌握主要食源性疾病的发病及流行趋势,确定疾病发生的基线水平、危险因素和疾病负担,是国家食品安全风险监测体系的重要组成部分。目前采取的形式包括食源性疾病监测、食源性疾病主动监测和食源性疾病暴发监测等。

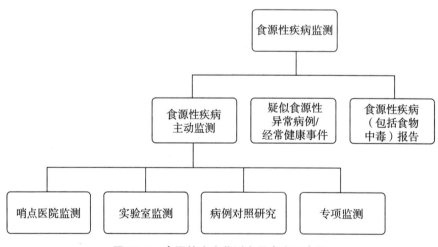

图 13-1　食源性疾病监测主要内容示意图

数据显示,在 2012—2017 年的六年间,我国食源性疾病监测网络共监测获得 60 万份详细的食源性疾病病例信息,基本摸清了全国食源性疾病分布状况。结合文献报道与六年来的监测数据,对 2001—2016 年间我国的食源性疾病暴发事件数的分析发现(如图 13-2),全国食源性疾病累计暴发事件共 15685 起,累计发病 254087 人次。其中,2016 年食源性疾病暴发事件数和涉及发病人数均达到历史最高点,分别为 4056 起和 32812 人。以 2010 年为转折,2010 年前我国食源性疾病暴发事件数和涉及发病人数总体呈下降趋势,虽然 2011—2013 年涉及发病人数呈低位波动,但整体上 2010 年后我国的食源性疾病暴发事件数与患者人数呈上升趋势。自 2014 年开始又有了大幅提升,2014—2016 年间食源性疾病暴发事件数增长率分别为 47.85%、62.22% 和 68.93%,发病人数增长率分别为 22.46%、21.09% 和 53.51%。这表明,自 2010 年建立起食源性疾病主动监测网络以来,我国食源性疾病暴发监测与报告系统的敏感度提高,有助于食源性疾病风险的防范①。

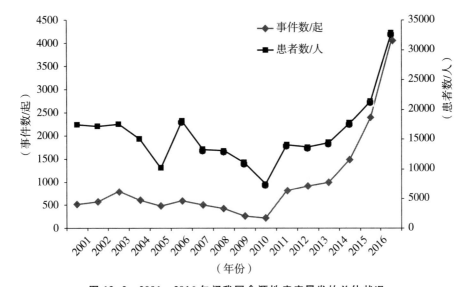

图 13-2　2001—2016 年间我国食源性疾病暴发的总体状况

资料来源:徐君飞、张居作:《2001—2010 年中国食源性疾病暴发情况分析》,《中国农学通报》2012 年第 27 期;《中国卫生和计划生育统计年鉴》(2013—2017 年)。

　　我国的食源性疾病监测工作中自 2011 年开始关注致病因素的分布。截至目前,已经形成规模性的数据分析食源性疾病暴发中致病因素的趋势变化。食源性

---

　　①　徐君飞、张居作:《2001—2010 年中国食源性疾病暴发情况分析》,《中国农学通报》2012 第 27 期,第 313—316 页;《2013 年中国卫生统计年鉴》,中华人民共和国国家卫生和计划生育委员,2014 年 4 月 26 日,http://www.nhfpc.gov.cn/htmlfiles/zwgkzt/ptjnj/year2013/index2013.html。

疾病的致病因素参照食物中毒的分类,主要分为微生物性、化学性、有毒动植物及毒蘑菇、不明原因 4 种。如图 13-3 所示,在所有致病因素中,动植物及毒蘑菇一直是食源性疾病报告起数最多的致病因素且呈现逐年上升的趋势,主要致病因子为毒蘑菇、未煮熟四季豆、乌头、钩吻、野生蜂蜜等,于 2015 年达到了最大幅度的提升,同比增长率达 77.89%。其中,2015 年和 2016 年毒蘑菇食源性疾病事件占该类食源性疾病暴发报告起数均达 70% 以上,占比分别为 73.65% 和 70.84%。微生物是仅次于动植物及毒蘑菇的食源性疾病致病因素,2011—2016 年间也呈现出逐年上升的趋势,且于 2016 年达到最高,同比增长率达 75.22%。其中,副溶血性弧菌和沙门氏菌是主要的致病菌,由其所引发食源性疾病事件占微生物性食源性疾病暴发报告起数的 50% 以上,2016 年占比达 59.25%。化学性食源性疾病暴发事件的主要致病因子为亚硝酸盐、乌头碱、胰蛋白酶抑制剂、漂白剂等,其中,亚硝酸盐食源性疾病是化学性食源性疾病的主要致病因子,占该类事件总报告起数的 40% 以上,2016 年的占比达 41.34%。如图 13-4 所示,食源性疾病暴发涉及人数中,各类致病因子所导致的食源性疾病发生数量逐年上升,其中,微生物是主要的致病因子且于 2016 年达到增长最高点,2016 年暴发的食源性疾病所涉及人数占总人数的43.18%,同比增长率最高,64.23%;其次涉及发病人数较多的为动植物及毒蘑菇,2016 年占所有发病人数的 23.64%。

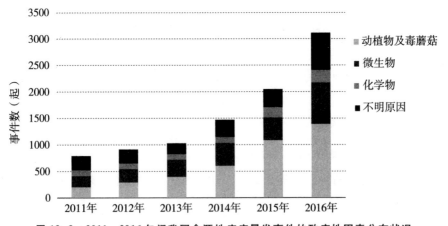

图 13-3　2011—2016 年间我国食源性疾病暴发事件的致病性因素分布状况

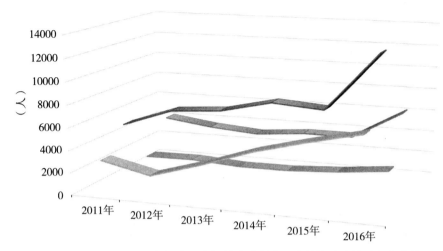

图 13-4　2011—2016 年间我国食源性疾病暴发患者数的致病性因素分布状况

　　食源性疾病的发生场所主要为家庭、集体食堂、饮食服务单位和其他四类。受到消费者薄弱的食品安全意识、较差的有毒动植物鉴别能力以及地方有限的医疗救助水平等因素的影响,家庭成为食源性疾病的主要发生场所。随着快餐饮食文化的兴起,以及网络的开放性、自由性、隐蔽性,外卖食品逐渐流行但也成为导致餐饮服务业食源性疾病暴发的主要风险。如图 13-5 所示,在食源性疾病事件发生数量中,家庭与餐饮服务单位一直是数量最多的场所,且呈现出逐年上升的趋势。其中,家庭的食源性疾病暴发数的同比增长率在 2015 年最高,达 106.42%,餐饮服务单位的食源性疾病暴发数的同比增长率在 2016 年达到最高,达 137.4%;2016 年家庭和餐饮服务单位所引发的食源性疾病暴发数分别占总数的 41.89% 和 42.26%。如图 13-6 所示,餐饮服务单位所涉及的食源性疾病暴发人数最多,其次为集体食堂,最后为家庭,且呈逐年上升的趋势。其中,餐饮服务单位与集体食堂涉及食源性疾病暴发人数的同比增长率于 2016 年达到最高,分别为 96.09% 和 31.67%,家庭涉及食源性疾病暴发人数的同比增长率于 2015 年达到最高,达 102.4%;2016 年餐饮服务单位、集体食堂和家庭所引发的食源性疾病涉及人数分别占总数的 52.84%、23.62% 和 18.91%。

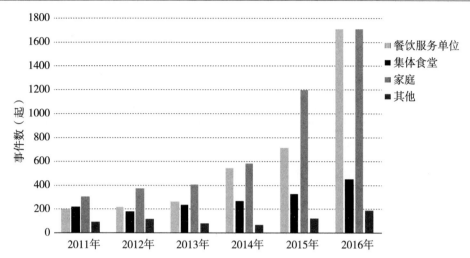

图 13-5　2011—2016 年间我国食源性疾病暴发事件的发病场所分布状况

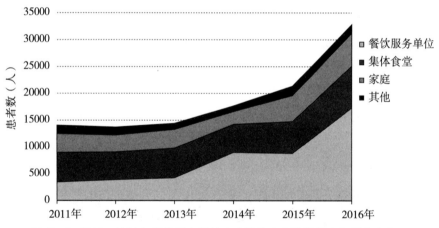

图 13-6　2011—2016 年间我国食源性疾病暴发患者数的发病场所分布状况

二、食品安全风险评估体系的建设进展

食品安全风险评估是一个对食品中生物性、化学性和物理性等影响食品安全因素是否具有危害的判断，对危害产生的原因、机理及作用途径的分析描述和对危害后果（风险及程度）进行衡量的过程，是制定食品安全标准、应对食品安全突发

事件、发布预警、预防食源性疾病、实现有效的风险交流的科学依据①。我国早在
《食品安全法》（2009 年版）中就明确规定了"食品安全风险评估结果是制修订食
品安全标准和实施食品安全监督管理的科学依据"的重要地位，并在《食品安全
法》（2015 年版）中提出了"国家建立食品安全风险评估制度，运用科学方法，根据
食品安全风险监测信息、科学数据以及有关信息，对食品、食品添加剂、食品相关产
品中生物性、化学性和物理性危害因素进行风险评估"，明确了开展风险评估的情
形，强化了风险评估结果的对外交流。《食品安全法》的颁布与实施也说明我国早
已将风险评估纳入轨道，用法律形式来保证风险评估的实施，使得我国的食品安全
风险评估制度建设、基础建设、能力建设均得到了完善。

（一）食品安全风险评估制度建设

我国早在 20 世纪 90 年代就已经开始推进食品安全风险评估工作，但并未对
食品安全风险评估制度进行过明确的规定。直至 2004 年修订的《食品卫生法》、
2009 年 6 月 1 日起施行的《食品安全法》中才明确规定了食品安全风险评估的基
本原则和保障体系，对食品安全风险评估的对象、评估的主体、评估的方法、评估的
意义以及如何对待评估结果等问题都作了较为详细的规定。同时，国务院在 2009
年 7 月 8 日颁布的《中华人民共和国食品安全法实施条例》对风险评估制度也进行
了明确规定，国家卫生部先后会同有关部门共同制定并于 2010 年 1 月 21 日印发
了《食品安全风险评估管理规定（试行）》，对风险评估相关内容进行了详细的规
定，国家食品安全风险监测与评估工作的法制建设进入了一个快速发展的阶段，法
律法规体系框架已初步构建。同时，根据《食品安全法》（2015 年版）第十七条规
定，食品安全风险评估主要是运用科学方法，根据食品安全风险监测信息、科学数
据以及有关信息，对食品、食品添加剂、食品相关产品中生物性、化学性和物理性危
害因素进行风险评估；包括风险辨识（hazards identification）、危害特征描述（hazard
charaeterization）、暴露评估（exposure assessment）及风险特征描述（Risk Character-
ization）等。为保证风险评估的科学性，规范风险评估工作过程和产出，国家食品安

① 李宁、严卫星：《国内外食品安全风险评估在风险管理中的应用概况》，《中国食品卫生杂志》，2011
年第 1 期。

全风险评估中心参照国际组织和发达国家开展风险评估的经验,陆续制定发布了包括食品安全风险评估数据需求及采集要求、食品安全风险评估报告撰写、化学物风险评估风险分级、食品安全应急风险评估方法、健康指导者制定程序和方法、微生物风险评估程序、新原料风险评估、食品添加剂风险评估、食品包装材料风险评估等 10 余项风险评估指南,并形成了一套风险评估建议收集、项目确定与实施、报告审议与发布的工作程序,使我国风险评估在立项时更有针对性。

▒▒▒▒ 解读案例 ▒▒▒▒▒▒▒▒▒▒▒▒▒▒▒▒▒▒▒▒▒▒▒▒▒▒▒▒▒▒▒

国家卫生健康委员会履行的食品安全职能

2018 年 8 月,中央机构编制委员会办公室发布了与国家卫生健康委员会的有关职责分工。国家卫生健康委员会负责食品安全风险评估工作,会同国家市场监督管理总局等部门制定、实施食品安全风险监测计划。国家卫生健康委员会对通过食品安全风险监测或者接到举报发现食品可能存在安全隐患的,应当立即组织进行检查和食品安全风险评估,并及时向国家市场监督管理总局通报食品安全风险评估结果,对于得出不安全结论的食品,国家市场监督管理总局应当立即采取措施。国家市场监督管理总局在监督管理工作中发现需要进行食品安全风险评估的,应当及时向国家卫生健康委员会提出建议。

(二) 食品安全风险评估基础建设

风险评估是利用现有毒理学、食品中污染物含量、人群消费量等数据,应用科学的方法进行人群暴露量估算并进行对健康影响风险大小估算的一个过程。需要风险评估机构及技术等基础建设的完善,具体而言,主要包括三个方面:

1. 组建风险评估专家委员会。2009 年 6 月 1 日施行的《食品安全法》确立国家层面的食品安全风险评估制度后,国家卫计委等积极推进成立由医学、农业、食品、营养等方面的专家组成的食品安全风险评估专家委员会,开展食品安全风险评估。2009 年 12 月 8 日,国家卫计委成立了第一届国家食品安全风险评估专家委员会,主要承担国家食品安全风险评估工作,参与制订食品安全风险评估相关的监测评估计划,拟定国家食品安全风险评估的技术规则,解释食品安全风险评估结果,开展食品安全风险评估交流等。为加强食品安全风险评估工作,由中央机构编制委员会办公室批准的国家食品安全风险评估中心于2010年10月挂牌成立,主要承担风险评估专家委员会秘书处职责,并负责风险评估基础性工作,包括风险评估数据库建设,技术、方法、模型的研究开发,风险评估项目的具体实施等。2010—2012年国家食品安全风险评估专家委员会在组织开展优先和应急风险评估、风险监测与风险交流,以及加强能力建设等方面做了大量卓有成效的工作,充分发挥了专家的学术和咨询作用。

2. 成立食品安全风险评估实验室。2011年10月13日,国家卫计委成立"国家食品安全风险评估中心",作为食品安全风险评估的国家级技术机构,采用理事会决策监督管理模式,开展风险评估基础研究和应用,负责承担国家食品安全风险的监测、评估、预警、交流和食品安全标准等技术支持工作,逐步在国家层面形成了食品安全风险评估的工作网络。在加强国家食品安全风险评估中心建设的同时,积极筹建省级食品安全风险评估分中心,2012年广西、甘肃已建成省级食品安全风险评估中心,2014年国家食品安全风险评估分中心落户上海,2016年云南食品安全风险评估中心挂牌成立。同时,为有效补充食品安全风险评估中心的技术力量,卫生部成立了食品安全风险评估重点实验室,并于2013年与解放军军事医学科学院毒物药物研究所和中国科学院上海生命科学研究院分别建立战略合作关系,将其纳入了国家食品安全风险评估中心的分中心。

（三）食品安全风险评估能力建设

在完善食品安全风险监测体系建设,收集食物加工因子、持久性有机污染物、真菌毒素、甲基汞、无机砷、反式脂肪酸等多种污染物含量以及膳食暴露量等基础数据作为食品安全风险评估数据基础的同时,食品安全风险评估中心加强风险评估方法研究,建立了毒性效应"分子指纹"、高通量检测技术等以实际应用和成果转化为导向的风险评估技术,构建了长期食物消费量模型和高端暴露膳食模型等,这些风险评估模型和技术在一定程度上提高了我国食品安全常见危害和未知风险的识别能力。除此以外,各省市也积极探索,不断加强技术体系的研究与开发。"十二五"时期,北京市委、市政府高度重视,完善科技支撑体系,建立食品安全高风险物质毒理学评估技术平台,以生物毒素、真菌毒素、重金属等高风险物质为研究对象,重点考虑低剂量长期暴露方式,开展物质代谢、转化毒理学和暴露组学研究。建立毒物评估应急数据库,对毒物危害程度进行分级分类,并以毒理学评价技术和数据库为基础,建立食品安全高风险物质毒理学评估技术平台。同时,构建食源性致病菌和病因性食品溯源平台,建立快速准确的食源性致病菌溯源方法,开展食源性致病菌与食品关联性研究,为食品安全风险评估、食品安全监督管理和制定微生物食品安全标准提供依据。

自 2012 年以来,国家食品安全风险评估项目展开卓有成效。截至 2017 年 9 月,国家已经正式发布了 16 份食品安全风险评估报告,如表 13-1 所示。

表 13-1　已经发布的国家食品安全风险评估报告

发布时间	评估报告	发布者
2017 年 9 月 4 日	食品中金黄色葡萄球菌风险评估	国家食品安全风险评估专家委员会
2017 年 3 月 23 日	食品接触材料中甲醛风险评估	国家食品安全风险评估专家委员会
2017 年 3 月 1 日	中国居民膳食焦糖色素暴露风险评估	国家食品安全风险评估专家委员会
2017 年 3 月 1 日	膳食总汞暴露风险评估	国家食品安全风险评估专家委员会
2017 年 3 月 1 日	食品添加剂吗啉脂肪酸盐果蜡的风险评估	国家食品安全风险评估专家委员会
2016 年 8 月 22 日	中国居民碘营养状况评估技术报告	国家食品安全风险评估专家委员会
2016 年 3 月 4 日	膳食二噁英暴露风险评估	国家食品安全风险评估专家委员会
2016 年 3 月 4 日	膳食稀土元素暴露风险评估	国家食品安全风险评估专家委员会
2015 年 3 月 31 日	酒类中氨基甲酸乙酯风险评估	国家食品安全风险评估专家委员会
2015 年 3 月 31 日	鸡肉中弯曲菌风险评估	国家食品安全风险评估专家委员会
2015 年 3 月 31 日	即食食品中单增李斯特菌风险评估	国家食品安全风险评估专家委员会
2014 年 6 月 23 日	中国居民膳食铝暴露风险评估	国家食品安全风险评估专家委员会
2013 年 11 月 12 日	中国居民反式脂肪酸膳食摄入水平及其风险评估	国家食品安全风险评估专家委员会
2012 年 3 月 15 日	中国食盐加碘和居民碘营养状况的风险评估	国家食品安全风险评估专家委员会
2012 年 3 月 15 日	苏丹红的危险性评估报告	国家食品安全风险评估专家委员会
2012 年 3 月 15 日	食品中丙烯酰胺的危险性评估	国家食品安全风险评估专家委员会

资料来源:根据国家卫生与计划生育委员会的相关资料整理形成。

三、食品安全风险预警工作的建设进展

建立食品安全风险预警体系,及时发布食品安全风险的预警信息,有利于及时引导消费与保护消费者健康,促进食品行业和企业的自律,有助于国际社会理解我国的食品安全管理政策。随着国家食品安全风险监测范围的不断扩大,风险评估技术水平的不断提高,食品和农产品的风险预控能力也在逐步提升。2017 年我国食品安全管理各系统认真贯彻落实全国食品药品监督管理工作会议精神,严格遵循"四个最严"和"四有两责"要求,做好坚持问题导向、抓好质量安全大抽检等重点工作,推动预警交流工作再上新水平①。

(一) 食品安全风险预警体系建设

2017 年全国食品安全抽检与预警工作稳步推进取得了新成效。全国范围内共完成抽检监测任务 230 余万批次,累计公布 2.6 万余起抽检信息,完成国抽不合格食品核查处置任务 1.3 万余件次,抽检监测成为发现违法违规问题的重要手段,对生产企业案件贡献率达到了 37.6%;全国初步建立了四级统一的抽检信息系统,探索开展了评价性抽检,科学开展风险预警交流,公众满意度不断提升②。

1. 风险预警平台建设③。信息化平台的建设是预警工作最重要的硬件基础,2014 年国家食品药品监督管理总局官方网站设立了食品安全风险预警交流专栏,下设"食品安全风险解析""食品安全消费提示"两个子栏目发布食品安全知识解读信息与消费提示信息,近年来,"食品安全风险解析"子栏目中共发布了 38 条关于新食品标准、食品安全事件相关知识的解读的信息;"食品安全消费提示"子栏目发布了 19 条风险警示消费提示。2017—2018 年,"食品安全风险解析"子栏目

① 《全国食品安全抽检监测和预警交流工作会议在京召开》,中华人民共和国中央人民政府网,2017-02-21[2017-05-27],http://www.gov.cn/xinwen/2017-02/21/content_5169795.htm。

② 《全国食品安全抽检监测和预警交流工作会议在京召开》,搜狐网,2018-02-08[2018-06-20],http://www.sohu.com/a/221712105_543932。

③ 《食品安全风险预警交流》,国家食品药品监督管理总局,2018-03-01[2018-06-12],http://samr.cfda.gov.cn/WS01/CL1838/。

中共发布了 2 条关于"法国召回疑似沙门氏菌污染的婴幼儿配方乳粉"的风险解析和"元旦饮食安全"的消费提示的解读信息;"食品安全消费提示"子栏目发布了 5 条风险警示消费提示,包括元宵节饮食安全的消费提示、春节期间饮食的消费提示、腊八节饮食安全消费提示、老年人健康饮食消费提示以及中秋节月饼的消费提示等信息,为食品安全风险预警交流做出了积极的贡献。

2. 风险预警等级管理建设①。预警机制主要包含信息交流机制、信息评估机制、处置机制、分级响应机制等。《食品安全法》(2015 年版)中更将风险治理的理念贯彻到了食品生产经营的全过程和食品监督管理的各方面,增加了食品安全风险管理的分级制度、交流制度、自查制度和约谈制度。预警工作作为一个综合系统,运行机制决定着系统的运行和效率,为此,各地在食品药品质量安全预警机制建设中积极探索。为加强食品安全的风险防范,浙江省杭州市从预警信息的收集、发布、风险等级、分类评估、重大预警信息会商等方面,建立了安全风险预警机制,并实行等级管理。依据信息性质、危害程度、涉及范围,将风险等级设为特别严重、严重、较严重、一般对应为红、橙、黄、蓝的四种颜色。同时将预警信息分为 5 类,分别为系统内部预警、行业预警、区域预警、社会预警和政府预警,不同类型预警信息发布范围不同,科学化解和降低重大事件的风险影响。河北省食品药品监督管理局制定了《食品药品安全预警信息交流制度(试行)》,明确食品药品监管的应急管理、稽查、检验检测等机构的监管职责,分解了监督抽检、媒体舆情、举报信息、不良反应监测等方面信息的收集、整理、汇总分析与研判。

3. 食品安全风险预警公告常规化。预警公告中各种相关的信息提醒,正在成为公众的习惯接收信息,不仅提高了消费者的风险防范能力,而且在一定程度上提高了消费者的风险认知水平。各地方针对地方食品安全风险特征,开展了具有针对性的食品安全风险预警工作,河南省在夏季高温节气发布食物中毒预警公告,提醒各餐饮单位和广大消费者注意饮食卫生安全,并要求省属各级监管部门加强餐饮食品安全监管。上海市关注野生蘑菇以及各类药品所引起的健康风险警示。陕西省针对夏季的食品安全风险,发布落实农村自办宴席申报备案制度、积极预防野

---

① 《新增"风险分级"等四制度进一步保障食品安全风险管理》,中国记协网,2015-07-29[2017-04-22],http://news.xinhuanet.com/zgjx/2015-07/29/c_134459138.htm。

生蘑菇中毒以及消费者外出就餐安全警示信息等。云南省食品药品监督管理局发布防汛期的食品安全风险预警公告,对消费者与食品生产经营单位均提出了预警警示。

（二）进出口食品风险预警体系建设

进出口食品的风险预警主要由国家质量监督检验检疫总局进出口食品安全局负责监管和信息发布,官方网站设有进境食品风险预警、出境食品风险预警、进出口食品安全风险预警通告三个窗口,按月发布预警信息。在风险预警分类管理中主要有进出口食品安全风险预警通告、进境食品风险预警两大类,其中,进出口食品安全风险预警通告分为进口和出口两类通告,进口食品安全风险预警通告分为进口商、境外生产企业和境外出口商三个小门类,使得通告类型更为细化,便于查询。进境食品风险预警信息则按月发布,并发布郑重声明:进口不合格食品信息仅指所列批次食品,不合格问题是入境口岸检验检疫机构实施检验检疫时发现并已依法做退货、销毁或改作他用处理,且这些不合格批次的食品未在国内市场销售。目前实施的进出口食品风险预警信息的组成如图 13-7。2014 年至 2017 年年末,国家质量监督检验检疫总局进出口食品安全局共发布进口食品安全风险预警通告(进口商)信息 239 条,进口食品安全风险预警通告(境外生产企业)信息 237 条①。

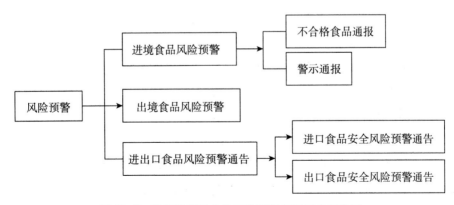

图 13-7　我国进出口食品风险预警信息组成示意图

---

① 国家质量监督检验检疫总局进出口食品安全局:《进口食品化妆品安全风险预警通告》,2017-12-26[2018-04-22],http://jckspaqj.aqsiq.gov.cn/jckspwgqymd/。

（三）食品安全风险交流的新进展

食品安全风险交流是国际上在食品安全管理领域越来越重视的内容,不仅成为管理决策的依据,而且成为国家战略的重要组成部分。在信息不对称的传播模式下,正确的风险交流能够提升公众对食品安全现状的认知,而错误的风险交流则会将行业推向深渊,因此必须正确地使用这把"双刃剑"。近年来,国家食品安全风险交流取得了一些新的进展,但也面临一系列新的问题。

1. 食品安全风险交流的法制化

食品安全社会共治中要求政府、生产经营者、第三方机构、新闻媒体、公众的共同参与。因此,《食品安全法》(2015 年版)在完善食品安全风险监测、风险评估制度的基础上,确立了食品安全风险交流制度。该法第 23 条规定,县级以上人民政府食品药品监督管理部门和其他有关部门、食品安全风险评估专家委员会及其技术机构,应当按照科学、客观、及时、公开的原则,组织食品生产经营者、食品检验机构、认证机构、食品行业协会、消费者协会以及新闻媒体等,就食品安全风险评估信息和食品安全监督管理信息进行交流沟通。这就确立了我国食品安全风险交流的原则、内容、组织者和参与者,完善了我国食品安全治理结构,有利于推动食品安全风险交流的有序开展。

2. 开放日活动的常态化与规模化

国家风险交流策略的主要目标之一,是提升公众食品消费信心,提高公众对政府、企业控制风险能力的信任。自 2012 年国家卫生计生委在全国范围首次开展"食品安全宣传周"活动以来,初步形成了全国性的年度宣传周活动机制。开放日活动的举办更加频繁更加专业,满足了消费者和生产者的现实需求。2013 年 6 月 17 日,国务院安全生产委员会办公室会同相关部门,在北京启动以"社会共治同心携手维护食品安全"为主题的全国食品安全宣传周活动,主办单位由 2012 年的 10 个扩大至 14 个。此外,2013 年举办了具有国际影响力的"第五届中国食品安全论坛"①,在食品安全知识宣传、教育、交流风险防控方面获得显著效果。2014 年举办

---

① 《关于开展 2013 年全国食品安全宣传周活动的通知》,中央人民政府门户网站,2013-05-24[2014-03-08],http://www.gov.cn/gzdt/2013-05/24/content_2410456.htm。

了"控铝促健康"为主题的开放日,及时帮助消费者和生产者了解最新政策及其变化①。并对《特殊医学用途配方食品通则(GB29922-2013)》《特殊医学用途配方食品良好生产规范(GB29923-2013)》《预包装特殊膳食用食品标签(GB13432-2013)》和《食品中致病菌限量(GB29921-2013)》食品安全国家标准进行了解读②。2015年在食品安全宣传周活动的推动下,国家食药监总局、卫生计生委等十部委依据所承担的职责,在食品安全宣传周相继举办了不同形式的主题活动,分别召开了食品安全风险交流国际研讨会和国际食品安全大会,举办了"世界卫生日"主题开放日和食品安全检查和风险交流讲座③,国际性的经验交流与讨论为我国食品安全风险管理体系建设提供了有益借鉴。2015年举办了公众参与的食源性疾病防范的开放日活动以及邀请各界学术专家的"食品安全五要点"的世界主题开放日活动,并举行了"食品安全五要点"动漫视频制作启动仪式,为今后加强主动监测,加强公共卫生部门和医疗机构的合作,提高食源性疾病暴发溯源能力提供了沟通契机④。

3. "主题开放日"活动形式多样化

自2012年国家风险评估中心举办食品安全风险交流开放日活动以来,参与的媒体、消费者等不断增加,不同主题和不同的对话方式,受到了民众的广泛关注。

---

① 国家食品安全风险评估中心:《我中心"控铝促健康"开放日活动,国家食品安全风险评估中心》,2014-06-16[2015-04-12],http://www.cfsa.net.cn/Article/News.aspx? id=61E3CFC52AB1B1F406323266E8708921D6A4B9322E5F0FFC。

② 国家食品安全风险评估中心:《我中心举办第九期开放日活动》,2014-02-19[2015-04-12],http://www.cfsa.net.cn/Article/News.aspx? id=74B330BF2EEB73FDB994AB18FDEDA22E778C4E3425BA9F19。

③ 《2015年食品安全风险交流国际研讨会在京召开》,食品伙伴网,2015-07-06[2016-05-21],http://news.foodmate.net/2015/07/317462.html;《2015国际食品安全大会召开荷兰皇家菲仕兰分享经验》,食品伙伴网,2015-04-23[2016-06-12],http://news.foodmate.net/2015/04/305962.html;《国家食品安全风险评估中心举办"世界卫生日"主题开放日活动》,食品伙伴网,2015-04-07[2016-02-08],http://news.foodmate.net/2015/04/303196.html;《食药监总局举办食品安全检查和风险交流讲座并组织外方专家实地参访》,食品伙伴网,2015-5-20[2016-02-28],http://news.foodmate.net/2016/05/381359.html。

④ 《我中心举办"世界卫生日"主题开放日活动》,国家食品安全风险评估中心网,2015-4-7[2018-3-8],http://www.cfsa.net.cn/Article/News.aspx? id=42DF8ECB4582F981C961617349B1D4B6;《国家食品安全风险评估中心举办"世界卫生日"主题开放日活动公告》,国家食品安全风险评估中心网,2015-3-24[2018-3-8],http://www.cfsa.net.cn/Article/News.aspx? id=BC57DB221D1B93CF45653F41 401FA8D11B9D1237C268 EFD2。

因此,除传统方式的开放日宣传活动外,利用新媒体方式的"主题开放日"日益普遍。如2013年的"反式脂肪酸的功过是非""食源性疾病知多少"等开放日活动,通过新媒体的传播和互动,继续吸引更多的人参与。2016年的"食源性疾病知多少""运动营养"等主题开放日活动,国家风险评估中心通过新浪微访谈,开展专家与网友的交流、互动,共同讨论了52个相关问题,涵盖了食品安全标准、反式脂肪酸的健康影响、平衡膳食、营养标签等多个方面①。

四、食品安全风险监测、评估与预警中面临的挑战和存在的问题

进入新世纪以来,我国食品工业迅猛发展,食品产业已成为国民经济的重要支柱产业之一。但是随着工业发展造成环境条件的恶化加剧,食品污染的风险加大。与此同时,我国食品生产经营企业的规模化、集约化程度和自身管理水平提升不快,食品安全事件时有发生。我国正处于食品安全风险隐患凸现和食品安全事故高发期,因此食品安全风险监测、评估与预警的任务十分繁重。

(一) 食品安全风险监测中面临的主要问题与挑战

食品安全风险监测有关的研究主要集中在法律法规标准体系、监督管理机制、风险分析与评估、信息化建设等方面,有关如何做好风险监测质量控制的研究相对不足。

1. 顶层设计缺陷。主要表现在两个方面,一是多头治理现象严重。源自于食品安全管理体系"九龙治水"的历史,食品安全风险监测工作涉及多个部门,长期以来一直缺乏沟通,各自为政的现象屡有出现。虽然《食品安全法》(2015年版)对监测评估的职责分工、信息通报和工作要求等作了进一步明确,但与之配套的管理制度尚未出台,国家有关部门之间现有的管理制度同时存在,缺乏统一协调和制度

---

① 《我中心专家就"奶粉检出反脂"事件做客新浪微访谈》,国家食品安全风险评估中心网,2013-8-28 [2014-3-8],http://www.cfsa.net.cn/Article/News.aspx? id=F948B99A22F89FE0CEF8039E1AF0BDDC7FB9D0 5266AF 3BB15EACE07B804FA4D6A5F85236E66C8C7C8。

安排。在实施监测评估制度中,中央、省级和地方的事权、财权分配不清,往往导致地方政府无所适从,影响对实施监测评估制度的资源投入和政策支持。同时,不少地方政府有关管理部门混淆风险监测和监督抽检,导致一些地方"重抽检、轻监测"的现象多次出现,对监测评估制度的有效实施及继续完善带来较大的负面影响。二是监测计划制订不充分。目前风险监测仍以指令性监测为主,对自主监控部分缺乏重视,监测计划缺乏完整性。监测样品和监测项目的选择并未考虑不同区域间食品消费结构、膳食特征等差异性因素,仅在上级部门监测计划的基础上随意勾选,样品代表性不充分,监测项目没有针对性,缺乏科学依据。与此同时,我国仍处于食品安全风险高发期,传统的食品污染物尚未得到有效控制,新的食品安全危害因素不断产生。但监测评估工作应对这些新旧风险和危害的基础理论尚未建立,监测项目的选择和确定依据、监测数量的确定、监测任务的分配、监测工作的组织开展、监测数据的统计分析及结果利用等也缺乏相应的专业理论基础,导致了风险监测计划的不科学。

2. 工作机制缺陷。由于我国特有的食品安全监管体制和部门分工,监测评估领域的工作做法和协作机制没有先例可寻,且法律制度尚不健全,当前各级政府多重视监督执法而轻视监测评估,各级政府卫生部门,特别是市县层面,监测评估仅满足于完成上级布置的监测任务,基层工作主动性不够。同时,对于实际的抽检工作而言,监测人员对《食品安全抽样检验管理办法》等相关的法律规范认识不深,缺少实施的指导计划或方案,样品标识和记录不规范难以保证样品可溯源性,抽样布局不均、占比失衡以及监测无重点,实验室检测质量控制执行不力,对风险监测数据的填写、筛选、整理上报等不规范,均严重影响了抽检工作的科学性与规范性。

3. 资源投入缺陷。因食品安全监管体制的频繁调整和职能分散,政府各相关部门下属的食品检测资源短缺和重复建设问题并存,资源要素错配问题严重,食品安全技术开发和研究创新与发达国家差距较大,基层政府监测评估能力(仪器装备)亟待提升。随着监管体制改革和职能调整,承担监测评估牵头职责的卫生部门食品安全编制缩减、专业人才流失,新增仪器设备和监测工作经费投入甚至远低于其他参与部门,再加上部分仪器设备陈旧老化,均严重制约着监测评估工作的开展。

（二）食品安全风险评估中面临的问题与挑战

食品安全风险评估作为食品安全风险管理的重要环节,具有识别性、专业性与预测性的特性,根据流行病学、动物试验、体外试验、结构—活性关系等科学数据和文献信息揭示某种物质和人体健康损害之间的因果关系,在危害识别、危害特征描述和暴露评估的基础上,综合分析危害对人群健康产生不良作用的风险及其程度,同时对风险评估过程中的不确定性进行解释和描述,预测风险的级别和发生发展的趋势,以期为食品安全风险监管工作提供决策依据。因此,食品安全风险评估体现的是一个运用自然科学手段对影响食品安全的物质因素进行分析、研究的过程,应该科学客观,国家政策导向、机制建设、标准偏差以及评估人员的个人偏好等势必对专业分析数据和其他量化结果产生影响,主要表现在以下几个方面。

1. 机制尚未建立健全

由于缺少风险分析、预警、监管平台等技术手段的支撑,造成了食品安全领域较重视事前监管和审批准入,对事中、事后监管却缺乏可追溯、可调节的快速反应机制。与此同时,食品安全领域的风险管控基本上集中于对高风险产品的重点监管,但整个系统没有形成行之有效、持之以恒的风险管控机制。

2. 标准化程度不足

目前,食品安全风险评估没有固定模式和统一标准。这就导致在针对某一类别的食品安全问题实施风险分析时,没有固定的评判标准,仅仅依靠食品检验部门或者第三方机构根据自身的工作经验开展风险分析和评估,分析结果的准确性和适用性值得商榷。

3. 组织管理存在短板

风险评估的科学顺利开展,需要掌握专业技术的人员在实际领域发挥作用,但是领域内的从业人员不仅缺乏较高的业务水平,而且部分工作人员所学专业与工作岗位不对口,导致部分岗位工作人员能力不足。同时,专业人士具有各自不同的知识建构,在分析问题时所采用的理论前提、方式方法、模型建构等知识构成上的差异,极易导致其各自分析结果的不同,从而对风险的存在与否以及作用程度作出不同的预测和判断。此外,食品安全风险信息管控系统的建设相对滞后,尚未建立一套科学、规范、量化的指标体系,造成信息共享平台不健全,形成了信息孤岛,严重影响了风险评估信息的应有效果。

4. 程序性漏洞显著

虽然食品安全风险评估的诸项主体及其主要业务流程业已为法律法规及其他规范性文件所设定,但是在风险评估的过程中,各主体间究竟是怎样的交互作用在规范的设定上并不清晰,即程序性的设定失之于宽,尤其是以正当程序的标准为参照来审视当下食品安全风险评估体制中各主体间的交互运作,则该体制更显程序上的不足,降低了实现科学、客观的风险评估的可能性。

5. 决策与执行部门不完善

近年来,国家层面虽然建立了食品安全风险评估中心以及重点实验室,但是各地区多数食品药品监督管理局还没有实施风险决策的专职部门,有的地区虽然建立了工作领导小组模式,局领导是工作小组组长,但是这种模式由于缺乏机制的依托,没有参与到风险分析、风险评估及决策中,导致具体工作无人负责、责任无人承担的局面。

(三) 食品安全风险预警中面临的问题与挑战

我国的食品安全风险预警体系建设起步较晚,相关工作有待进一步提升。

1. 食品安全风险预警体系建设缓慢

食品安全预警的理念是预防为主,是对可识别风险的提前预防,是对可能产生的危害实施有效控制,最突出的特点应是快速有效。但是由于我国食品安全风险监测体系尚不完善,风险评估尚且主要在基础研究层面,对食品安全风险的规律、特点的把握还不够,对新的风险的警示能力有限,风险预警的整体技术支撑依然薄弱。具体而言,包括以下三个方面。

(1) 缺乏完善的食品安全预警系统。科学准确的风险预警应建立在成功的风险监测、风险评估和监管信息收集分析基础上,只有有效地落实监测、评估和信息沟通,才能实施有效预警,这需要行之有效的分工合作机制。为科学开展风险预警,应确保风险评估机构及时获得相应的食品风险信息。风险评估结果应快速准确地传达至食品监管部门。食品安全预警信息也应及时客观地予以公布,使食品企业和消费者及时了解风险信息,提高食品企业自身防控风险的能力,需要加快建立食品污染信息预警系统与食源性疾病预警系统。与此同时,中国食品链从农业投入品到初级农产品、食品原辅料、加工、销售经过多个环节,也涉及多个监管部门,存在食品安全信息不能很好沟通,传递与链接之间可能导致信息缺失,需要构建一种预防式食品安全管理体系。这些部门都有各自的食品安全信息网络,将食品安全信息快速及时地通报消费者和各相关机构。

(2)食品安全风险事件处理能力不足。虽然近年来对食品安全事件的应急处置能力已经有很大提高,但是不同地区、不同部门针对不同食品安全事件的应急响应速度和处置能力仍需进一步加强。食品安全事故的警兆复杂,警情往往具有隐蔽性,警源不清晰难判断,因此,食品安全事故的应急处置虽有时滞,但时滞的控制非常重要。以"三聚氰胺"奶粉突发事件为例,其应急响应时滞过长,给受害儿童的身体健康造成极大的影响,不仅造成了巨大的经济损失,而且影响了我国的国家形象。

(3)缺乏更多元化的食品安全预警举措。食品安全风险预警应在现有季节性食物消费安全提醒的基础上,发展出更多元化的预警举措,适应新常态,加强食品安全风险检查、评估预警能力的建设,为保障食品安全护航。政府监管职能部门要将预警职责制度化,在人、财、物匹配实质兑现的基础上,创新风险预防和控制的监管手段。例如建立企业不安全食品召回信息通告制度,接受公众对政府监管能力的监督;主动对违法企业黑名单进行媒体曝光,建立相应处罚直至终生行业禁入。此外,食品行业协会要做到潜规则的零容忍,推动食品行业协会在食品安全治理中的内在动力和积极作用。

2. 风险交流工作任重而道远

国家的风险评估和警示信息对于保护消费者健康非常重要,然而现今居民的食品安全认知水平普遍不高,风险防范能力较低。政府进行食品安全风险危害评判等决策工作时,政府与公众的信息交流有时缺少科学的预见性,陷于被动回应状况。同时跨部门、跨区域的信息交流和资源共享虽有制度但机制不健全,总体状况并不理想。具体而言,包括以下三个方面。

(1)缺乏国家层面的统一的食品安全风险信息交流系统。需要尽快改变中国长期以来食品安全信息部门化、单位化、课题组化状态,加快完善食品安全信息管理的统一法规制度,明确食品安全信息的范围,指定专门机构承担收集、汇总、分析食品安全信息的任务,建立相应的管理制度和技术规范。

国家层面上统一收集的食品安全信息至少应包括:①农产品、加工食品的类别、产量和食品消费量;②农业种植、养殖过程中的农药及其他农业投入品的性质及用量,植物或肉用动物疫病流行的信息;③食品安全监管部门行政执法中发现的食品生产经营违法信息;④食品检验机构发现的超出食品安全标准或新发现的有毒有害物信息;⑤食品安全风险监测中收集的污染物、食源性疾病和有毒有害物信息;⑥政府经费支持的食品专项调查信息等。

(2)缺乏完善的食品安全风险信息交流机制。食品经营者、食品监管者及社会公众之间的信息交流,是食品安全风险预警的基础。在长达近1个月的"苏丹红一号"围剿风暴中,中国市场上无一家企业主动向消费者发布警示,向执法部门通报情况。作为产品质量、标准化工作的主管部门,质检行业应当尽量扩大信息提供的范围广度和深度,并注意被动应对和主动披露相结合,为消费者的知情权、为理智的食品消费者提供准确信息,以实现风险信息的多向交流及增强消费者对食品安全管理机构的信任。

(3)缺乏多样化多层面的风险交流方式。风险交流是食品药品监管部门和其他有关部门,食品安全风险评估专家委员会及技术机构,按照科学、客观、公开的原则,组织食品生产经营者、食品检验机构、认证机构、食品行业协会、消费者协会以及新闻媒体等,就食品安全风险评估信息和食品安全监督管理信息进行交流沟通,涉及监管部门、媒体、公众、检验机构、食品安全专家、标准制定者、食品生产经营者等多个层面,需要多主体多部门的外部沟通,也需要部门机构间的内部沟通,增强各部门内外部的高效沟通。

五、未来食品安全风险监测、评估与预警体系的建设重点

基于上述分析,未来食品安全风险监测、评估与预警体系建设应该把握如下重点工作。

(一)食品安全风险监测工作的建设重点

食品安全风险监测制度是一项重要法律制度,未来应该在食品安全风险监测

体系、监测能力以及监测形式上不断探索,为基层组织提供指导,及时发现食品安全隐患,为食品安全监管提供线索,做到尽早发现、尽早预防。

1. 完善政策制度,改善监测环境

尽快制定并完善监测评估工作规范,全面规范各级政府、各参与部门的风险监测计划制订、采样检验、数据收集、质量控制、风险交流及结果利用等。基于监测评估工作的长期性、系统性和广泛性,要尽快确立阶段性和中长期监测评估发展规划,明确中央和地方的事权、财权,建立基于权责一致的基础保障和激励机制。减少"党政同责""食品安全事故零发生"等政绩考核对监测评估工作的负面影响,不断加大食品安全行政责任追究力度,减少瞒报漏报问题。

2. 多方合作发力,提升监测能力

在工作导向上,要由以往侧重"任务导向",逐渐转向"问题导向",要将风险监测扩展到食品链各个阶段;在信息公布上,要由以往"遮遮掩掩"的信息发布,逐渐转向"公开透明"的风险交流,最大限度地公开监测评估信息,实现监测评估结果的有效共享和应用。一是合理配置政府资源。克服部门狭隘主义,加强协作配合,充分利用和整合现有食品检验资源,分层级、逐步推进以县域为重点,以整合食品检测计划、经费、信息、机构为主要内容的食品检测资源整合工作。二是充分调动社会力量。培育和发展科研院校、社会机构参与,充分利用社会各方面资源,逐步构建起政府主导、社会参与、科学高效的监测评估供给体系。三是推进技术创新。积极推进监测评估新技术、新方法的研发与转化应用,支持食品检验检测设备和耗材国产化,提升监测评估技术自给水平。

3. 突出以人为本,强化工作人员素养

一方面,提升工作人员专业能力。普及风险监测理论知识,提高认知水平,提高计划制订、抽(采)样、实验室检测、质量控制四个方面的能力。尤其是熟练应用质控方法的能力,质控人员应掌握监测质量管理规定和质量体系文件要求,了解相关监督对象的情况,熟悉监督依据和评价标准。另一方面,激励工作人员工作热情。监测评估是一项需要较大经费和技术投入的政府公共服务,各级政府应将监测评估体系建设纳入各级政府的国民经济发展规划和年度工作重点,尤其是加大经费激励专业技术人员的热情,切实提升供给能力。

4.加强质量控制,保障监测结果

在通过能力验证、测量审核以及与其他有资质的检测机构进行的实验室比对等加强外部质量控制的同时,重点加强内部质量控制的能力。一是仪器设备质量控制。按期检定校准或开展仪器设备期间核查,通过测试仪器检出限、重复性、噪音漂移等参数,确保达到检测的最佳状态。二是外部供应品的质量控制。质量管理人员应认真核查外观、包装、说明书等信息,通过一定的技术手段检测以确认供应品满足要求。三是标准方法的质量控制。采用新的方法标准须经过验证,自制方法或方法偏离经过确认,定期对实验室检测方法进行查新,在适用范围内开展检测。

(二)食品安全风险评估工作的建设重点

食品安全风险评估是制定食品安全标准等食品安全监管措施的科学基础和依据,为了发挥食品安全风险评估在食品安全监管中的作用,一些国家已建立了专门开展食品安全风险评估的机构,我国也按照《食品安全法》要求成立了国家食品安全风险评估专家委员会开展风险评估工作。食品安全风险评估技术手段在食品安全标准制定、突发食品安全事件处理及风险交流中发挥越来越重要的作用,但基于我国面临的食品安全形势及食品安全监管需要,还应从管理机制、标准化建设、评估流程以及信息化建设等方面加强我国食品安全风险评估体系建设。

1.构建科学的管理机制

应考虑逐步组建风险评估委员会和风险评估决策委员会,分别针对低层次风险类型和层级较高的风险做出决策建议,形成食品安全风险评估的行政决策机制;凝结各专业人士的力量,组建食品安全风险评估领域智囊团,为风险决策提供备用选择方案和理论技术支撑,形成食品安全风险评估的技术支撑机制;借鉴国外的相关研究成果,利用模糊分析法以及层次分析法等对信息进行有效分析和处理,为信息掌控、共享、预测以及决策提供支持和依据,形成食品安全风险评估的信息分析机制。

2.推进标准化体系建设

建立统一标准是推进食品安全风险评估的重要抓手。通过顶层设计,统一全国食品安全风险评估标准。同时,成立专门机构负责全国范围的食品安全风险评估工作。为了实现好的效果,就需要制定具体的标准,例如,标准化的风险评估流程、标准化的风险识别标准,以及容易操作的标准化的风险分析工具等。

3. 构建科学的风险评估程序

根据正当程序理论设计食品安全风险评估的运作流程,保证评估的过程和结果中的基础信息、评估流程以及最终评估报告的透明性和公开性,使食品安全风险评估能够实现中立化运作,达到使评估科学化、客观化的效果,为食品安全风险管理提供切实的依据,增强政府管理决策的公信力与实施效力。

4. 增强信息化建设

建立行业内统一的平台用于信息发布、问题反馈和监管问责,实行全程跟踪,需要包括如下几个分平台:一是食品生产原材料溯源信息分平台,提供技术性原材料溯源信息,为企业和公民了解相关资讯提供便利。二是食品安全法规指导分平台。根据最新法律法规和国际食品安全标准的新规定,对企业和公民与食品安全相关的生产生活进行必要的指导。三是跨部门的信息联动分平台。食品安全涉及多个部门的联动,卫生、工商等部门信息共享的平台可以破解信息孤岛,增强部门联动。四是建立多元主体信息共享机制。多元治理主体参与是社会共治的重要内容,检验监管部门、第三方检测机构、企业、社会公众等均是重要的力量,建立共享信息机制对不同层次、不同层面的风险治理非常必要。

(三)食品安全风险预警工作的建设重点

我国食品安全风险预警制度的不足,是基于多方面原因造成的。未来的工作中要以风险预警为前提,以抽检监测为基础,以风险交流为纽带,以信息公开为保障,重点做好以下工作。

1. 建立食品安全预警应急体系

系统收集舆情信息、危害物质基础信息、突发事件应急处置信息以及抽检监测数据,建立健全风险预警数据库。通过借鉴国内外风险预警系统建设和研究先进经验,从全食品链出发,重点对预警信息的收集和处理、预警指标的选取和食品安全趋势分析相关模型的构建,以及食品链脆弱性评价等三个方面开展研究,建立食品安全风险研判及快速响应系统。跟踪、采集、分析国内外食品安全突发事件案例,积累突发事件涉及的食源性危害的信息和数据资料以及评估、处置措施,研究建立食品安全突发事件应急处置信息系统,提高突发事件处置水平。

2. 提升食品安全抽检质量

一要加大抽检监测工作力度。突出问题导向,开展评价性抽检,加强检管联动。督促企业落实主体责任,主动防范化解风险。二要加大抽检信息和核查处置信息的公开力度,坚持阳光监管,曝光不合格企业和问题产品,处罚到人。三要逐级落实核查处置任务,加强核查处置基础工作,提高核查处置能力。四要加强信息系统建设,深入挖掘抽检数据,推动实施智慧监管。五要加强承检机构管理,确保抽检数据真实可靠。

3. 完善食品安全风险沟通高能力

"有效沟通+科学传播"是食品安全风险预警交流科学实现的有效保障。风险交流是风险管理非常重要的工具,是健全食品监管决策的关键支柱。首先,要有明确的目标,针对目标人群开发制定信息沟通的方式。其次,保障内容的正确、全面、综合及来源可靠。科学家向公众传播科学知识时要将信息简单化,善用关键词,尽可能用图画尤其是卡通形式以及讲故事的方式进行交流。最后,风险沟通后对沟通的效果进行评估,既要依靠网站、电视等传统媒体,也要依靠微博、微信等新媒体,保障食品安全风险交流信息容易被理解,确保精准、可信,同时考虑目标群体的需求及其所担心议题,帮助他们做进一步的决定。

4. 加强食品安全风险评估与预警应急科技研究

食品安全风险评估与预警应急科技研究需要政府和社会各界的共同努力。一是要进一步加强食品安全法律法规建设,有效整合政治、经济和社会资源,鼓励政府、企业与社会的积极研究;二是完善创新奖励机制,培养食品安全技术创新主体,鼓励更多的企业、科研机构从事技术研发,实现产学研相结合;三是加大资金投入,由政府主导,不断完善风险评估、风险预警、突发事件应急保障等方面的技术保障体系;四是加快信息平台建设,解决信息不对称,保证技术资源的有效共享,从而确保食品安全风险评估与预警应急科技研究的有效推进;五是促进数据库的发展,使得大量信息和数据存储于数据库中。加强大数据挖掘技术的研究与开发,通过开发计算机程序将潜在隐含的信息从数据中提取,将数据转变成知识的有效方式。

主要参考文献

陈静茜、马泽原:《2008—2015年北京地区食品安全事件的媒介呈现及议程互动》,《新闻界》2016第22期。

陈莉莉、董瑞华、张晗、陈波、厉曙光:《2013年我国主流媒体关注的食品安全事件分析》,《上海预防医学》2017年第6期。

陈双燕、翁健、骆立勇等:《2014—2016年临安市食品安全风险监测结果分析》,《实用预防医学》2018年第3期。

胡颖廉:《综合执法体制和提升食药监管能力的困境》,《国家行政学院学报》2017年第2期。

江美辉、安海忠、高湘昀、管青、郝晓晴:《基于复杂网络的食品安全事件新闻文本可视化及分析》,《情报杂志》2015第12期。

李宁、严卫星:《国内外食品安全风险评估在风险管理中的应用概况》,《中国食品卫生杂志》2011年第1期。

李强、刘文、王菁、戴岳:《内容分析法在食品安全事件分析中的应用》,《食品与发酵工业》2010年第1期。

李清光、李勇强、牛亮云、吴林海、洪巍:《中国食品安全事件空间分布特点与变化趋势》,《经济地理》2016年第3期。

李思果、张锦周、王舟等:《2016年深圳市市售蔬菜农药残留检测结果分析》,《华南预防医学》2018年第1期。

厉曙光、陈莉莉、陈波:《我国2004—2012年媒体曝光食品安全事件分析》,《中国食品学报》2014年第3期。

刘俊威:《基于信号传递博弈模型的我国食品安全问题探析》,《特区经济》2012年第1期。

罗昶、蒋佩辰：《界限与架构：跨区域食品安全事件的媒体框架比较分析——以河北输入北京的食品安全事件为例》，《现代传播（中国传媒大学学报）》2016 第 5 期。

罗兰、安玉发、古川、李阳：《我国食品安全风险来源与监管策略研究》，《食品科学技术学报》2013 年第 2 期。

吕煜昕、吴林海、池海波、尹世久：《中国水产品质量安全研究报告》，人民出版社 2018 年版。

莫鸣、安玉发、何忠伟：《超市食品安全的关键监管点与控制对策—基于 359 个超市食品安全事件的分析》，《财经理论与实践》2014 年第 1 期。

石阶平：《食品安全风险评估》，中国农业大学出版社 2010 年版。

唐晓纯：《国家食品安全风险监测评估与预警体系建设及其问题思考》，《食品科学》2013 年第 15 期。

王常伟、顾海英：《我国食品安全态势与政策启示—基于事件统计、监测与消费者认知的对比分析》，《社会科学》2013 年第 7 期。

魏益民、欧阳韶晖、刘为军等：《食品安全管理与科技研究进展》，《中国农业科技导报》2005 年第 5 期。

文晓巍、刘妙玲：《食品安全的诱因、窘境与监管：2002—2011 年》，《改革》2012 年第 9 期。

吴林海、徐立青：《食品国际贸易》，中国轻工业出版社 2009 年版。

吴林海、钟颖琦、洪巍、吴治海：《基于随机 n 价实验拍卖的消费者食品安全风险感知与补偿意愿研究》，《中国农村观察》2014 年第 2 期。

徐君飞、张居作：《2001—2010 年中国食源性疾病暴发情况分析》，《中国农学通报》2012 年第 27 期。

燕平梅、薛文通、张慧等：《不同贮藏蔬菜中亚硝酸盐变化的研究》，《食品科学》2006 年第 6 期。

尹世久、吴林海、王晓莉：《中国食品安全发展报告 2016》，北京大学出版社 2016 年版。

英国 RSA 保险集团发布的全球风险调查报告：《中国人最担忧地震风险》，《国际金融报》2010 年 10 月 19 日。

张红霞、安玉发、张文胜：《我国食品安全风险识别、评估与管理——基于食品安全事件的实证分析》，《经济问题探索》2013 年第 6 期。

张红霞、安玉发：《食品生产企业食品安全风险来源及防范策略——基于食品安全事件的内容分析》，《经济问题》2013 年第 5 期。

张宏邦：《食品安全风险传播与协同治理研究——以 2007—2016 年媒体曝光事件为对象》，《情报杂志》2017 年第 12 期。

张少刚:《食品质量安全问题诱因分析及对策研究》,《现代营销》2018 年第 1 期。

朱玉龙、陈增龙、张昭、郑永权:《我国农药残留与监管标准体系建设》,《植物保护》2017 年第 2 期。

B. Kerkaert, F. Mestdagh, T. Cucu, et al., "The Impact of Photo-Induced Molecular Changes of Dairy Proteins on Their ACE-Inhibitory Peptides and Activity", *Amino Acids*, Vol. 43, No. 2, 2012.

FAO, "*Risk Management and Food Safety*", food and nutrition paper, *Rome*, 1997.

FAO/WHO, "*Codex Procedures Manual*", 10th edition, 1997.

G. A. Kleter, H. J. P. Marvin, "Indicators of Emerging Hazards and Risks to Food Safety", *Food and Chemical Toxicology*, Vol. 47, No. 5, 2009.

International Life Sciences Institute (ILSI), "*A Simple Guide to Understanding and Applying the Hazard Analysis Critical Control Point Concept*", (2nd edition), Europe, Brussels, 1997.

L. B. Gratt, "*Uncertainty in Risk Assessment, Risk Management and Decision Making. New York*", Plenum Press.

M. P. M. M. De Krom, "Understanding Consumer Rationalities: Consumer Involvement in European Food Safety Governance of Avian Influenza", *Sociologia Ruralis*, Vol. 49, No. 1, 2009.

M. Den Ouden, A. A. Dijkhuizen, R. Huirne, et al., "Vertical Cooperation in Agricultural Production-Marketing Chains, with Special Reference to Product Differentiation in Pork", *Agribusiness*, Vol. 12, No. 3, 1996.

N. I. Valeeva, M. P. M. Meuwissen, R. B. M. Huirne, "Economics of Food Safety in Chains: A Review of General Principles", *Wageningen Journal of Life Sciences*, Vol. 51, No. 4, 2004.

Y. Liu, F. Liu, J. Zhang, J. Gao, "Insights into the Nature of Food Safety Issues in Beijing Through Content Analysis of an Internet Database of Food Safety Incidents in China", *Food Control*, Vol. 51, 2015.

Y. Sarig, "Traceability of Food Products", Agricultural Engineering International: *the CIGR Journal of Scientific Research and Development. Invited Overview Paper*, 2003.

后　记

　　"农夫方夏耘,安坐吾敢食。"烈日炎炎的暑期本是广大师生避暑休养的时节,却成为若干研究人员笔耕不辍、孕育硕果的好时光。2018 年 9 月,在研究团队的共同努力下,我们又完成了《中国食品安全发展报告 2018》的研究与撰写工作。这是我们完成的第七本"中国食品安全发展报告"项目的年度报告。

　　《报告 2018》由吴林海教授牵头,他负责报告的整体设计、修正研究大纲、确定研究重点,协调研究过程中关键问题,曲阜师范大学尹世久教授与江南大学陈秀娟博士后为主要参与人。与前六个年度报告的研究相类似,《报告 2018》研究团队在保持相对稳定的基础上,仍然以中青年学者和年轻博士为主,继续采用协同研究、集体创作的方式,由国内多所高校与研究机构共同完成。参与研究的主要成员有丁冬(美团点评集团)、山丽杰(女,江南大学)、王建华(江南大学)、王晓莉(女,江南大学)、牛亮云(安阳师范学院)、文晓巍(华南农业大学)、吕煜昕(浙江大学)、朱中一(苏州大学)、朱淀(苏州大学)、刘平平(江南大学)、刘春卉(女,中国标准化研究院)、刘增金(上海农业科学院)、李锐(女,佛山科学技术学院)、李哲敏(女,中国农业科学院)、李勇强(广西食品药品监督管理局)、吴杨(江南大学)、张春华(无锡食安健康数据有限公司)、张景祥(江南大学)、陆姣(女,山西医科大学)、陈默(女,曲阜师范大学)、陈默(女,南京航空航天大学)、钟颖琦(女,浙江工商大学)、侯博(女,江苏师范大学)、洪巍(江南大学)、徐玲玲(女,江南大学)、高杨(曲阜师范大学)、浦徐进(江南大学)、龚晓茹(女,江南大学)、童霞(女,南通大学)等。在此,我们非常感谢所有参与《报告 2018》研究的学者。

在研究过程中，研究团队得到了国家相关部委与行业协会等有关领导、专业研究人员的大力支持，尤其是在数据收集等方面提供的帮助，他们不仅为我们节约了宝贵的研究时间，更是确保了数据的权威性与可靠性。我们同时还要感谢参加《报告 2018》相关调查的江南大学商学院 90 多位本科生！

需要指出的是，与《中国食品安全发展报告》前六个年度报告相比较，《报告 2018》在内容上再次进行了适度的优化调整，在内容上分为"食品安全现实状况"（由第一章至第九章）与"食品安全风险治理体系建设"（第十章至第十三章）两大板块。《报告 2018》的调整主要是提供了更多的可较好反映中国食品安全现实状况、更具时效性的工具性与数据性资料，并在表达方式上适当进行了调整，以增加通俗性和可读性。目前，《中国食品安全发展报告》已重点定位于工具性、实用性、科普性，专注于对中国食品安全现实状况与数据资料的系统整理和挖掘，努力提高数据资料可靠性、准确性和时效性，尽量不安排带有立场或持有特定观点的评论，旨在更为客观、简洁、清晰地向读者展现中国食品安全的实际状况与动态趋势，更有针对性地服务于特定的读者。

需要指出的是，党的十八大以来，虽然中央高度重视政府信息公开工作，多次发文要求相关部门加大信息公开的力度，并且取得了很大进展，但与公众要求尤其是学界研究的期盼和需要相比仍有一定差距。此外，我国食品安全监管机构的频繁改革，不仅使得食品安全领域相关数据难以获得，而且带来数据统计指标不一、可比性差等问题。在此，我们不得不深怀歉意地告知各位读者，由于数据获取的客观困难，《报告 2018》虽然力图全面、准确地反映中国食品安全的真实状况，但可能仍然难以有针对性地回答人们对重要问题的关切，在现有条件下仍然难以真正架起政府、企业、消费者之间相互沟通的桥梁。我们真诚地呼吁政府相关方面在法律许可的框架内，最大程度地公开食品安全信息，最大程度地解决食品安全信息的不对称问题。这既是政府的责任，也是形成社会共治食品安全风险格局的基础，更是降低中国食品安全风险的必由之路。

"中国食品安全发展报告"——自 2011 年被教育部批准立项为"哲学社会科学系列发展报告重点（培育）项目"至今已经整整七年了。七年来，我们奋力创新，不断探索，在探索中提高，在提高中成长。正如中国工程院院士、北京工商大学校长孙宝国教授多次评价的那样，系列出版的《中国食品安全发展报告》业已成为国内融学术性、实用性、工具性、科普性于一体的具有较大影响力的研究报告,对全面、客观、公正地反映中国食品安全的真实状况起到了重要的作用。作为智库的研究成果,"中国食品安全发展报告"已引起越来越多媒体和社会公众的关注,也逐步为政界、学界所认可,不仅是可资学者们借鉴的有益资料,更是日益发挥着建言献策、资政启民、经世致用、服务社会的作用。《中国食品安全发展报告 2012》是系列"中国食品安全发展报告"的第一本,先后获得 2012 年国家商务部优秀专著奖、农村发展研究专项基金第六届中国农村发展提名奖(杜润生奖);《中国食品安全发展报告 2013》于 2015 年获得教育部第七届高等学校科学研究优秀成果奖(人文社会科学)二等奖和江苏省第十三届哲学社会科学优秀成果奖二等奖;《中国食品安全发展报告 2014》《中国食品安全发展报告 2016》也分别于 2016 年、2018 年获得了山东省人民政府第三十届社会科学优秀成果一等奖、山东省日照市人民政府第十五次社会科学优秀成果一等奖。2012 年以来,根据系列"中国食品安全发展报告"的某些部分内容或观点提炼的政策咨询报告、学术论文等若干具体成果不但获得了党和国家领导人的多次批示,以及 20 多个省部级领导人的批示,而且也多次获得奖励,如 2018 年、2016 年分别获江苏省人民政府第十五届、第十四届社会科学优秀成果一等奖、二等奖,2016 年获无锡市人民政府最高荣誉奖——腾飞奖,2017 年国家商务部二等奖,以及多项无锡市人民政府社会科学一等奖、江苏省社科精品工程一等奖等奖项。我们十分感谢关注"中国食品安全发展报告"的广大读者、专家学者与政府部门以及相关企事业单位对我们的鼓励、支持。我们将继续努力,高水平地出版"中国食品安全发展报告",坚持不懈地为提升中国食品安全风险治理能力做出贡献。

吴林海

2018 年 9 月